水利部公益性行业科研专项项目(项目编号:201401063)

皖江城市带长江水沙变化与河势演变研究

杨月明　朱大勇　韩昌海　刘东风　等著

合肥工業大學出版社

图书在版编目(CIP)数据

皖江城市带长江水沙变化与河势演变研究/杨月明等著．—合肥：合肥工业大学出版社，2017.11

ISBN 978 - 7 - 5650 - 3570 - 8

Ⅰ．①皖…　Ⅱ．①杨…　Ⅲ．①长江—含沙水流—研究—安徽②长江—河势控制—监测—安徽　Ⅳ．①TV152②TV882.2

中国版本图书馆 CIP 数据核字(2017)第 238411 号

皖江城市带长江水沙变化与河势演变研究

杨月明　等著　　　　　　　　责任编辑　陆向军　何恩情

出　版	合肥工业大学出版社	版　次	2017 年 11 月第 1 版
地　址	合肥市屯溪路 193 号	印　次	2017 年 11 月第 1 次印刷
邮　编	230009	开　本	787 毫米×1092 毫米　1/16
电　话	综合编辑部：0551－62903028	印　张	20.75
	市场营销部：0551－62903198	字　数	505 千字
网　址	www.hfutpress.com.cn	印　刷	合肥现代印务有限公司
E-mail	hfutpress@163.com	发　行	全国新华书店

ISBN 978 - 7 - 5650 - 3570 - 8　　　　　　定价：56.00 元

如果有影响阅读的印装质量问题,请与出版社市场营销部联系调换。

前　　言

　　长江安徽段位于长江中下游,上起宿松县段窑,下迄和县驷马河口,河道全长416km,两岸干堤总长度为771km,是著名的"黄金水道"。这里人口密集,经济发达,是安徽省重要的工业走廊。2010年,国务院正式批复《皖江城市带承接产业转移示范区规划》,规划要求充分发挥长江黄金水道的作用,依托中心城市,突破行政区划制约,在长江安徽段沿岸适宜地区规划建设高水平承接产业转移集中区。三峡工程蓄水运行以来,安徽长江河道来水来沙条件发生改变,河势变化明显,崩岸强度增加,给皖江城市带承接产业转移示范区建设带来不利影响。因此,开展安徽长江河道河势演变、崩岸治理、洲滩风险评估和利用等研究是十分紧迫和必要的。

　　本书是在水利部公益性行业科研专项经费项目"皖江城市带长江河势变化与洲滩综合利用研究(201401063)"成果的基础上撰写而成的。全书整理了安徽长江河道有关基础资料,分析了水文情势与水沙关系变化情况;分析了安徽长江河道特征和河势演变情况,开展了三峡工程运行后安徽长江河道冲淤分析计算,提出了河势控制建议;研究了安徽长江河道典型河段造床流量,建立整体二维水流泥沙数学模型,预测了典型河段河床、河势及洲滩演变趋势;建立了崩岸数学力学模型,完善了岸坡稳定性分析方法,并与水动学数值方法耦合起来,研发了崩岸过程数值模拟软件;建立了崩岸监测系统和预测指标体系,提出了崩岸监控监测方法,开展了安徽长江河道崩岸预警工作;根据洲滩土地和人口分布特征,建立了防洪风险评估体系,提出了分类利用的管理模式和统筹兼顾的管理办法。

　　本项目是在各参加单位的共同努力下完成的,参加项目研究单位和主要完成人如下。安徽省长江河道管理局:杨月明、刘东风、吕平、李金瑞、李钦荣、李雪峰、曹海燕、王岗、曾慧俊、谷霄鹏等;合肥工业大学:朱大勇、许佳君、黄铭、吴兆福、尚熳廷、卢坤林、王慧、高飞、刘佩贵、刘超、马翼翔、类超等;南京水利科学研究院:韩昌海、周杰、李艳富、杨宇、韩康等。安徽省水利厅基建处处长周建春在担任安徽省长江河道管理局局长期间,组织完成了项目立项申请,开展了前期研究,对本项目的完成和本书的成稿作出了重要贡献。项目研究过程中,得到了安徽省水利厅有关领导、长江科学院等有关单位专家的帮助和指导,在此,对他们的辛勤劳动表示诚挚的感谢。

　　本书得到水利部公益性行业科研专项经费项目(201401063)的资助,特此致谢。

　　限于作者水平,书中难免存在疏漏和不妥之处,敬请读者批评指正。

著　者

2017 年 11 月

目　录

1 绪 论

1.1 项目背景

长江出南津关峡口以后进入中下游平原,流经鄂、湘、赣、皖、苏、沪六省(市),注入东海。长江中下游平原的面积为 12.6 万 km²,是沟通我国腹地东、中、西部的黄金水道,岸线寸土寸金。整治好长江中下游平原河段,保障防洪安全、航道顺畅,在两岸城市一体化,实现资源节约型、环境友好型社会的目标中,占有十分重要的地位。

长江安徽段位于长江下游,上起宿松县段窑,下迄和县驷马河口,河道全长 416km,两岸干堤总长度为 771km,是著名的"黄金水道",人口密集,经济发达,是安徽省重要的工业走廊。

2010 年 1 月,国务院正式批复《皖江城市带承接产业转移示范区规划》,皖江城市带承接产业转移示范区包括合肥、芜湖、马鞍山、铜陵、安庆、池州、滁州、宣城 8 市全境以及六安市的金安区和舒城县,共 59 个县(市、区),土地面积 7.6 万 km²,人口 3058 万,2008 年国内生产总值为 5818 亿元,分别占全省的 54%、45% 和 66%。皖江城市带是实施促进中部地区崛起战略的重点开发区域,是泛长三角地区的重要组成部分,在中西部承接产业转移中具有重要的战略地位。

2003 年 6 月 1 日,三峡工程蓄水运行以来,长江安徽段来水来沙条件发生变化,河势变化明显,崩岸强度增加,给防洪工程安全、航道稳定、港口和取排水口运行等岸线开发利用均带来了十分不利的影响,研究长江水沙变化和河势演变、实施崩岸治理工程是非常紧迫和必要的。

1.2 项目来源及目标

本项目来源于水利部公益性行业科研专项项目"皖江城市带长江河势变化与洲滩综合利用研究"(项目编号:201401063)。

项目研究总目标为研究皖江水文情势与水沙关系变化规律,评价其对皖江城市带防洪、供水和水生态环境的影响并提出相应的对策;分析皖江河床演变和河势变化规律,提出河势控制方案;研究皖江崩岸机理与规律,开发崩岸过程数值模拟软件系统与监测预测技术,提出崩岸监测预测指标体系;建立皖江洲滩堤防防洪风险评估体系;分析皖江洲滩土地资源特征,提出皖江洲滩土地资源综合利用模式和管理办法。

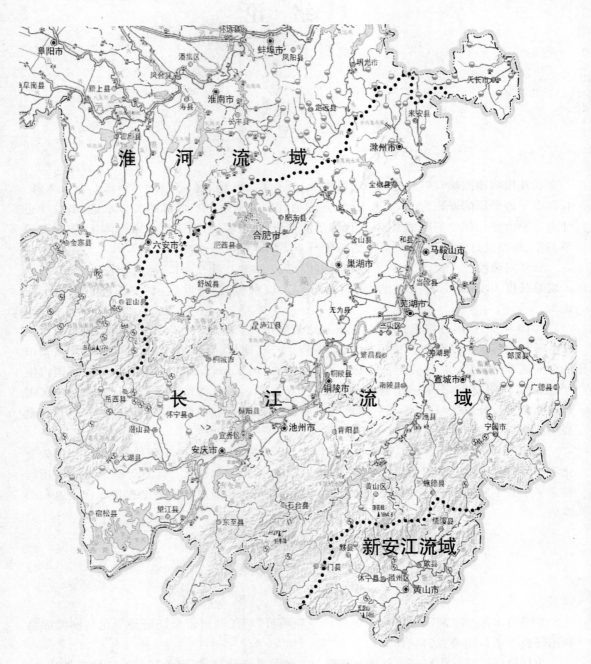

图 1-1 安徽境内长江流域简图

1.3　研究现状

三峡大坝是迄今为止世界上最大的河流水利枢纽工程,它对长江下游河段的环境、气候、流量等影响受到国内外的高度关注。流域建坝后入河口水沙减少,尤其是泥沙锐减,是一个普遍现象,国内外的专家学者对此有诸多的研究。1978 年巴西索布拉迪纽大坝的建成使得圣弗朗西斯科河流域每年泥沙输出从 11×10^6 t/a 下降到约 2×10^6 t/a,下降幅度为 82%[1]。西班牙的埃布罗河修建 187 座大坝后,输沙率下降 92%[2]。近年来,中国 9 大河流入海泥沙量普遍下降,总量下降 70%[3],修建大坝是重要的原因之一[4]。

长江流域,在 20 世纪 50 年代时被水库拦截的泥沙较少,1985—2003 年间的年均入海泥沙比 1954—1968 年间的降低了 11.4×10^8 t/a。从 20 世纪 80 年代的早期开始,被流域水库拦截的泥沙总量即已超过长江的入海泥沙总量,而现在水库每年的淤积量更是高达 15.76×10^8 t/a[5]。三峡水库的拦沙作用在大幅减少了长江中下游河段输沙量的同时[6],也使得中下游河道的悬沙颗粒发生明显的粗化。

在河流崩岸方面,国内外众多学者均对崩岸机理进行过研究和探索。但是,长期以来,有关的研究工作大多是经验性的分析和总结,而进行的理论研究和专题试验较少。20 世纪 70 年代以前鲜有理论性研究成果,并且往往局限于某单一学科,直到 20 世纪 70 年代后期,欧美发达国家开始进行多学科联合的研究工作。20 世纪 80 年代初期,美国陆军工程兵团水道试验站针对密西西比河下游崩岸问题,开始了相关的实验和理论研究工作[7];80 年代以后,英国学者 Osman、Thorne 和 Darby 等[8-12]提出了各类岸坡崩塌的较为完整的物理模式,Millar 等[13]更具体探讨了河岸土体颗粒粒径和内摩擦角这两个关键因素对河岸稳定性的作用,Hemphill 等编著专著论述了河渠岸坡的稳定与防护[14],荷兰多位学者对河海岸坡稳定问题也进行了专题研究[15-16]。直到 20 世纪 90 年代,仍有大量欧美学者对河岸稳定问题进行专题研究[17-18]。

相对于欧美发达国家,我国对崩岸机理理论研究工作起步稍晚。20 世纪 70 年代中期以前,虽然各条江河护岸工程一直在进行,但关于河岸稳定的理论和试验研究成果极少。20 世纪 70 年代后期开始进行了全国性的河岸稳定与防护工程学术讨论会,期间有许多学者和工程技术人员对江河崩岸问题的成因与机理进行了分析研究,较有影响的工作有:中国科学院地理研究所分析了长江九江至河口段河床边界条件及其与崩岸的关系[19];尹国康[20]分析了河道坡岸变形的机理;陈引川[21]等从河流动力学角度分析了崩岸的发生条件;丁普育等[22]、许润生[23]探讨了长江崩岸与沙体液化和渗透的关系;孙梅秀等[24]进行了窝崩的水力、泥沙运动特征的试验研究,但总体而言,这些研究工作仍属于经验性的总结分析。20 世纪 90 年代以后,从事崩岸问题研究的科研工作者就更多,研究方法和手段也更为多元化,特别是 1998 年大洪水之后,崩岸方面的专题论文报告就多达几十篇。这一时期研究成果颇丰,如冷魁[25-26]、吴玉华[27]、金腊华等[28]从河流动力学角度介绍了崩岸成因与机理;张岱峰[29]分析了砂土液化形成崩岸的动力条件;黄本胜等[30-31]根据边坡稳定理论计算分析了几种因素对崩岸的影响;夏军强等[32]利用 Thorne 模式计算分析了冲积河道冲刷过程的横向展宽;张幸农等[33~35]系统地进行了崩岸机理的专题研究,取得了关于长江崩岸类型、崩岸形成原因与影响因素等系列成果。

1.4　研究框架与技术路线

本书的技术路线主要为:

(1)收集整理皖江城市带长江河段的水文、泥沙、地形、崩岸、洲滩等基础资料,建设皖江城市带长江河段资料数据库;分析河床平面形态、断面冲淤变化,研究皖江城市带长江河床、岸坡及洲滩演变历史。

(2)分析历史资料,采用数理统计等方法,研究三峡工程蓄水运行前后皖江水文情势与水沙关系条件变化规律,分析皖江水文情势与水沙关系条件变化的趋势,评价其对皖江城市带防洪、供水和水生态环境的影响并提出相应的对策。

(3)分析研究长江典型河段造床流量,建立整体二维水流泥沙数学模型,对防洪安全重点河段或崩岸易发河段,进行三维水沙数值模拟,分析研究水流对岸滩的剪切掏刷作用。采用该河段河床演变资料,对数学模型进行率定和验证,复演河床演变规律。在数学模型充分验证的基础上,利用数学模型预测三峡工程控制下长江典型河段河床、河势及洲滩演变趋势,提出新水沙条件下皖江段河势控制方案。

(4)分析研究对河床、河势、洲滩演变不利影响的应对原则,采用数学模型方法对应对效果进行评估;研究沿江部分典型取排水口、桥梁、航道、港口等敏感点冲淤变化趋势,提出控制不利因素的工程措施。

(5)通过现场调查与历史统计,研究皖江崩岸机理与规律;建立崩岸数学力学模型,在自主研究具有国际领先水平的边坡临界滑动场基础上,考虑顺坡水流冲刷、环流掏刷与水位涨落,完善岸坡三维稳定性分析方法,并与水动学数值方法耦合起来,研发具有自主产权的崩岸过程数值模拟软件,为崩岸评估与预测提供分析工具。

(6)建立崩岸监测系统和预测指标体系。采用全自动全站仪、近景摄影、自动测斜等技术进行崩岸监测,选择近年来崩岸严重典型河段,监测岸坡水平、垂直位移、孔隙水压力,以及所在河段水位、降雨等。探讨崩岸与新工作条件的因果关系,建立典型河段岸坡位移安全监控数学模型,并以此为基础实现效应量的预测。结合崩岸监测分析、数值模拟计算,建立崩岸预测指标体系。

(7)进行皖江典型河段洪水模拟,结合历史洪水资料,对洲滩的洪水风险进行分析。研究不同风险因子影响下的洲滩淹没情况,结合皖江崩岸现场调查、崩岸机理研究以及皖江城市带长江洲滩区域社会经济情况,建立洲滩淹没风险评估体系,研究提出有利于洲滩稳定和人居安全的防范措施。

(8)结合皖江城市带承接产业转移示范区建设,根据水情特点、河势条件及洲滩掩露规律,分析皖江洲滩土地资源特征,研究具有示范性的洲滩土地资源综合利用模式,提出相应的洲滩土地资源综合利用管理办法。

其技术路线框图如图 1-2 所示。

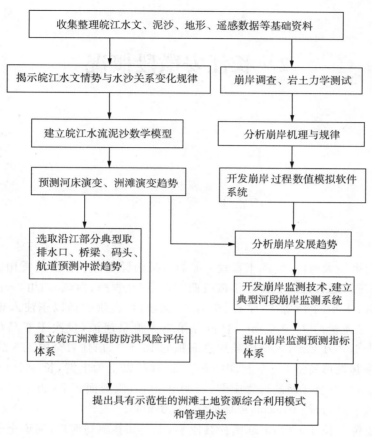

图 1-2 技术路线图

2 长江安徽段概况

2.1 河道概况

长江是我国第一大河流,发源于青藏高原唐古拉山脉主峰各拉丹冬雪山的西南侧,峰顶海拔 6621m,沱沱河是长江的正源。干流自西而东,流经青海、西藏、四川、云南、重庆、湖北、湖南、江西、安徽、江苏、上海等 11 个省、自治区、直辖市,在崇明岛以东注入东海,全长 6300 多 km。长江年径流量约 9600 亿 m³,是世界第三大流量河流,仅次于亚马孙河及刚果河。长江流域面积为 180 万 km²,占全国陆地总面积的 18.8%,居住着全国 1/3 的人口。

长江干流按其地形特点,分为上、中、下三段,宜昌以上为上游,长 4504km,控制流域面积为 100 万 km²;宜昌至江西湖口为中游,长约 950km,流域面积 68 万 km²;江西湖口至崇明岛东入海口为下游,长约 930km,流域面积 12 万 km²。

长江安徽段位于长江下游,上起宿松县段窑,下迄和县驷马河口,河道全长 416km,是安徽省著名的"黄金水道"。按河道几何形态及其演变特点,由上而下依次划分为张家洲、上下三号、马垱、东流、官洲、安庆、太子矶、贵池、大通、铜陵、黑沙洲、芜湖和马鞍山十三个河段,其中,官洲、太子矶、铜陵、黑沙洲四个河段为鹅头型分汊河段,张家洲、上下三号、马垱、安庆、贵池、芜湖和马鞍山七个河段为微弯分汊型河段,东流和大通两个河段为顺直型分汊河段。大通站以下约 600km 河段为感潮河段,受潮汐影响。河道左岸有华阳河、皖河、裕溪河等水系流入,右岸有鄱阳湖、秋浦河、顺安河、青弋江等水系汇入。

长江安徽段受区域地貌和地质构造控制,属冲积平原河流。从平面形态分类,河道有顺直、弯曲和分汊等河型。河道总的走向为自西南流向东北,河谷多顺断裂发育而偏于右岸。右岸阶地较为狭窄,左岸阶地和河漫滩则甚宽阔,河谷两岸明显不对称。

长江干流安徽段沿程汇入的一级支流有 22 条,其中左岸(北岸)主要支流有华阳河、皖河、裕溪河,其中最大支流裕溪河流域面积为 9258km²,右岸(南岸)主要支流有漳河、青弋江、水阳江等,其中最大支流水阳江流域面积为 10265km²。沿江两岸还分布有大小湖泊 25 个,主要有巢湖、南漪湖和华阳河湖区的龙感湖、黄湖、大官湖等。

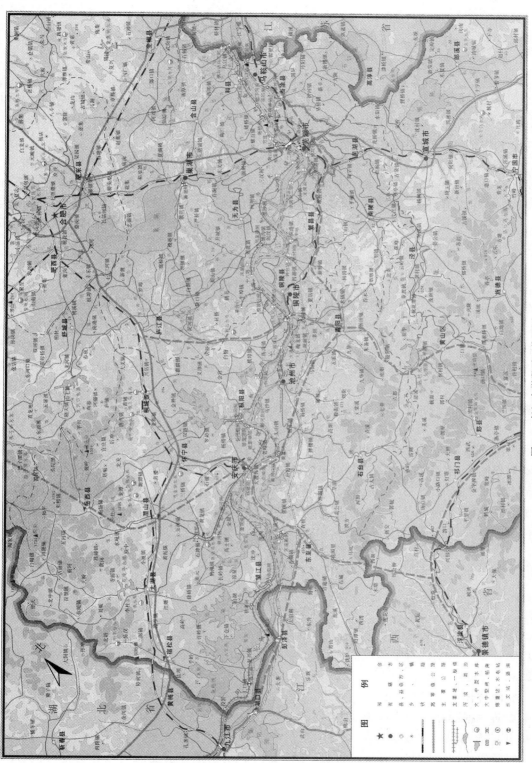

图2-1 长江安徽段平面位置图

2.2　河道边界条件

长江安徽段位于扬子准地台范围和长江下游破碎带区域。河床发育于第四纪松散沉积物,具有二元相结构特征。上部为细粒层,主要是亚黏土和粉砂亚黏土,下部为粗粒层,主要是细砂和中细砂,局部为粉砂和砾石。

历史上河道呈右摆之势,左岸留下广阔的冲积性平原。长江两岸边界条件差异较大,左岸分布全新世冲积和湖积层,抗冲性能较差。右岸多山矶阶地,抗冲性能较强,自上而下有彭郎矶、吉阳矶、羊山矶、板子矶、弋矶山、东梁山等山矶节点屹立江边,制约着江岸的横向摆动。江心洲一般多发育于上下节点间宽阔段或河道的宽浅段,洲体多为中细砂组成物,上部覆盖黏土和壤土,下部为河床粉砂,呈二元结构。

长江安徽段穿行在广阔的平原之中,其成因有冲湖积平原、冲洪积平原,前者多位于左岸,为广大的平原地区,地面坡度小,高程多低于河道最高洪水位6~8m,如今仍是中小型湖泊分布地带。右岸多为狭窄的冲洪积平原,有的为河谷阶地。干流有的河段分布有低山丘陵,低山丘陵主要分布在干流繁昌以上右岸,一般距长江较近,有的直接临江而立成为矶头,为长江的节点。长江安徽段河道洲滩众多,其类型有漫滩、江心洲。漫滩可分为高漫滩和低漫滩,前者滩面高程在长江中水位以上,面积较大,又称为成形滩,后者滩面高程在长江中枯水位之间,滩体较小,易变动。江心洲一般多发育于上下节点间宽阔段或河道的宽浅段,洲体多为中细砂组成物,上部覆盖黏土和壤土,下部为河床粉砂,呈二元结构。

节点是长江干流河道的一种河谷地貌,是一种特殊的边界条件,多为滨临江边的山丘和阶地出露的基岩(也有老阶地黏土)构成。由于两岸地貌条件有很大差异,节点的分布状况也不大相同,大多数节点位于右岸,为突出的基岩、山体或阶地,左岸主要是河漫滩平原,所以节点也少。随着治江历史的发展,在某些河段修建了人工矶头,再加上沿江码头,构成了人工节点,对河道起到了重要的控制作用。据统计,长江安徽段共有天然矶头43个,其中38个位于右岸,左岸仅有5个。

2.3　防洪工程

安徽省长江两岸干堤堤防总长度为771.12km,其中左岸干堤堤防长506.99km,右岸干堤堤防长264.13km,与干堤成圈河堤长约224.9km,隔堤长14.9km。堤防直接保护面积11228km²、耕地923万亩、人口1227万。

安徽省长江干堤共建有30个防洪堤圈,其中1级堤防3个,2级堤防8个,其余为3级以下堤防。据测算,1995年、1996年安徽省长江防洪工程的减灾效益共计400亿元以上,1998年综合防洪减灾效益则高达457亿元。

安徽省长江干堤上现有水(涵)闸、排灌站、旱闸等各类穿堤建筑物共335座,其中大型水闸3座(裕溪闸、枞阳闸、东流新闸),中型水(涵)闸17座,小型闸、站315座。

表 2-1　安徽省长江干堤大中型闸基本情况

序号	闸名	所在堤防名称	所在堤上桩号	孔数	孔宽(m)	孔高(m)	流量(s/m³)	设计条件(m)			
								防洪		引灌	
								外水位	内水位	外水位	内水位
1	杨湾闸	同马大堤	66+183	6	6.7	5	615	20.23	13.98	15.00	12.50
2	华阳闸		83+400	4	5	6	240	19.86	13.98	13.00	12.00
3	皖河闸		145+015	6	3.6	5	340	20.12	14.24	12.73	12.01
4	破罡湖闸	广济江堤	27+614	5	4	5.5	145	18.45	11.88	12.50	10.50
5	枞阳闸		36+370	10	4.5	5.4	1150	17.10	13.50	12.50	14.00
6	梳妆台闸	枞阳江堤	82+300	4	3.8	5.5	110	16.90	9.50		
7	凤凰颈闸	无为大堤	24+031	2	5.3	4	112	15.84	11.00	11.56	9.00
8	裕溪闸		112+221	浅 16 深 8	5 5	6.5 7.5	1170	12.50	10.20	8.9 (11.5)	8.8 (7.5)
9	新桥闸	和县江堤	8+780	8	6	8.2	700	10.50	7.00	10.50	7.00
10	姥下河闸		18+150	3	4	5	185	12.20	9.00	12.20	9.00
11	金河口闸		34+940	6	5	7	493	11.60	9.85	11.55	8.50
12	石跋河闸		46+020	5	6	6	355	11.40	7.50	9.00	7.00
13	东流新闸	七里湖江堤	尧渡河口	12 1 孔船	5 8	8.5 12.5	1960	18.50	12.10		
14	东流老闸	七里湖江堤	2+850	深 1	6	12	33	17.85	13.50	11.00	13.00
15	下清溪闸	东南湖江堤	2+629	5	2.8	3.5	161	17.20	15.20		
16	黄湓闸	万兴圩	1+630	8	4.5	5.7	320	18.30	13.80	11.39	11.35
17	小龙口闸	芦南圩	0+000	3	4	4.1	120				
18	襄城河闸	陈焦圩江堤	4+470	3	3.4	4.7	148	12.33	9.50		
19	采石闸	马鞍山江堤	采石河桥西	5	4.5	5.8	189.1	12.80	11.35		
20	慈湖闸	马鞍山江堤	慈湖河口	5	5.5	6.1	229.5	12.45	11.05		

2.4　皖江崩岸及治理

长江安徽段河岸崩塌由来已久,经过新中国成立以来河道治理工程建设,强烈崩岸及河道变迁得到一定程度的控制。据统计,长江干流安徽段现共有崩岸 76 处,崩岸区总长度为418km,其中左岸崩岸 32 处,崩岸区长 218.2km;右岸崩岸 28 处,崩岸区长 116.5km;江心洲崩岸 16 处,崩岸区长 83.3km,扣除江心洲崩岸长度后,两岸岸线崩塌长度占长江干流安徽段岸线总长度 740km 的 45.2%。近期,32 处已趋于稳定,44 处未稳定,存在崩岸隐患。

据统计,2003年以来,27处未稳定崩岸段发生崩岸,崩岸总长80.3km。崩岸较严重的地段有:望江县江调圩,枞阳县桂家坝、长沙洲,贵池区秋江圩,芜湖市新大圩、天然洲等处。其中典型崩岸险情简述如下:

(1)江调圩崩岸:对应同马大堤80+650~83+900,上接长江委护岸工程末端,下至华阳河口。2010年实施的马垱航道整治工程在瓜子号洲左汊布置2道潜坝后,瓜子号洲左汊分流比减少,右汊分流比增大,水流顶冲江调圩下段。2012年3月15日,江调圩82+450~82+900发生强烈崩岸,最大崩宽20m,崩岸距圩堤脚最近仅19m。

(2)桂家坝崩岸:贵池河段新长洲与长沙洲汊道冲刷发展,水流顶冲殷家沟~桂家坝段,2010年11月对应枞阳江堤桩号35+500~35+590段发生了崩窝及岸坡开裂,崩窝距当地居民院落最近处不足5m;2012年下段持续崩岸,2015年8—10月,先后在对应江堤桩号35+470~35+500、35+530~35+565、35+890~35+920段发生崩岸,威胁防洪工程和群众生命财产安全。

(3)长沙洲崩岸:位于贵池河段长沙洲左缘中部,受河势调整影响,水流顶冲长沙洲左缘中上段,该段岸坡冲刷后退。2008年9月,长沙洲左缘中段(3+650~3+950)发生崩窝,长300m,宽40~50m,部分堤防崩入江中;2012年9月,长沙洲左缘小五家段发生两处崩窝,部分圩堤崩入江中。

(4)天然洲崩岸:位于黑沙洲河段天然洲头右缘中部,2007年航道整治工程在天然洲头右缘建设了3座丁坝后,2008年9月14日,在1♯丁坝下游发生崩窝,崩窝长130m,宽40~50m;2008年9月27日,在2♯丁坝下游发生强烈崩岸,崩窝长380m,宽160m,部分圩堤及17户房屋倒入江中。2010年9月2日在9.27崩窝下游约230m处再次发生崩窝,崩窝长120m,宽50m,4户民房崩入江中,周围12间房屋倒塌,转移受灾人口109人。

(5)新大圩崩岸:位于芜湖河段上段右岸、潜洲右侧,2009年汛后联群船厂19+100处崩窝长150m,宽50m,宏宇船厂19+700处崩窝长130m,宽60m。2010年汛期渡口下游附近连续发生两处崩岸:一处崩岸长110m,宽80m;另一处崩岸长160m,宽90m。2015年7月,新大圩渡口下游21+130处发生崩窝,崩窝长330m,最大崩宽180m,护坡工程崩入江中,崩窝距圩堤80m。

安徽省对护岸工作十分重视,规模化的护岸工程始于1955年,1955—1998年由安徽省直接实施的护岸工程长度为251km,石方2044万m³,沉排57万m²,建丁坝、矶头21座,堵汊江4处。

1998年大洪水后,安徽省及长江水利委员会分别安排经费对安徽省长江崩岸进行治理。从护岸时间顺序及经费来源,大致分为三个阶段:

(1)1998—1999年,安徽省内实施的护岸工程。1998年第一批水利基建项目财政预算内专项资金安排安徽省护岸工程经费9600万元,护岸单项工程30项,护岸长度为32.7km,共完成护岸石方162.3万m³,此项工程的实施部分缓解了安徽省长江的崩岸险情。

(2)2001—2003年,安徽省内实施的国债护岸工程。1998年大洪水后,长江河势调整变化较大,崩岸险情频发,给河势稳定、防洪安全及沿岸经济发展构成一定威胁。国家投入大量国债资金,对长江进行治理,其中由安徽省组织实施的长江护岸单项工程13项,护岸长度为45.7km,共完成护岸石方103万m³,此项工程的实施在一定程度上缓解了安徽省长江的局部崩岸险情。

表2-2 2003年以来安徽省长江中下游干流河道崩岸险情调查统计

序号	河段	岸别	堤名	崩岸段名称	行政辖区	崩岸发生时间	崩岸长度(km)	最大崩宽(m)	崩岸型式	起止位置 起点	起止位置 终点
1	马当河段	左岸	同马大堤	江调圩	望江县	2008—2011年	2.2	30~50	条崩、窝崩	80+600	82+800
2	东流河段	右岸	池州七里湖江堤	七里湖	东至县	2003年以来	4.0	10~30	条崩、窝崩	2+850	6+850
3	官洲河段	右岸	池州广阜圩江堤	广阜圩	东至县	2003年以来	2.0		窝崩	0+000	2+000
4	官洲河段	右岸	池州江堤	幸福洲	东至县	2003年以来	3.0	20~40	条崩	0+000	3+000
5	安庆河段	左岸	安广江堤	马窝	迎江区	2008年	0.1	10	窝崩	18+300	18+400
6	太子矶河段	江心洲	铁铜洲	铁铜洲尾	枞阳县	2003年以来	1.0		条崩、窝崩	10+000	11+000
7	太子矶河段	右岸	池州秋江圩江堤	秋江圩	贵池区	2003年以来	6.0	80	条崩、窝崩	1+900	8+000
8	太子矶河段	左岸	安广江堤	岳王庙	迎江区	2008年	0.5	20	窝崩	37+000	38+820
9	太子矶河段	左岸		双塘	枞阳县	2013年	0.1	40	窝崩	3+100	3+200
10	贵池河段	右岸	池州同义圩江堤	泥洲	贵池区	2003年以来	4.5		窝崩和条崩	0+000	4+450
11	贵池河段	江心洲	长沙洲	长沙洲	枞阳县	2008—2012年	5.0	20~50	条崩、窝崩	2+001	7+000
12	贵池河段	江心洲	凤凰洲	凤凰洲	枞阳县	2003年以来	5.0	40~50	条崩、窝崩	洲尾	
13	贵池河段	左岸	枞阳江堤	大砥含	枞阳县	2012年	1.1	40	窝崩	21+150	22+250
14	贵池河段	左岸	枞阳江堤	桂家坝	枞阳县	2010年以来	3.6	90	条崩、窝崩	35+500	36+900
15	大通河段	江心洲	和悦洲	和悦洲	铜陵市	2003年以来	2.5	30~80	条崩、窝崩	0+600	3+100

（续表）

序号	河段	岸别	堤名	崩岸段名称	行政辖区	崩岸发生时间	崩岸长度(km)	最大崩宽(m)	崩岸型式	起止位置	
										起点	终点
16	铜陵河段	左岸	枞阳江堤	高沿圩	枞阳县	2003年	2.0		条崩	70+500	72+000
17	铜陵河段	左岸	无为大堤	青山圩	无为县	2003年以来	2.5		条崩	13+120	15+620
18	铜陵河段	右岸	铜陵江堤	新民圩	铜陵市	2003年	0.5		窝崩	11+340	11+840
19	铜陵河段	江心洲	成德洲	成德洲	义安区	2003年以来	5.0	0~280	条崩、窝崩	肖家拐	幸福大塘
20	铜陵河段	江心洲	章家洲	中复兴	义安区	2003年以来	5.0		条崩、窝崩	左缘中	
21	铜陵河段	南夹江	铜陵江堤	南夹江	义安区	2003年以来	13.0		条崩、窝崩	水流贴岸区	
22	铜陵河段	右岸	庆大圩江堤	庆大圩	繁昌县	2011年	0.2		窝崩	3+100	3+220
23	黑沙洲河段	江心洲	江心洲	天然洲	无为县	2008以来	3.6	160	窝崩	1#丁坝下游	
24	芜湖河段	江心洲	曹姑洲	曹姑洲	芜湖市	2003年以来	3.8	30~50	条崩、窝崩	洲头左右缘	
25	芜湖河段	左岸	无为大堤	大拐	无为县	2009年	0.1	100	窝崩	95+200	
26	芜湖河段	右岸	繁昌江堤	新大圩	三山区	2009年以来	4.0	180	条崩、窝崩	17+600	21+600
27	马鞍山河段	江心洲	江心洲	彭兴洲-江心洲	马鞍山	2009年以来	13.5	400	条崩、窝崩	彭兴洲下2km	江心洲左缘下11.5km
合计							80.3				

(3)长江隐蔽工程。1998年大洪水后,国家投入大量国债资金,长江水利委员会组织实施了长江隐蔽工程,其中在安徽省组织实施了48处护岸工程区(单项工程56个标段),投资约7亿元,护岸长度为154.694km,此项工程的实施在一定程度上缓解了安徽省长江的局部崩岸险情。

据调查统计,截至2016年汛后,长江干流安徽段现已守护长度320.23km,抛石量2730.7m³。

2.5 洪水特征分析

2.5.1 一般特征

长江流域属典型的季风气候区,多年平均降水在1100mm左右,降雨集中在夏、秋季节,4—10月的雨量占全年降雨量的70%以上。长江多年平均径流量约为9600亿m³,宜昌站多年平均径流量约占大通的50%,洞庭湖、鄱阳湖各占大通的16%～22%,干流汛期(5—10月)水量占年径流量的70%～75%。

长江干流洪水按洪水的组成基本上可概括为两大类:第一类是全流域性的特大洪水和大洪水。首先是上、下游雨季重叠,同时发生大面积、长时段的暴雨过程,致使上下游干支流遭遇洪水过程,造成峰高量大、持续时间长的特大洪水和大洪水,如1954年、1998年的洪水。第二类是区域性特大洪水。上、中、下游主要干支流皆可发生,其频次比流域性大洪水年高得多,一般都由持续3～5天的暴雨过程所形成。如上游地区1981年的洪水,中游地区1969年的洪水,下游地区1991年的洪水,以及1995年、1996年和1999年中下游的大洪水,都是区域性大洪水年的典型实例。

安徽省境内长江河道承泄湖口以上168万km²的来水,洪水的形成主要是长江干流上、中游来水与两湖暴雨洪水遭遇,其次是川江和汉江,省境内区间支流来水影响较小,过境洪水是主要洪水源。

安徽省长江干流5月1日—9月30日为汛期,其中6—8月为长江高水位期,各站历年最高水位主要在该段时期内出现;12月—次年2月为枯水期,各站历年最低水位主要在该段时期内出现。长江干流每一次过境洪峰通过安徽省,自进入安徽省境内张家洲河段到流出省境内马鞍山河段约需50小时。

2.5.2 历史洪水特征分析

1. 1954年长江特大洪水

1954年长江发生了全流域性大洪水,该年大气环流异常,雨季提前到来,雨带长期徘徊在江淮流域,梅雨期比常年延长一个月,梅雨持续50天,且梅雨期雨日多,覆盖面广,6、7月大范围暴雨达9次之多,9月份降雨才基本结束。长江中下游流域发生了近百年来未有的特大洪水,汉口—南京江段水位自6月25日起全线超过警戒水位,超警戒水位历时一般在100～135天,水位全线突破当时的历史最高值。大通站洪峰流量92600m³/s(8月1日),

7—9 月径流量 6123 亿 m³,为同期多年平均值的 1.7 倍,大通站超警戒水位 109 天,超保证水位 88 天;安庆站最高水位 18.74m(8 月 1 日),长江水位持续在警戒水位 16.08m 以上时间达 114 天;芜湖站最高水位 12.87m(8 月 25 日),长江水位持续在警戒水位 10.87m 以上时间达 106 天。安徽省境内长江两岸全部受灾,总计被淹农田 909 万亩,被淹房屋 185 万间,受灾人口 514.3 万。安庆、芜湖地区先后溃口 13 处,无为大堤安定街溃口,洪水淹及合肥在内的 9 个县市,受灾农田近 450 万亩。

2. 1998 年长江特大洪水

1998 年长江发生自 1954 年以来又一次全流域性特大洪水。1998 年安徽省长江汛情有以下几个特点:一是洪峰出现较早,过境频繁。7 月 5 日,长江干流第一次洪峰通过安徽省,洪峰出现时间比 1983 年早 8 天,比 1954 年早 19 天。此后一个多月,上、中游又连续出现 7次洪峰。二是洪水来势凶猛,涨幅罕见。安庆站水位从 6 月 15 日 6 时—30 日 6 时,上涨 6.04m,26 日 6 时—27 日 6 时日涨幅达到 0.76m,涨幅之大实属罕见。三是水位居高不下,持续时间长。6 月 20 日起,安徽省长江干流全线超设防水位,26 日起全线超警戒水位。8 月 2 日前后,安徽省境内长江干流 416km 有 125km 超 1954 年最高水位,其中安庆以上河段 115km,马鞍山河段 10km,其他各段均接近历史最高水位。8 月 2 日,汇口站出现历史最高水位 22.42m,高出 1954 年实测最高水位 0.83m;华阳站出现历史最高水位 20.38m,高出 1954 年实测最高水位 0.22m。7 月 31 日,马鞍山站水位达 11.46m,超 1954 年最高水位 0.05m;安庆、芜湖站最高水位分别达 18.50m、12.61m,仅低于 1954 年实测洪水位 0.24m、0.26m。至 9 月 24 日,安徽省长江干流全线水位才缓慢退至警戒水位以下,超警戒水位 92 天,持续时间超过 1983 年,仅次于 1954 年。汛期大通站最大洪峰流量 82100m³/s(8 月 1 日),过水量 7772 亿 m³,比常年同期多 4 成,比 1954 年同期少 1 成。

由于长江洪水来得早、来得快、涨幅猛、峰高量大、持续时间长,致使长江堤防多处发生管涌、散浸、渗漏、滑坡、崩岸等险情。长江干流主要堤防共发生险情 642 处,其中散浸 269处、管涌 260 处、闸站 44 处,滑坡、裂缝 28 处,其他险情 41 处。江心洲、外滩圩共发生险情 269 处。长江流域共溃破圩口 320 个,淹没耕地 33.12 万亩,其中万亩以上圩口 3 个、耕地 3.46 万亩;1000～10000 亩圩口 82 个,耕地 21.12 万亩;千亩以下 235 个。千亩以上溃破圩口受灾人口为 15.57 万人。长江流域受灾面积 569914hm²,直接经济损失 70.66 亿元,水利设施直接经济损失 10.11 亿元。

2.6　江堤建设及特征水位

1983 年、1991 年、1995 年、1996 年汛期发生的大洪水,长江堤防虽然安澜度汛,减灾效益十分显著,但也不同程度地暴露出一些问题。特别是 1998 年汛期,长江发生了自 1954 年以来又一次全流域性特大洪水,安徽省长江部分河段接近或超过历史最高洪水位,多处发生管涌、散浸、渗漏、滑坡、崩岸等险情。据统计,共发生各类险情 3332 处,其中长江干流堤防 642 处,江心洲、外护圩等堤防 2690 处。

1998 年长江特大洪水后,安徽省掀起了声势浩大的江堤建设热潮,先后开工实施了同马、安广、枞阳、无为、和县、池州、铜陵、芜湖、马鞍山等九大江堤,共 26 个防洪堤圈的加固建设。加固堤防总长度为 955km,总投资约 52.5 亿元(不包括长江委组织实施的隐蔽工程 11.3 亿元)。主要建设内容为(含成圈河堤建设内容):堤身加固 954.7km,填塘固基 813.6km,堤身护坡 532km,修建防汛道路 893.8km,加固、重建穿堤建筑物 362 座;主要工程量:土方 18277 万 m³,石方 716.7 万 m³,砼 114.68 万 m³。至 2002 年底,江堤加固建设任务基本完成。

安徽省长江干流江堤除险加固后,安徽省防汛抗旱指挥部于 2004 年 6 月对安徽省长江干流主要控制站防汛特征水位进行了调整。调整后的沿江各主要控制站防汛特征水位(吴淞高程基准面)见表 2-3 所列。

表 2-3 安徽省长江中长江干流主要控制站防汛特征水位　　　　　单位:m

控制站名称	1998 年实测水位	1954 年实测水位	1954 年型设计水位	设防水位	警戒水位	保证水位	
						1、2 级堤防	3、4 级堤防
汉　口	29.43	29.73	29.73	25.00	27.30	29.73	
湖　口	22.59	21.68	22.50		19.50	22.50	
汇　口	22.42	21.59	22.42	17.80	19.80	22.42	
华阳闸下	20.38	20.16	20.82	16.30	18.00	20.82	20.50
安　庆	18.50	18.74	19.34	14.20	16.70	19.34	18.74
池　口	17.04	17.22	17.68	13.60	15.00	17.68	17.22
桂家坝	16.66	16.84	17.50	13.50	14.70	17.50	16.84
大　通	16.32	16.64	17.10	13.30	14.40	17.10	16.64
凤凰颈	14.97	15.35	15.84	11.50	13.20	15.84	15.84
芜　湖	12.61	12.87	13.40	9.40	11.20	13.40	12.87
马鞍山	11.46	11.41	11.95	8.00	10.00	11.95	11.46
南　京	10.14	10.22	10.60		8.50	10.60	

注:以上为吴淞高程基准,安庆黄海高程=吴淞高程-1.94m,芜湖黄海高程=吴淞高程-1.915m。

3 安徽长江水文情势分析

3.1 安徽长江水文概况

安徽长江河道设有安庆、大通、芜湖、马鞍山四个水文(位)站,另外上游江西境内的九江市设有九江水文站。其中,大通水文站是长江干流下游最后一个径流、泥沙控制站。长江安徽段支流入汇量相对较小,故本书以大通水文站的实测资料代表安徽长江的水沙特征,分析安徽长江水文情势。

大通水文站于 1922 年 10 月设立,基本水尺及测流断面设于大通和悦洲下游的横港附近。1950 年 7 月由华东军政委员会水利部接管,同年 8 月测流断面迁至梅埂称大通(一)站。1951 年改由长江水利委员会下游工程局领导,同年在梅埂镇上游 1500m 风栖山脚下设立基本水尺,1972 年 1 月水尺下迁 1190m,改称大通(二)站,观测至今。本站基面换算关系为:冻结吴淞−1.932m=黄海;冻结吴淞−1.863m=85 基面。

考虑到三峡工程蓄水运行的影响,水沙统计年份分为 1950—2002 年和 1950—2015 年两个时段。三峡工程蓄水运行前后大通水文站流量、泥沙特征值统计见表 3−1、表 3−2 所列,多年平均流量、含沙量见表 3−4、表 3−5 所列。大通站年内最小流量一般出现在 1、2 份,最大流量一般出现在 7 月份。根据 1950—2015 年资料统计,汛期(5—10 月)平均流量 39700m³/s,枯水期平均流量 16700m³/s(11—翌年 4 月),二者的比值为 2.4。多年洪枯流量比最大可达 20,流量相差悬殊。

表 3−1 大通水文站流量、泥沙特征值统计(三峡工程蓄水运行前)

项 目		特征值	发生日期	统计年份
流量 (m³/s)	历年最大	92600	1954.08.01	1950—2002
	历年最小	4620	1979.01.31	1950—2002
	多年平均	28700		1950—2002
含沙量 (kg/m³)	历年最大	3.24	1959.08.06	1951—2002
	历年最小	0.016	1999.03.03	1951—2002
	多年平均	0.479		1951—2002
年输沙量 (10⁸ t)	历年最大	6.78	1964	1951—2002
	历年最小	2.39	1994	1951—2002
	多年平均	4.30		1951—2002

表 3-2 大通水文站流量、泥沙特征值统计表(三峡工程蓄水运行后)

项 目		特征值	发生日期	统计年份
流量 (m³/s)	历年最大	64600	2010.6.29	2003—2012
	历年最小	8380	2004.2.8	2003—2012
	年平均	26539		2003—2012
含沙量 (kg/m³)	历年最大	1.020	2004.9.16	2003—2012
	历年最小	0.012	2009.12.31	2003—2012
	年平均	0.179		2003—2012
年输沙量 (10⁸t)	历年最大	2.16	2005	2003—2012
	历年最小	0.718	2011	2003—2012
	年平均	1.538		2003—2012

表 3-3 大通站多年平均流量、输沙率、含沙量特征值统计表(三峡工程蓄水运行前)

月份	流 量		多年平均输沙率		多年平均含沙量
	多年平均(m³/s)	年内分配(%)	多年平均(kg/s)	年内分配(%)	(kg/m³)
1	10868	3.25	1130	0.71	0.098
2	11700	3.16	1170	0.67	0.094
3	16000	4.72	2440	1.54	0.142
4	24100	6.91	6340	3.87	0.238
5	33900	10.02	12000	7.56	0.329
6	40300	11.54	17000	10.37	0.41
7	50500	14.95	37200	23.5	0.76
8	44300	13.11	30400	18.54	0.723
9	40300	11.55	27200	17.13	0.688
10	33400	9.89	16900	10.3	0.506
11	23300	6.68	6730	4.25	0.293
12	14300	4.23	2540	1.55	0.173
5—10月	40500	71.06	23500	87.41	0.588
年平均	28700	100	13410	100	0.479

备注:流量根据 1950—2002 年资料统计;输沙率、含沙量根据 1951 年、1953—2002 年资料统计。

表 3-4 大通站多年平均流量、输沙率、含沙量特征值统计表(三峡工程蓄水运行后)

月份	流 量		多年平均输沙率		多年平均含沙量
	多年平均(m³/s)	年内分配(%)	多年平均(kg/s)	年内分配(%)	(kg/m³)
1	12490	3.94	1000	1.83	0.080
2	13751	3.92	1095	1.81	0.080
3	19322	6.10	2406	4.40	0.125
4	21809	6.66	2800	4.95	0.128
5	30901	9.75	4835	8.84	0.156
6	40455	12.36	7272	12.86	0.18

（续表）

月份	流量		多年平均输沙率		多年平均含沙量
	多年平均（m³/s）	年内分配（％）	多年平均（kg/s）	年内分配（％）	（kg/m³）
7	45918	14.50	10775	19.70	0.235
8	40247	12.71	9027	16.50	0.224
9	36392	11.12	8670	15.34	0.238
10	26811	8.46	4064	7.43	0.152
11	18874	5.77	2099	3.71	0.111
12	14899	4.71	1442	2.63	0.097
5—10月	36787	68.9	7440	80.67	0.198
年平均	26738	100	4610	100	0.165
备注：根据 2003—2015 年资料统计。					

从大通站多年来沙分布情况看,大通站汛期（5—10 月）输沙量为 3.56×10^8 t,枯水期（11—翌年 4 月）输沙量为 0.51×10^8 t,年内输沙不平衡。含沙量年内的变化也是汛期大枯水期小,汛期一般为 $0.4 \text{kg/m}^3 \sim 0.7 \text{kg/m}^3$,枯水期一般为 $0.1 \text{kg/m}^3 \sim 0.3 \text{kg/m}^3$。

3.2 三峡工程运行后安徽长江来水变化分析

3.2.1 年径流量变化

大通站年径流量变差系数为 0.18,按 10 年平均径流量统计,其变差系数仅为 0.017。

三峡工程运行后,大通站平均流量为 26738m³/s,较三峡工程运行前减少 6.8％,但三峡工程运行并不影响年总水量,这种减少更多的是自然的水文变化。

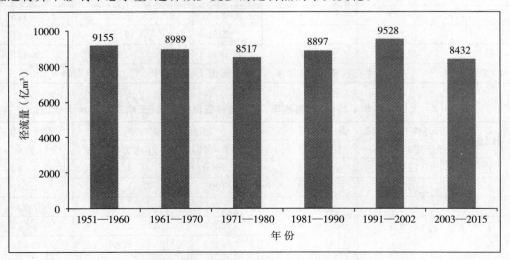

图 3-1 大通站多年平均径流量变化情况

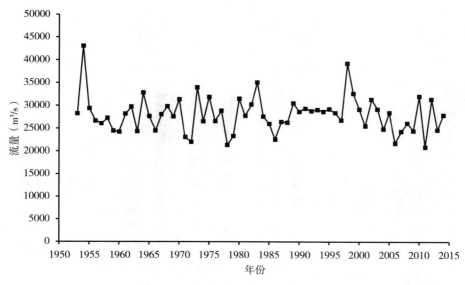

图 3-2 大通站年平均流量变化情况

3.2.2 月平均流量变化

主汛期 6、7、8 三个月平均流量运行前为 $45033\text{m}^3/\text{s}$,运行后为 $42206\text{m}^3/\text{s}$,减少 6.3%,其中水位最高的 7 月份平均流量减少 9.1%。

枯水期 12 月至次年 2 月三个月平均流量运行前为 $12333\text{m}^3/\text{s}$,运行后为 $13713\text{m}^3/\text{s}$,增长 11.2%,其中水位最低的 1 月份平均流量增长 14.9%。

由于三峡水库在汛期末集中蓄水,拦蓄水量相对较大,大通站 10 月、11 月流量下降明显,分别较运行前下降 19.7%、19.0%,安徽长江河道低水位出现时间提前,持续时间增长。

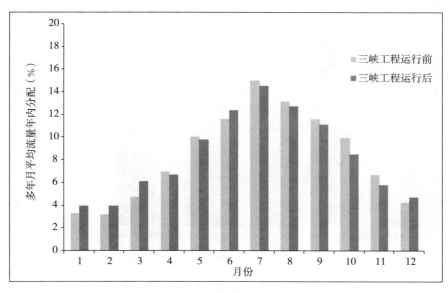

图 3-3 三峡工程运行前后大通站多年月均流量

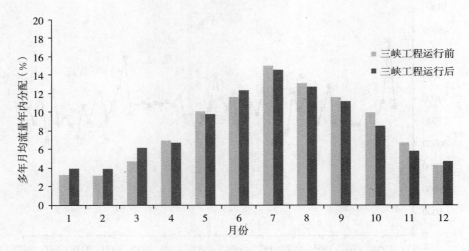

图 3-4   三峡工程运行前后大通站多年月均流量年内分配

3.2.3   日平均流量分布变化

从图 3-5 可以看出，三峡工程运行后，大通站日均流量小于 10000m³/s 的出现频率由 10.0％大幅降低为 1.0％，日均流量大于或等于 50000m³/s 的出现频率由 9.3％降低为 3.9％，极值流量出现的频率下降。

三峡工程运行后，大通站日均流量在 10000m³/s～20000m³/s 区间的频率由 25.6％增加至 41.2％，安徽长江河道中低水位运行时间增加。

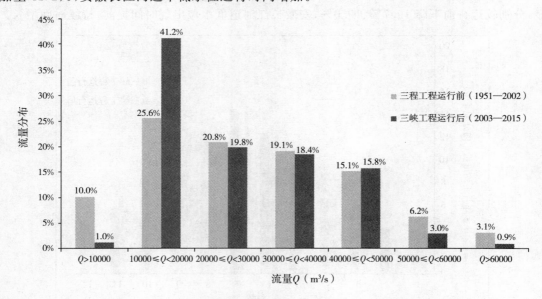

图 3-5   三峡工程运行前后大通站日均流量分布

3.2.4 安徽长江河道来水变化情况分析

根据大通站以上资料统计分析,可知安徽长江河道来水变化情况主要特征有:

(1)年平均径流量呈不规则周期变化,其变化幅度较小,三峡工程运行后,年平均径流量较三峡工程运行前减少 6.3%。

(2)三峡工程运行后,枯水期流量增长 11.2%,主汛期流量减少 6.3%,流量过程相对趋于平缓。

(3)三峡工程运行后,大通站日均流量小于 10000m³/s 的出现频率由 10% 大幅降低为 1%,日均流量大于 50000m³/s 的出现频率由 9.3% 降低为 3.9%,安徽长江河道极值流量出现的频率下降。

(4)大通站 10 月、11 月流量下降明显,分别较运行前下降 19.7%、19.0%,安徽长江河道低水位出现时间提前,持续时间增加。

3.3 三峡工程运行后安徽长江来沙变化分析

3.3.1 年输沙量变化

输沙量与人类活动影响密切相关。20 世纪 70 年代,我国开始在长江中上游大规模植树造林,大通站输沙量从原来的 5.13 亿 t/a 减少到 4.26 亿 t/a。20 世纪 80 年代中期,随着经济水平的提升,长江上游和支流相继建设电站、水库,输沙量又呈现明显的减少过程,减少到 3.27 亿 t/a。三峡工程运行后,输沙量进一步减少到 1.45 亿 t/a,年均输沙量较运行前减少了 66.4%,较 1991—2002 年减少了 55.7%。

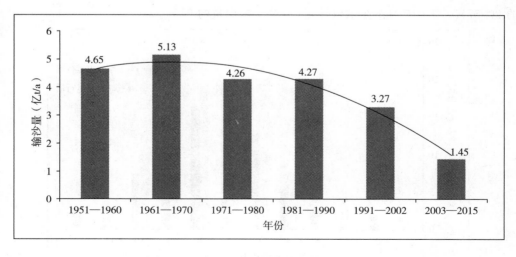

图 3-6 大通站多年平均输沙量变化情况

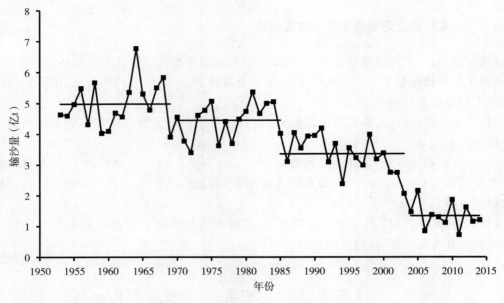

图 3-7　大通站年均输沙量变化情况

3.3.2　月均输沙量、含沙量变化

　　大通站多年平均含沙量在三峡工程运行前为 0.479kg/m³，三峡工程运行后为 0.165kg/m³，大幅减少了 65.6%，清水下泄明显。按月来看，7 月、8 月含沙量减少最为明显，减少了 69%，1—3 月含沙量减少幅度相对较小，仅减少了 15%。

　　三峡工程运行后，大通站月均含沙量变化幅度相对较小，年内未出现明显的峰值月份，变差系数仅为 0.06，而三峡工程运行前含沙量变化幅度较大，变差系数达 0.26。

　　大通站 5—10 月输沙量占全年比例，由三峡工程运行前的 87.4%，减少为三峡工程运行后的 80.67%。5—10 月减少的输沙量，占全年减少量的 91%。

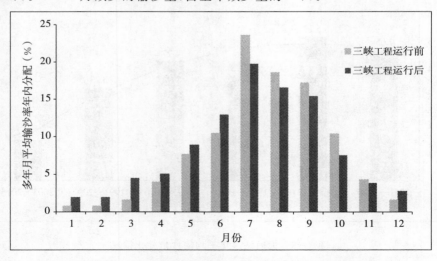

图 3-8　三峡工程运行前后大通站多年月均输沙量对比

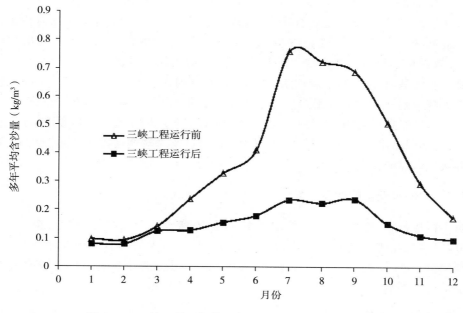

图 3-9 三峡工程运行前后大通站多年平均含沙量对比

3.3.3 安徽长江河道来沙变化情况分析

根据大通站以上资料统计分析,可知安徽长江河道来水变化情况主要特征有:

(1)年输沙量呈减少态势,三峡工程运行后年输沙量进一步减少,较运行前减少了66.4%,较 1991—2002 年减少了 55.7%。

(2)大通站多年平均含沙量,三峡工程运行前为 0.479kg/m³,运行后为 0.165kg/m³,大幅减少了 65.6%,清水下泄明显。

(3)7 月、8 月含沙量减少最为明显,减少了 69%,5—10 月减少的输沙量占全年减少量的 91%。

(4)河道深槽一般遵循洪冲枯淤的规律,而安徽长江河道洪水期含沙量减少更为明显,河道深槽冲刷相对将更加突出。

3.4 安徽长江水文情势影响分析

3.4.1 对防洪安全的影响分析

三峡水库总库容达 393 亿 m³,其中防洪库容为 221.5 亿 m³,通过科学调度将一定程度上减轻长江中下游防洪压力。2010 年汛期,长江流域大部分地区多次发生大范围暴雨,三峡水库出现多次洪水过程,其中 7 月 20 日洪峰最大流量为 70000m³/s,超过 1998 年最大洪峰流量。经科学调度,三峡水库及时拦蓄洪水,有效降低了长江中下游干流水位,大通水文站最高水位较 1998 年下降 1.74m，三峡工程拦峰削洪作用得到充分体现。

从水文统计来看，三峡工程运行后，大通站主汛期 6、7、8 三个月平均流量减少了 6.3%，其中水位最高的 7 月份平均流量减少 9.1%。日均流量大于 $60000\text{m}^3/\text{s}$ 的出现频率由 3.1% 降低为 0.9%，洪水流量出现的频率大幅下降，防洪保障得到提升。

需要注意的是，长江三峡工程清水下泄，安徽长江河道含沙量锐减，河道呈冲刷态势，特别是近岸深槽冲刷、岸坡变陡，崩岸发生频率增加。据统计，2003 年以来，安徽长江河道发生崩岸 27 处，崩岸总长度为 80.3km。特别是 10 月、11 月长江流量下降明显，水位快速消退，易发生退水期崩岸。需进一步加强河道监测分析，及时对崩岸险工段进行守护，以保障防洪和群众生命财产安全。

3.4.2 对供水安全的影响

三峡工程运行后，含沙量锐减，清水下泄明显，安徽长江河道将呈冲刷态势。加之三峡工程调节，安徽长江河道枯水期平均流量增长了 11.2%，大通站日均流量小于 $10000\text{m}^3/\text{s}$ 的出现频率由 10% 大幅降低为 1%，有利于提高取水口供水保证率和水体自净能力，对保障供水安全呈正面影响。

3.4.3 对水生态的影响

长江安徽段水生生物资源丰富，分布有众多的水生生物自然保护区、水产养殖资源保护区。根据历史资料以及水生生物现状调查，长江安徽段的铜陵淡水豚国家级自然保护区、安庆市江豚市级自然生态保护区、安徽省长江胭脂鱼县级自然保护区，以及长江安庆段"四大家鱼"、长江安庆段长吻鮠大口鲶鳜鱼、长江刀鲚、秋浦河特有鱼类国家级水厂养殖资源保护区所在江段水生生物种类丰富、数量庞大，包括大量的浮游植物、浮游动物、底栖动物、"四大家鱼"等鱼类以及中华鲟、江豚、胭脂鱼、鳗鲡、中华绒螯蟹等珍稀水生动物。安徽长江河道水质相对较好，各断面水质基本都达到相应水质要求，全年大多为 Ⅱ～Ⅲ 类。

由于三峡工程运行并不影响年总水量，安徽长江河道年径流量的年际仍呈不规则周期变化，其变化幅度较小。三峡工程运行后，枯水期月平均流量增加，主汛期流量减少，但变化幅度一般在 10% 以内，来水条件变化较为有限。根据王浩院士等[36]的研究，三峡水库建成运行对中下游生态水文情势的改变作用沿着河流的流向出现逐渐减弱的趋势，且对螺山以上水文情势改变属于中度改变，影响作用较大；对螺山以下水文情势改变属于低度改变，影响作用较小。

三峡工程运行后，安徽长江河道枯水期流量增长 11.2%，日均流量大于 $50000\text{m}^3/\text{s}$ 的出现频率由 9.3% 降低为 3.9%，提高了水体自净能力，对改善水环境呈正面影响。

4 安徽长江河道河势分析

4.1 安徽长江河道特征

长江流经安徽省境内,上起宿松县段窑,下迄和县驷马河口,河道全长416km,是我省著名的"黄金水道"。

按河道几何形态及其演变特点,河道按山矶节点及河口共分为13个河段,由上而下依次划分为张家洲、上下三号、马垱、东流、官洲、安庆、太子矶、贵池、大通、铜陵、黑沙洲、芜湖和马鞍山等十三个河段。按平面形态分为弯曲、微弯和顺直型三类河型,其中,官洲、太子矶、铜陵、黑沙洲四个河段为弯曲(鹅头)型分汊河段,张家洲、上下三号、马垱、安庆、贵池、芜湖和马鞍山七个河段为微弯分汊型河段,东流和大通两河段为顺直型分汊河段。根据《长江流域综合利用规划报告》,张家洲、上下三号河段列入九江河段,将官洲列入安庆河段,并将九江、安庆、铜陵、芜湖和马鞍山河段列入长江中下游一类重点河段。

安徽省境内长江一级支流有22条,其中集水面积超过1000km²的支流有12条,分布在江南(右岸)、江北(左岸)的各有6条。江北(左岸)集水面积超过1000km²的支流有华阳河、皖河、枞阳河、裕溪河、巢湖水系、滁河等,小于1000km²的支流有罗昌河、横埠河、姥下河、得胜河、石跋河等;江南(右岸)集水面积超过1000km²的支流有黄湓河、秋浦河、大通河、漳河、青弋江、水阳江等,小于1000km²的支流有尧渡河、白洋河、九华河、顺安河、黄浒河等。

长江安徽段位于扬子准地台范围和长江下游破碎带区域。河床发育于第四纪松散沉积物,具有二元相结构特征。上部为细粒层,主要是亚黏土和粉砂亚黏土,下部为粗粒层,主要是细砂和中细砂,局部为粉砂和砾石。

历史上河道呈右摆之势,左岸留下广阔的冲积性平原。长江两岸边界条件差异较大,左岸分布全新世冲积和湖积层,抗冲性能较差。右岸多山矶阶地,抗冲性能较强。自上而下有彭郎矶、吉阳矶、羊山矶、板子矶、弋矶山、东梁山等山矶节点屹立江边,制约着江岸的横向摆动。

长江安徽段河道洲滩众多,其类型有漫滩、江心洲。漫滩可分为高漫滩和低漫滩,前者滩面高程在长江中水位以上,面积较大,又称为成形滩,后者滩面高程在长江中枯水位之间,滩体较小,易变动。江心洲一般多发育于上下节点间宽阔段或河道的宽浅段,洲体多为中细砂组成物,上部覆盖黏土和壤土,下部为河床粉砂,呈二元结构。

表 4-1 安徽省长江分段河道特征

序号	河段	起点	终点	省内河道长度 (km)	岸线长度 (km)		河宽 (km)		中部最大宽度 (km)	主汊
					左岸	右岸	进口	出口		
1	张家洲	镇江楼	龙潭山	23.16	15.4		1.20	1.40	9.50	右汊
2	上下三号	龙潭山	小孤山	31.31	33.7		1.40	0.68	4.90	中汊
3	马当	小孤山	华阳河口	30.13	33.7	3.3	0.68	1.60	8.95	右汊
4	东流	华阳河口	吉阳矶	32.48	31.0	34.0	1.60	0.98	4.50	左、中、右汊
5	官洲	吉阳矶	皖河口	27.58	28.0	22.0	0.98	1.04	6.70	左汊
6	安庆	皖河口	前江口	24.15	23.4	28.5	1.04	1.10	7.60	左汊
7	太子矶	前江口	新开沟	25.12	32.9	23.0	1.10	1.70	6.40	右汊
8	贵池	新开沟	下江口	22.51	22.5	23.0	1.70	2.10	8.00	中汊
9	大通	下江口	羊山矶	21.33	19.7	23.5	2.10	1.10	3.70	左汊
10	铜陵	羊山矶	获港河口	59.05	59.1	55.2	1.10	0.80	11.00	左汊
11	黑沙洲	获港河口	三山河口	33.23	32.9	19.0	0.80	1.35	10.00	右汊
12	芜湖	三山河口	东梁山	48.62	50.8	47.5	1.35	1.00	4.70	右汊
13	马鞍山	东梁山	慈姆山	31.25	35.0	37.0	1.00	3.00	8.20	左、中、右汊
14	南京(部分)	石跋河口	乌江口	6.10	5.9					
	合计			416.0	424.0	316.0				

说明:

1. 本表中各段河道划分起始位置及河道长度引用《长江中下游河道基本特征》,河道长度为 2007—2008 年长江河道测图中沿主汊深泓线测量长度;

2. 进出口河宽为平滩流量下的河宽,中部最大宽度为垂直水流向包括江心洲宽度;

3. 张家洲河段子矶头以上属江西省,马当河段子矶头以上属湖北省,南京河段石跋河口至乌江口(省界)河道长 6.1km 属安徽省,乌江口以下属江苏省;

4. 依据《长江中下游河道基本特征》及安徽省历史惯用数据,安徽省境内自段窑至乌江口长江河道总长 416km。

4.2　安徽长江河势演变概述

长江干流安徽段河道特点为:河道平面形态宽窄相间,江中沙洲发育,形成多分汊河型,江心洲众多、流态复杂、洲滩消涨、主支汊冲淤兴衰,部分河段深泓线摇摆不定。经过多年整治,大部分河段总体河势趋于稳定,部分河段局部河床变化仍然较为频繁。

现根据对 20 世纪 60 年代以来 1/10000 长程河道的实测资料,对 13 个河段演变分析概述如下。

4.2.1　张家洲河段

张家洲河段上起锁江楼,下迄龙潭山,河道全长 34.76km。河段首尾束窄,中部展宽,江中张家洲将水流分为左、右两汊,右汊为主汊。2011 年 5 月,左、右汊分流比分别为 41.7% 和 58.3%,同期左汊分沙比大于分流比,左汊呈衰退趋势。河段左岸段窑以上属湖北省黄梅县,沿江建有黄广大堤,段窑以下属安徽省宿松县,沿江建有同马大堤。江中沙洲及右岸属江西省管辖。同马大堤汇口护岸区位于河段左汊中下部左岸。

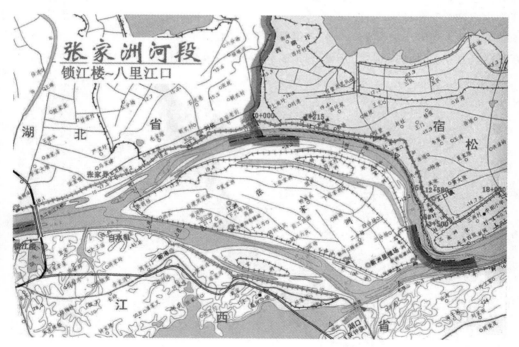

图 4-1　张家洲河段位置图

水流进入张家洲河段后,在锁江楼开始分流,一股进入张家洲左汊,一股进入张家洲右汊。流入左汊的水流先顶冲张家洲头左缘,向左过渡,在段窑贴左岸下行,于 6 号丁坝(13+500)附近向右过渡,沿张家洲尾下行。流入右汊的水流在白水矶附近再次分流,支流进入官洲右汊,主流贴张家洲右缘中部下行,在官洲尾和鄱阳湖出流汇合,流出本河段进入下游上下三号河段。

20世纪60年代至70年代中期(1966—1976年),张家洲头分流点位于九江大桥附近,上提下移幅度较小,进入左汊水流贴左岸进入左汊,左汊分流比变化不大,高水位时一般维持在53%左右;70年代中期至80年代后期(1976—1988年),张家洲头分流点下移,进入左汊水流较平顺,左汊进流条件改善,分流比增加,高水位分流比由1975年的53%增加为1988年的57%;20世纪80年代后期至90年代(1988—1998年),张家洲头分流点持续下移,左汊口门主流右摆,进流不顺,分流比减少,高水位分流比由1988年的57%减少为1997年的47.6%。1998年11月,左汊分流比减少为45%,2007年12月左汊分流比为39.5%,2011年5月左汊分流比为41.7%。

近期,张家洲河段左、右汊基本呈四六分成的分流格局,相对较稳定,总体来看,左汊呈缓慢淤积趋势。左汊进口段张家界边滩逐年冲刷后退,左汊进口河道冲刷,进流条件改善,左汊水流贴岸段(左岸段窑至汇口)冲刷后退,因该段已实施护岸工程,岸坡变化不大。

4.2.2 上下三号河段

上下三号河段上起龙潭山,下迄小孤山,河道全长31.31km,为首尾束窄中间展宽的顺直微弯分汊型河道。分汊段内有上三号洲、下三号洲顺列江中,将水流分成左、中、右三汊。目前中汊为主汊,2010年12月分流比为95%。上三号洲左汊枯水期已断流,下三号洲右汊亦趋于萎缩。本河段左岸及上三号洲属安徽省宿松县管辖,沿岸筑有同马大堤,下三号洲及右岸属江西省彭泽县管辖。本河段主要护岸区为王家洲,对应同马大堤桩号39+000~46+000。

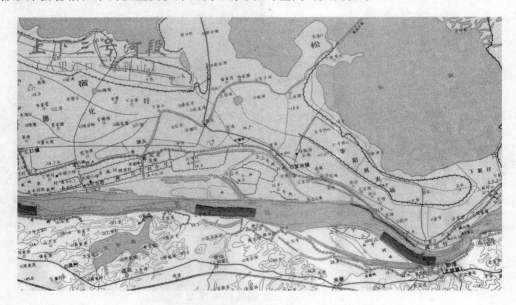

图4-2 上下三号河段位置图

水流自八里江口进入本河段后,偏右岸下行,在新洲分出两股水流,支流进入上三号洲左汊,主流进入上三号洲右汊后,水流受蟒子山前沿节点挑流后再次分流,主流贴下三号洲头左缘下行,顶冲左岸王家洲后,再向右岸彭泽过渡,贴右岸流入下游河段。

因进口段主流一直贴靠右岸下行,上三号洲左汊口形成广阔的缓流区,泥沙淤积成滩,汊道衰退。上三号洲左汊分流比1960年为16%,1992年减少为3%,20世纪90年代中期以后,左汊基本断流。伴随上三号洲右汊分流比增加,汊内分流点下挫,主流直指下三号洲左汊口门,该汊进流条件改善,分流比增加,1960—2010年,分流比由60%增长为95%。下三号洲右汊逐渐淤积衰退,1960—2010年,分流比由24%减少为5%。

上三号洲和下三号洲之间汊道为主汊,20世纪80年代至90年代中期,主流贴下三号洲头左缘,并呈右摆之势,下三号洲头有所崩退,王家洲崩岸区向下游发展。

1998年大水过后,近期本河段主流走向、总体河势相对稳定,仍维持左、中、右三汊分流态势。局部河道主要变化为:受上游张家洲尾汇流点右摆下移影响,主流较平顺地进入本河段,贴右岸下行,上三号洲右汊冲刷。河段进口段左岸边滩淤积右摆、尾部淤积下移,上三号洲左汊淤堵,枯水期断流。上三号洲右汊深槽冲刷发展、上下贯通。下三号洲右汊处于缓慢衰退之中,近期分流比减少至2%~5%。

上三号洲与下三号洲间汊道冲刷发展,分流比增大,上三号洲尾右缘逐年崩退,主流直抵同马大堤王家洲段,王家洲段河岸受冲强度增强,范围扩大,对同马大堤防洪安全造成极大威胁。

4.2.3 马垱河段

马垱河段上起小孤山,下迄华阳河口,全长约30.13km,为首尾束窄,中部展宽的微弯分汊型河段。展宽段棉船洲(搁排洲)将水流分为左、右两汊,棉船洲尾有一小洲,称为瓜子号洲。目前,左汊为支汊,弯顶位于关帝庙一带,右汊则为主汊,多年分流比为80%~95%。本河段主要崩岸区为同马大堤江调圩,位于左右汊汇流区左岸。

水流进入本河段后,经棉船洲分为左右两股。支流进入左汊,贴王营、关帝庙下行。主流进入右汊,顶冲棉船洲头,向右过渡,受马垱矶挑流作用后,一股进入瓜子号洲右汊,一股进入瓜子号洲左汊和棉船洲左汊出流汇合,顶冲左岸江调圩,两股水流在瓜子号洲尾汇合,贴右岸张公矶、香口下行,流出本河段。

本河段进口段左岸有小孤山、右岸有彭郎矶天然节点,对河段总体河势控制较强。20世纪70年代以来,受上游河势变化,小孤山挑流较强,分流点不断下移右摆,主流直抵棉船洲右汊。左汊进流条件逐渐恶化,分流比减少,由1959年的40%减少为2011年的6.5%,左汊内王营、关帝庙崩岸情形有所减缓,但因地处弯道凹岸,王营段局部岸坡仍然冲刷后退,该段同马大堤外滩狭窄,崩岸对堤防防洪安全构成一定威胁。右汊进流条件改善,分流比增加。右汊马垱矶以上主流左摆,棉船洲崩退形成近岸深槽,马垱矶挑流减弱,水流直冲瓜子号洲头,瓜子号与棉船洲之间的汊道冲刷发展,左岸江调圩河岸受冲崩退强烈,该段崩岸对河势稳定构成一定威胁。

1998年特大洪水过后,本河段主流走向、总体河势相对稳定,仍维持左、右汊分流态势。局部河道主要变化为:

(1)近期,受小孤山挑流增强影响,分流点不断下移右摆,进口段深槽总体呈冲刷下延、横向右摆、向右汊挺进的趋势。棉船洲(搁排洲)洲头冲刷后退,汊道左淤右冲。

(2)棉船洲(搁排洲)左汊进口段河床淤高,左汊进流条件恶化,汊道衰退加剧,分流比减

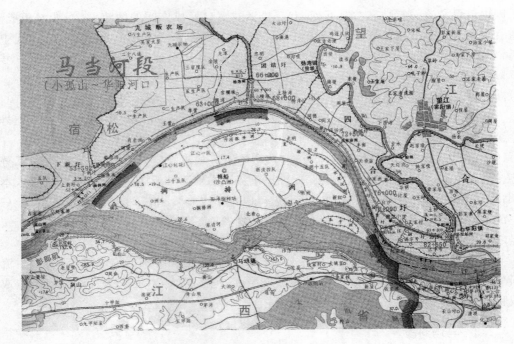

图 4-3 马垱河段位置图

少，由 1959 年的 40%减少为 2011 年的 6.5%，左汊内王营、关帝庙崩岸段相对稳定。

(3)棉船洲(搁排洲)头右缘冲刷崩退，右汊进流条件改善，分流比增加，汊道冲刷发展，右汊上段河宽逐渐扩展，右汊内心滩淤长，心滩左侧深槽发展，主流直抵中部马垱矶。受马垱矶挑流作用，瓜子号洲头受冲后退，其与棉船洲(搁排洲)间汊道冲刷发展，过流量增大，顶冲左岸江调圩一带。因江调圩上段已实施护岸工程，岸坡变化不大，崩岸向下游延伸，威胁已护工程效果及防洪安全，对下游河势稳定构成一定的不利影响。2012—2015 年，省财政和地方配套实施了部分崩岸应急治理工程，已护段岸坡相对稳定，但前沿深槽仍小幅冲刷下切。

4.2.4 东流河段

东流河段上起华阳河口，下迄吉阳矶，河段全长 32.48km，为首尾束窄、中部放宽的顺直多分汊河段。河段中部展宽段洲滩较多，自上而下有天心洲、玉带洲、棉花洲。目前，天心洲和玉带洲之间汊道及棉花洲右汊为主航道。

20 世纪 50 年代至 70 年代中期，主流上靠左岸华阳镇，经过天兴洲与玉带洲间汊道，下靠右岸东流镇。20 世纪 70 年代中期至 90 年代初期，河段进口主流左摆居中下行，天兴洲与玉带洲间汊道淤积，棉花洲左汊入流条件改善，逐渐发展为主汊，受水流冲刷作用，左岸雷港—老虎口段岸坡崩退强烈，经多年护岸，雷港—老虎口段岸线基本稳定。20 世纪 90 年代初期以来，河段进口段主流右摆居中下行，主流改走天兴洲与玉带洲间汊道，棉花洲左汊淤积衰退，棉花洲右汊冲刷发展。2004—2005 年，东流河段实施航道整治工程，各汊分流比重新调整，天兴洲右汊分流比增加，棉花洲左汊分流比减小，天兴洲与玉带洲间汊道分流比增大。受河势调整和航道整治工程影响,水流强烈冲刷右岸七里湖—东流护城圩段岸坡,该段深槽扩大右移、岸坡冲刷后退崩塌,威胁江堤防洪安全及河势稳定。2007年,东流护城圩段实施了紧急守护工程,岸坡相对稳定。七里湖段(东流新闸口上游4km范围)河岸未守护,崩岸呈逐年扩大之势,2012年实施了东流水道航道整治二期工程,对七里湖段实施了护岸,经守护后,该段目前岸坡相对稳定。

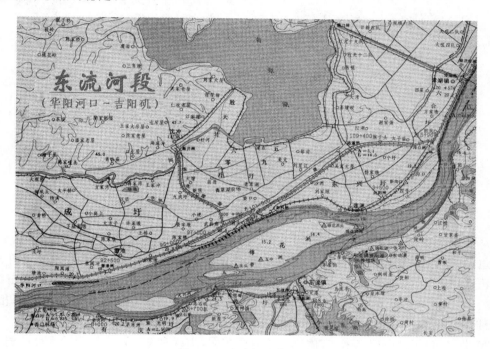

图4-4 东流河段位置图

4.2.5 官洲河段

官洲河段上起吉阳矶,下至皖河口,全长27.58km,为首尾束窄中间放宽的鹅头型分汊河段。由南向北依次有复生洲(又称幸福洲,已靠右岸)、清洁洲、新长洲、官洲并列其间,将水流分成南夹江、新中汊、东江三汊、西江(已封堵),目前东江为主汊,多年分流比为80%以上。本河段主要崩岸点有清节洲右汊进口段右岸幸福洲外滩。

本河段河道演变受上游东流河段河势变化影响较大,因东流河段河势不稳定,主流线摆动不定而导致主支汊交替移位,洲滩冲淤频繁。20世纪60年代以前,棉花洲左、右汊水流汇合后贴右岸平顺进入本河段,吉阳矶挑流不明显。20世纪六七十年代,吉阳矶挑流仍然较弱,主流直抵清洁洲头后分为左、右两股,主流进入左汊顶冲左岸三益圩、皖河农场一带,致使该段崩岸加剧,期间右岸余棚—上杨套段亦发生强烈崩岸。20世纪70年代以后,东流河段中上段河势的变化,棉花洲左汊分流比迅速增加,主流经棉花洲左汊下行,致使棉花洲尾汇流点右摆吉阳矶挑流增强。加之1979年西江封堵,受坝前壅水影响,西江坝至皖河农场5km以内边滩迅速淤积,缓解了三益圩一带的崩岸险情。随着吉阳矶挑流增强,左岸水流顶冲部位上提至六合圩一带,致使该段发生强烈崩岸,如1989年六合圩段发生大崩窝,同马大

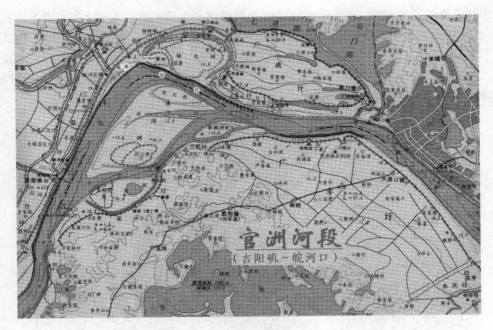

图 4-5　官洲河段位置图

堤被迫退建。随着护岸工程的实施,该段岸线基本稳定下来。同期,南夹江进流条件改善,
分流比呈增大趋势;水流切割新长洲左缘上段,东江过流顺畅,1981 年大洪水作用下,官洲
尾崩失,汇流点大幅度左摆下移,水流对右岸顶冲部位下移,右岸余棚一带淤积,崩岸相应下
移,经护岸工程的实施,近期该段岸线基本稳定下来。

20 世纪 90 年代中期以来,吉阳矶挑流有所减弱,水流对左岸六合圩顶冲强度减弱,对漳
湖闸以下三益圩、官洲右缘、广成圩冲刷力度加强。经历年护岸工程实施后,六合圩—三益
圩段、官洲段及广成圩上段岸坡相对稳定,广成圩下段岸坡冲刷后退,岸线继续崩塌后退,对
已护岸工程稳定及防洪安全构成一定威胁。新中汊逐渐淤塞,枯水期断流,东江和南夹江分
流比均有所增大,基本呈八二分流态势。受南夹江分流比增大、水流贴岸冲刷作用,清节洲
右汊进口右岸幸福洲段河岸崩塌严重。

4.2.6　安庆河段

安庆河段上起皖河口,下至前江口,河道长约 24.15km,为一首尾束窄、中间展宽的微弯
分汊型河段。分汊段内有鹅眉洲与江心洲纵向排列(已淤连),分水流为左右两汊,左汊顺
直,其口门有一潜洲,右汊弯曲。左汊为主汊,右汊为支汊。

进口单一段为本河段较为稳定的一段,受小闸口挑流影响,左岸沙漠洲—安庆西门段 20
世纪六七十年代冲刷后退,80 年代以后,小闸口挑流减弱,水流对左岸顶冲部位下移,沙漠
洲—安庆西门段岸坡淤积。单一段深槽上段右摆、下段左摆下延,左岸安庆港区略有淤积,
右岸张家湾边滩冲刷后退、大渡口至新河口段边滩淤积。

随着单一段深槽下移左摆,左汊进口入流条件有所改善,水流冲刷鹅眉洲头及其左缘,
使之不断发生崩退,鹅眉洲右缘向右淤长与江心洲连为一体,两洲间汊道逐渐淤积衰亡。随

着鹅眉洲头及其左缘的崩退,左汊口门逐渐拓宽,20 世纪 80 年代中期位于原鹅眉洲位置新淤长出一潜洲,并逐渐发展壮大,有取代原鹅眉洲之势。鹅眉洲与潜洲呈此消彼长、同步进行的变化态势。潜洲出水后先向左上方扩淤,再向右下方淤长。

图 4-6　安庆河段位置图

近期潜洲左汊仍为主汊,鹅眉洲与潜洲间汊道(新中汊)冲刷发展,江心洲右汊分流比呈减小趋势。2011 年 4 月,左、中、右三汊分流比分别为 60.76%、18.22% 和 21.02%。受中汊与潜洲左汊出流汇合冲刷影响,位于马窝附近(新中汊出口)河床冲刷下切,近年冲刷坑发展至-28m 左右。马窝—前江口段河槽总趋势为左移扩大,对已护岸工程稳定及安广江堤防洪安全构成一定威胁。

4.2.7　太子矶河段

太子矶河段上起安庆市前江口,下至枞阳县新开沟,河道全长 25.12km,为鹅头型分汊河段。前江口—杨林洲为单一段,深槽居右,杨林洲左侧有拦江矶伸入江中。杨林洲—三江口为分汊段,河道呈 90 度转折,江中铁铜洲将水流分为左、右两汊,左汊为支汊,多年分流比约为 13%;右汊为主汊,多年分流比约为 87%。右汊内的稻床洲心滩将汊道分为东、西两水道,东水道窄深,西水道宽浅。河段左岸属安庆市和枞阳县,沿江筑有广济圩江堤和枞阳江堤,右岸属池州市,沿江筑有秋江圩江堤。本河段主要崩岸点有左岸岳王庙、右岸秋江圩(扁担洲外滩)和江中铁铜洲头右缘及洲尾左缘。

1. 进口单一段

受弯道环流作用,深槽位于右岸,边滩位于左岸,因右岸多山矶节点,河岸抗冲性能强,右岸岸线稳定。1966—1987年,该段深泓线、右岸线相对稳定,而左岸鸭儿沟边滩不断扩大右摆;1987—1998年,受安庆河段河势变化及多年持续大洪水影响,前江口岸线不断崩退,水流相对趋直,鸭儿沟边滩受到冲刷,洪水河槽呈左摆之势。1998—2004年,该段深泓线、右岸岸线稳定,左岸鸭儿沟边滩略有冲刷,河槽略有左摆。受连续多年的平水年影响,2004—2007年,左侧鸭儿沟边滩扩大右摆,0m岸线最大淤宽达300m。2007—2011年,上段0m岸线冲刷后退50~160m,下段0m岸线冲淤变化不大。

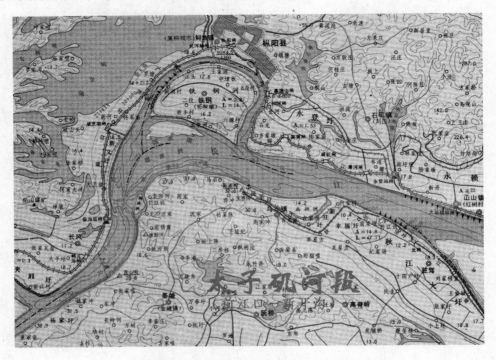

图4-7 太子矶河段位置图

2. 拦江矶挑流区

从前江口—拦江矶河道形态来看,低水位时,水流受河床边界条件约束较强,流路归槽,拦江矶挑流作用明显,而高水位时,水流受河床边界条件约束较小,水流趋直,拦江矶挑流作用较小。

1966—1987年,拦江矶附近冲刷坑位置稳定、冲淤频繁。1987—1997年,拦江矶处断面左岸淤积明显,原大王庙一侧-10m深槽下移1.8km,直指铁铜洲头,铁铜洲头左右缘亦出现了-10m近岸深槽,拦江矶挑流不断减弱。1997—1998年,拦江矶挑流大大减弱,拦江矶断面左岸大幅度淤积,原大王庙一侧-10m深槽向右拓展。1998—2007年,拦江矶挑流有所增强,拦江矶断面左岸深槽扩大,原大王庙一侧-10m深槽淤成深槽和一冲刷坑。2007—2011年,拦江矶断面左岸深槽淤积,-15m深槽淤积右摆180m,原大王庙一侧-10m深槽淤高。

3. 铁铜洲左汊

左汊进口段上深槽位于铁铜洲头左缘,下深槽贴靠左岸岳王庙至枞阳闸一带岸线。

1966—1976 年,岳王庙上段边滩逐渐淤积下移,至 2007 年,下移幅度达 900m 左右,最大淤宽超过 200m。1976 年以来,左岸岳王庙一直处于冲刷状态,且崩岸范围逐年下延。1976—2007 年,铁铜洲左上部 0m 洲线冲刷后退 100m 左右。2007—2011 年,铁铜洲左缘上段 0m 洲线冲淤变化不大,下段略有淤积。其中 1998 年铁铜洲头左缘河床冲深下切,出现 -5m 冲刷坑,长约 1200m,宽约 180m,1998 年以后 -5m 深槽略有淤积。弯顶以下河槽单一,左岸为丘陵山岗地,抗冲性能较强,抑制了河道左摆。

4. 铁铜洲右汊

1959—1980 年右汊分流比为 85.4%～88.0%;1980—1998 年为 86.3%～83.7%,分流比呈减少之势,1998—2004 年为 83.7%～86.2%,2011 年 7 月为 87.3%,分流比有所增加。

铁铜洲右汊为多洲滩多汊道的河型,汊道内稻床洲心滩历史上属铜板洲边滩一部分,20世纪 70 年代以前,该洲心滩基本稳定少变,20 世纪 70 年代以后,心滩逐渐淤高扩大,滩头直接伸至拦江矶下端,滩尾下延至太子矶以下,滩头和滩尾之间,常于乌龟矶一带形成鞍槽,鞍槽形成与右汊内横向水流有直接关系,鞍槽位置随拦江矶挑流作用强弱而有所上下移动。20 世纪 90 年代以来,相继发生了 1995、1996、1998、1999 年四次相对较大的洪水,由于大水年份,高水位持续时间长,拦江矶挑流相对较弱,水流趋直顶冲铁铜洲头,顶冲洲头水流分为两股,一股贴铁铜洲右缘下行进入右汊,另一股贴铁铜洲头左缘下行进入左汊。1987—1998年,贴右岸的水流不断冲刷岸坡,致使近岸出现深槽,铁铜洲右缘 5m 岸线崩退 200～900m,崩退幅度沿程减小,同时,西水道和铁铜洲近岸深槽之间的心滩迅速淤长扩大,形成新的"玉板洲"。1998—2007 年,拦江矶挑流作用有所增强,铁铜洲头段深泓略有左摆,铁铜洲右缘崩岸有所减缓,2007—2011 年,铁铜洲右缘上段深泓略有左摆,深泓左摆约 20m,右缘下段深泓变化不大。

5. 出口段

出口段上起铁铜洲尾,下至新开沟,长 10km,河道右侧有扁担洲。左、右汊水流在铁铜洲尾汇合后,居中偏右下行,冲刷扁担洲左缘,在乌沙小轮码头向左岸新开沟过渡,进入下游贵池河段。1976—1987 年,三江口—石头埂深泓上段左摆、下段右摆。1987—1998 年,三江口—石头埂处深泓右摆 200～400m,石头埂附近 5m 岸线后退 10～20m。1998 年以来,左、右汊汇流后水流冲刷右岸扁担洲,扁担洲岸坡冲刷后退,0m 岸线最大后退约 100m,对该段堤防防洪安全构成一定威胁,同时对下游河势稳定构成一定的不利影响。

4.2.8 贵池河段

贵池河段上起新开沟,下至下江口,为两端束窄、中间展宽多分汊河道,全长 22.51km。从右岸到左岸依次为碗船洲、凤凰洲、长沙洲、新长洲。枯水位时碗船洲和凤凰洲、新长洲和长沙洲连为一体,河汊主要分为左、中、右汊,目前中汊为主汊,分流比高达 66% 以上。河段内主要崩岸点有左岸的大砥含,右岸泥洲外滩,江中长沙洲左缘和凤凰洲尾左缘。

水流在大砥含第一次分流,主流进入凤凰洲左汊偏左岸下泄,小股水进入凤凰洲右汊。由于凤凰洲汊道头前的浅洲(鸟落洲)不断淤涨右移,直接影响右汊的进流。20 世纪五六十年代,右汊的分流比分别为 35.2%、33%,进入右汊的水流在弯道段王家缺一带贴岸,使该处长达 8.0km 的岸线冲刷后退。20 世纪 70 年代,鸟落洲出水,80 年代初鸟落洲 0m 线与凤凰洲头以及右岸的浅滩连为一体,洲体高程由 50 年代的 -2m 发展至 80 年代初的 10.44m。鸟落洲发展成为右汊的拦门沙,右汊的分流减少,由 1959 年 38% 减少为 1997 年 9%,1998 年 11 月份分流比仅为 0.2%,几乎断流。伴随右汊进流的减少,凤凰洲头左汊分流不断增加,导致新开沟至马船沟近岸深槽不断冲刷下移,左岸边坡冲刷变陡,于 1998 年 6 月大砥含(14+000~21+000)长达 7.0km 范围发生崩岸。近期,大砥含段顶冲点下移,致使长江委护岸段下游发生崩岸。

进入凤凰洲左缘的大股水流偏左下行至马船沟又第二次分流,一股进入长沙洲与凤凰洲之间的中汊,一股进入长沙洲左汊。20 世纪 50 年代至今中汊均为主航道,由于中汊宽畅,进流条件好,分流比不断增大,50 年代分流比为 30.3%,60 年代为 38.2%,70 年代为 39.5%,80 年代为 43.7%,90 年代为 68.7%,1998 年 11 月已达 85.0%,分流比的不断上升,使得中汊冲刷,河床断面增大,长沙洲右缘上段及凤凰洲左缘下段崩退较严重。主流贴凤凰洲尾出中汊后,在泥洲一带与右汊水流汇合,贴泥洲下行后渐离右岸,与左汊出流汇合。

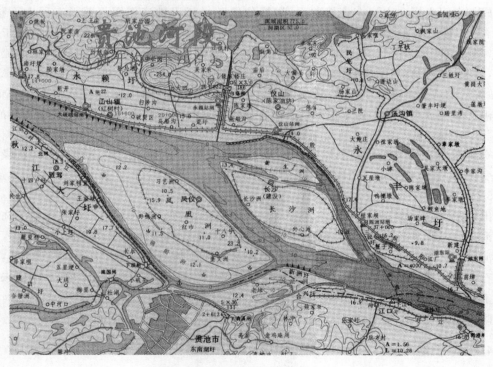

图 4-8 贵池河段位置图

进入左汊的主流沿左岸三百丈、股家沟下行至桂家坝,再向右岸过渡贴长沙洲尾进入汇流段,汇合后水流居中偏左进入大通河段。左汊弯曲,江面较宽,20 世纪 50 至 80 年代分流比不断增大,由 24.6% 增大至 38.9%。进入左汊的主流在三百丈至股家沟一带贴岸冲刷,导致较强的崩岸发生。80 年代以后,随长沙洲上游主流线的不断右移,长沙洲头右缘产生崩退,左岸马船沟至三百丈一带出现大幅度淤积,与此对应,位于长沙洲左缘的新长洲左缘不断冲刷崩退。

近四十年来,河势发生了剧烈变化,主要表现为汊道的冲淤交替,分流比调整,1959—

1988年,左汊和中汊分流比逐年增加,右汊分流比逐年减少;1988—2007年,左汊分流比不断减少,中汊分流比快速增加,2011年7月,中汊分流比为61.3%,右汊分流比继续减少。右汊分流比不断减少,由1959年38%减少为1997年9%。1998年枯水期,右汊几乎断流,2007年5月右汊分流比为3.5%,汊道大幅度淤积衰退;中汊分流比不断增加,由1959年34%增加为2007年68.7%,汊道冲刷发展;左汊在1988年以前分流比增加,汊道冲刷,1959—1988年由28%增加为39%,1988年以后分流比减少,汊道淤积,近期分流比在30%左右。

近期,受上游河势变化影响,贵池河段进口段主流左摆,水流直接顶冲大砥含段,该段岸坡冲刷后退,影响已护工程效果及江堤防洪安全。凤凰洲右汊继续淤积衰退,分流比减少至3.5%左右;凤凰洲左汊水流自大砥含下段右摆居中下行,相应左岸三百丈、殷家沟段崩岸停止,岸滩大幅度淤积,长沙洲左汊呈淤积衰退趋势,分流比减少至30%左右,但受水流顶冲长沙洲左汊内新长洲头冲刷后退,新长洲与长沙洲间汊道冲刷发展,致使长沙洲左缘中上段岸坡崩塌后退,危及洲堤防洪安全。凤凰洲与长沙洲间的汊道冲刷发展,分流比增大至68.7%,受水流顶冲作用,凤凰洲左缘中下段崩塌后退。近期中汊发展、左右汊衰退,致使出口段长沙洲尾汇流点左摆下移。

由于三汊进、出流条件不会有大的变化,新开沟～凤凰洲头主流仍将贴靠左岸,左岸大砥含仍将受冲,右汊进流条件继续恶化,分流比减少。凤凰洲左汊分流比仍将增加,其下段水流动力轴线继续右摆,但幅度不会太大,中汊进流条件继续改善,分流比不断增加。左汊因其进口前沿水流动力轴线右摆,进流条件恶化,分流比减少。左岸大砥含因水流贴岸冲刷,岸坡逐渐变陡,崩岸可能再次发生,应实施加固工程;长沙洲左汊内新长洲头冲刷后退,水流对长沙洲左缘中下段顶冲强度加大,长沙洲左缘崩岸仍将进一步发展,崩岸向下游发展,需实施整治工程;长沙洲与凤凰洲间的汊道冲刷发展,主流贴凤凰洲左缘下段下行,凤凰洲左缘下段逐年冲刷后退,崩岸对河势稳定及防洪安全构成一定威胁,需实施整治工程;中汊发展,出流顶冲右岸泥洲一带河岸,该段岸坡崩塌后退,对下游河势稳定构成一定的不利影响,需对泥洲一带实施守护工程。

4.2.9 大通河段

大通河段上起下江口,下至羊山矶,全长21.33km,顺直微弯分汊河型。分汊段内有和悦洲,左汊为主汊,多年分流比为91.1%～93.3%,右汊为支汊。本河段主要崩岸点有左岸的老洲头和右岸的大同圩及和悦洲左缘。

1966—1986年,乌江矶挑流增强,其前沿冲刷坑扩大,进入左、右汊分流角增大,分流区左侧主槽冲刷,右侧次槽淤积,和悦洲头浅滩淤积上提,左岸水流顶冲点由下八甲逐步上提到林圩拐;1986—1998年,乌江矶挑流减弱,其前沿冲刷坑呈减少之势,进入左右汊分流角减小,分流区左侧主槽淤积,右侧次槽冲刷,和悦洲头浅滩冲刷后退,左岸水流顶冲点由林圩拐逐步下移至老洲头—上八甲一带;1998—2011年,下江口—乌江矶主流左摆,乌江矶挑流减弱,其前沿冲刷坑朝下游发展。伴随老洲头崩岸区水流顶冲点下移,和悦洲左缘水流顶冲点相应下移,洲尾汇流点下挫右摆,羊山矶挑流增强,铜陵河段进口主流呈左摆之势。

近期,由于上游贵池河段左汊分流比继续减少,长沙洲尾汇流点左摆,下江口—乌江矶

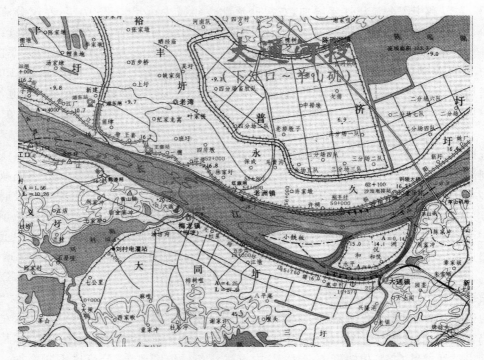

图 4-9   大通河段位置图

水流动力轴线左摆,乌江矶挑流减弱,分流角减小,分流区左侧主槽淤积,右侧次槽冲刷,和悦洲头浅滩冲刷后退。进入左汊的水流动力轴线呈右摆之势,汊内深槽淤积,其头部下移左摆。左岸林圩拐—下八甲水流顶冲点位置下移,现崩岸区位于老洲头—上八甲之间,老洲头崩岸段虽经历年护岸,但因崩岸范围广,水流顶冲点上提下移变动频繁,局部河岸仍然冲刷后退,该段堤防外滩狭窄,对堤防防洪安全构成一定威胁。因分流区次槽冲刷,贴右岸进入右汊的水流流速有所增加,右岸大同圩近岸呈冲刷之势,局部地段曾发生崩岸,在水流长期贴岸冲刷作用下,大同圩崩岸将进一步发展,威胁江堤防洪安全。

因分流区次槽冲刷,水流贴右岸进入右汊,右岸大同圩中段五步沟附近近岸呈冲刷之势,该段为 1959 年和 1995 年护岸区,防护标准偏低,且堤防滩地较窄,在水流长期冲刷下局部地段可能发生崩岸,影响防洪工程安全。

受进口段主流居中下行影响,小铁板洲头持续冲刷后退,1998—2011 年 0m 线冲退990m,洲头左缘冲刷 200~500m。和悦洲头凸咀冲刷后退,小铁板洲与和悦洲间串沟冲刷发展,和悦洲头及左缘(串沟范围内)冲刷后退,威胁河势稳定及洲上人民的生命财产安全。

4.2.10   铜陵河段

铜陵河段上起羊山矶,下迄荻港镇,全长 59.05km,为上下窄深、中间展宽鹅头型多汊河段。江中沙滩众多,有成德洲、汀(章)家洲、太阳洲、太白洲、铜陵沙(铁锚洲)等顺列期间。成德洲左汊和太阳洲右汊为主汊。河段内主要崩岸点有左岸高沿圩、永红转拐(石板隆兴洲外滩)和右岸新民圩,江中成德洲右缘(肖家拐)。

铜陵河段进出口端为羊山矶缩窄段和荻港窄深段,其间为多分汊河型。河段进口段水流受羊山矶节点和大桥控制,形成较稳定的分流区,成德洲左右汊分流相对稳定,近期羊山矶—成德洲尾段仍将维持稳定的分汊河型。成德洲右汊水流经南夹江分出一股水流(5%左右)后,经成德洲与章家洲间汊道与成德洲左汊水流汇合后,进入章家洲与太阳洲间汊道,该汊为主汊,分流比约占95%,汊道长而弯曲,水流贴左岸土桥、青山圩、安定街、太白洲、太阳洲下行,沿岸形成多处崩岸段,经历年护岸工程实施,该段岸线基本稳定,但局部地段岸坡仍有冲刷崩退现象。南夹江为"几"字形高度弯曲的汊道,流程长,沿岸存在多处崩岸段,几十年来,南夹江分流比为3.5%~7.0%,变化幅度不大。南夹江出流与太阳洲汊道出流汇合后进入本河段出口单一段,水流贴右岸金牛渡—皇公庙下行,流出本河段。

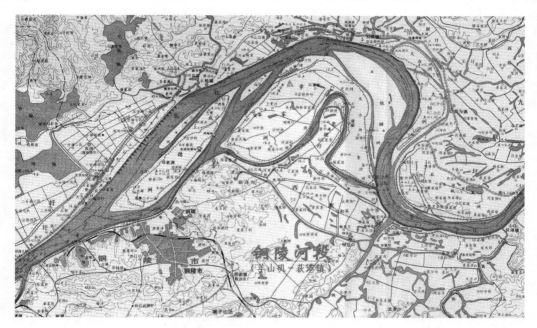

图 4-10 铜陵河段位置图

1998年长江特大洪水过后,成德洲左汊中部淤长出一浅滩,水流左摆贴左岸高沿圩、灰河口、元宝洲下行,该段沿岸岸坡冲刷后退。成德洲左右汊水流汇合后顶冲青山圩段后,贴左岸下行,相应左岸青山圩、太白洲—太阳洲段岸坡冲刷后退。因太阳洲汊道出流与南夹江出流汇合后冲刷左岸石板隆兴洲上段,永红转拐段(高沟镇附近)岸坡冲刷后退,该段圩堤无外滩,对洲上人民生命财产安全构成威胁。

成德洲右汊水流贴右岸下行,右岸新民圩段地处右汊弯道凹岸,2013年铜陵滨江岸线整治实施了护岸工程,但该段水流常年贴岸,深槽近岸,滩地狭窄,崩岸威胁江堤防洪安全。

4.2.11 黑沙洲河段

黑沙洲河段上起繁昌县荻港镇,下至三山河口(头棚),河道全长33.23km。

分汊段内有天然洲、黑沙洲并列江中,将水流分为左、中、右三汊,是典型的鹅头型分汊河道。目前,右汊为主汊,多年分流比约为60%。河段内主要崩岸点有出口段右岸保定圩和天然洲右缘。

近期,由于铜陵河段河势调整,出口段主流居中下行,右岸板子矶挑流作用减弱,黑沙洲河段进口段主流右摆,分流点下移右摆。天然洲头及其右缘受水流冲刷后退,洲头右缘4km范围内持续崩岸。2002年,长江水利委员会在该段实施水下抛石护岸工程,崩岸有所缓解,但护岸工程下游未护段发生强烈崩岸。2007年,长江航道局实施黑沙洲航道整治工程,天然洲头右缘护岸工程区建造三座浅丁坝,丁坝周围未实施加固工程,因丁坝扰流作用,丁坝后缘岸线发生强烈崩岸,致使天然洲洲堤部分崩入江中,洲上十几户民房倒入江中,已护岸工程受到严重损坏。2010—2014年,省财政和地方配套实施了护岸工程,天然洲右缘已全线守护,目前岸坡相对稳定。

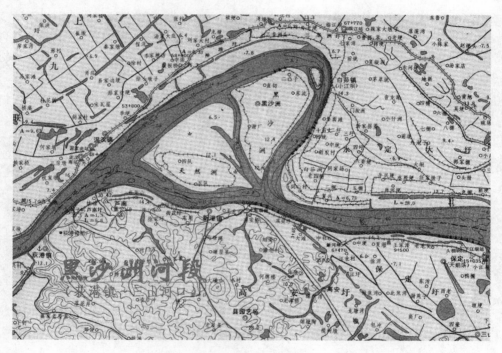

图4-11 黑沙洲河段位置图

天然洲与黑沙洲间汊道(中汊)逐渐淤积衰退,中汊进口出现0m高程拦门沙坎,汊道河床逐年淤积抬高,枯水期断流。中汊淤积衰退,左、右汊道分流比均有所增大,2007年3月左、中、右汊分流比分别为35.7%、0%、64.3%。

受板子矶挑流减弱及天然洲头冲刷后退影响,左汊进口段深泓右摆,中段神塘圩—三垄洲头段深泓左摆,相应天然洲头左缘及左岸神塘圩一带冲刷后退。2002年,长江水利委员会在神塘圩段实施水下抛石护岸工程,该段崩岸有所缓解。

受汊道分流比调整及黑沙洲尾冲刷后退导流减弱影响,三汊汇流点近十年来呈下移左摆趋势,但变化不大。受汇流点变化影响,出口单一段右岸水流顶冲部位下移至保定圩,水流贴岸带延长。右岸高安圩水流顶冲强度有所减缓,保定圩段岸坡冲刷后退,发生崩窝,因保定圩段堤防外滩狭窄,需进行整治。

4.2.12 芜湖河段

芜湖河段上起三山河口(头棚),下迄东梁山,河道全长 48.62km,河道走向在大拐处为 90°转弯,大拐以上为东西向,大拐以下为南北向。本河段汤沟一带原江中鲫鱼洲在 20 世纪 80 年代中期消失,后在其右下侧又淤出一潜洲。弋矶山以下展宽段有曹姑洲和陈家洲顺列江中,将水流分为左、右两汊,其中右汊为主汊,分流比为 60%~89%。河段内主要崩岸点有左岸大拐、右岸的新大圩及陈家洲右缘。

水流在三山河口附近分流后,主流进入潜洲左汊贴左岸汤沟码头下行,次流进入潜洲右汊,冲刷新大圩。两股水流于潜洲尾汇合,贴左岸伍显外圩下行,过大拐后居中下泄向右岸过渡。于弋矶山附近再次分流,主流进入右汊,次流进入左汊。进入右汊水流贴右岸广福矶、朱家桥,受四褐山挑后顶冲陈家洲右缘于洲尾与左汊水流汇合,流出东西梁山。

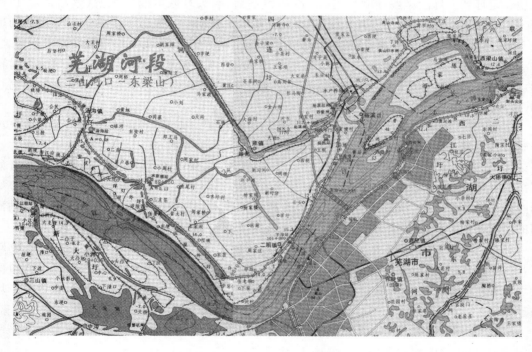

图 4-12 芜湖河段位置图

大拐以上,20 世纪 70 年代以前黑沙洲河段三汊汇流后主流偏右,在右岸保定圩下贴岸再过渡到左岸,大拐一带冲刷严重;70 年代以后由于汇流点上提,水流贴右岸保定圩位置上提,原江中鲫鱼洲受冲逐年崩退消失,并在其右侧形成新的潜洲,相应地左岸水流顶冲点上提。80 年代末大拐崩岸已上至汤沟码头附近。90 年代以来,随着上游河势变化,左岸水流顶冲部位在汤沟码头—伍显殿附近摆动。近期,大拐段受水流顶冲,岸坡出现崩塌现象,潜洲右汊主流右摆,新大圩六凸子附近深泓右摆、岸坡崩退。

大拐—弋矶山河道单一窄深,深槽居中略偏右岸,多年来主流位置相对稳定,左右摆动较小。

大拐下分汊段左右汊道及洲滩交替冲淤变化,20 世纪六七十年代,曹姑洲、陈家洲左汊淤积衰退,70 年代中期至 80 年代中期,左汊由淤转冲,80 年代后期以来,左汊逐渐淤积衰退,但变化进程有所减缓。右汊近 50 年来一直处于主汊地位,20 世纪六七十年代,左汊一部分水流通过曹姑洲与陈家洲间汊道过渡至右汊,70 年代后期曹姑洲与陈家洲间汊道淤积衰退,两洲淤连为一体。右汊自 20 世纪 90 年代以来处于冲刷发展期,四褐山以上段深槽发展,逐渐与下游深槽贯通,受四褐山挑流作用,右汊主流顶冲陈家洲右缘中下部,陈家洲右缘深槽近岸,河床竖向冲刷下切,局部已护岸工程滑塌,威胁已护岸工程及河势稳定,急需加固。

1998 年以来,本河段主流走向、总体河势相对稳定,局部河床主要的变化如下:

(1)河段进口段江中潜洲左冲右淤,洲体向右下方移动。

(2)因上游黑沙洲尾三汊汇流点呈下移左摆趋势,高安保定圩段水流贴岸带向下延长,致使保定圩新大圩段岸坡冲刷后退,2009 年汛期后,新大圩联群船厂下游(繁昌江堤 19＋100)和宏宇船厂外滩(繁昌江堤 19＋700)先后发生两处崩岸。因历年护岸工程形成的两道短丁坝,岸线不平顺,水流紊乱,该段岸坡仍不稳定,2015 年 7 月,下游渡口处新发生崩窝。

(3)大拐段护岸工程实施后,上段岸线基本稳定,因水流长期贴岸冲刷,深槽向近岸移动,岸坡仍然较陡。2009 年汛期后,伍显外圩发生强烈崩岸,对应江堤桩号 95＋200,崩窝长 100m,宽 100m。

(4)大拐至芜湖大桥段为单一段,多年来相对较稳定。近期,弋矶山下游汽车轮渡—火车轮渡段深槽呈扩大向近岸发展之势,岸坡较陡,深槽向近岸移动。

(5)随着曹姑洲头冲刷后退,20 世纪 80 年代中期,水流切割曹姑洲头前沿浅滩,在曹姑洲头前沿形成浅洲,之后逐年发展壮大。近 10 年来,浅洲呈向右下方淤长趋势,浅洲与曹姑洲间的汊道有所发展,汊道最深点为－13m 高程。进入左汊内部分水流通过浅洲与曹姑洲间的汊道流向右汊,必将减少左汊分流比,对左汊发展不利。

(6)20 世纪 70 年代以来,陈捷、曹捷水道相继衰亡,左陈家洲左汊呈发展态势。近 10 年来,左汊进口段裕溪口港区前沿河床冲淤变化较频繁,江中浅滩左右摆动不定,汊道弯道段受水流冲刷后退。2002 年长江水利委员会实施了黄山寺—张家湾护岸工程后,弯道段岸坡趋于稳定。

(7)陈家洲右汊内－20m 深槽与上下游贯通,受四褐山挑流增强影响陈家洲右缘下半段冲刷后退,已护岸工程出现崩塌下挫迹象,急需加固。

(8)受陈家洲左、右汊道演变及分流比调整影响,陈家洲尾汇流点相应发生小幅度变化,近十年来汇流点呈上提左摆趋势,对下游马鞍山河段河势将产生一定影响。

综合本河段河道演变分析,左岸大拐下段受水流顶冲强烈,崩岸严重,需进行整治;右岸新大圩段水流常年贴岸冲刷,岸线崩塌,需进行整治;陈家洲右缘下段长江隐蔽工程区中部岸坡出现崩塌现象,深槽向近岸发展,对已护岸工程及河势稳定构成一定威胁,急需加固。

4.2.13 马鞍山河段

马鞍山河段上起东梁山,下至慈姆山,全长 31.25km,为两端束窄、中间展宽的顺直分汊型河道。中间展宽段有江心洲和小黄洲顺列江中。主流由江心洲左汊经小黄洲头过渡到小黄洲右汊。20世纪50年代以来,江心洲左、右汊分流比较稳定,右汊分流比变化幅度在8%～13%,平均为10%;小黄洲左、右汊分流比变化较大,左汊分流比变化幅度在2%～23%,近期在23%左右。本河段主要崩岸点有左岸大荣圩和右岸陈焦圩段等。

上游陈家洲左右汊水流在洲尾汇合后,经东、西梁山节点控导后进入本河段。水流居中下行至彭兴洲头分为左、右两股,一股进入彭兴洲右汊,贴右岸下行;主流顶冲彭兴洲头—江心洲头左缘上段后向左岸过渡,顶冲左岸太阳河口—新河口一带,在王丰沟处坐弯,下行至小黄洲头后又分为左、右两股,一小股进入小黄洲左汊,主流贴小黄洲头右缘下行至人头矶前沿与江心洲右汊水流汇合,经人头矶导流下行至马鞍山港区向左过渡,小黄洲左右汊道水流在小黄洲尾汇合后流入下游南京河段。

近几十年内,江心洲右汊为支汊,分流比变化较小,呈现出上段主流摆动、滩槽交替较为频繁、河床形态变化较大、下段主流摆动较小、河床形态较为稳定的特点;江心洲左汊为主汊,水流左右摆动,滩槽随之冲淤而发生上提下移的交替变化。小黄洲过渡段主流左右往复摆动较大,小黄洲头、洲缘及深槽冲刷剧烈。经20世纪70年代以来实施护岸工程,小黄洲头已形成稳定的分水鱼咀,近期小黄洲左右汊分流比呈相对稳定的状态。

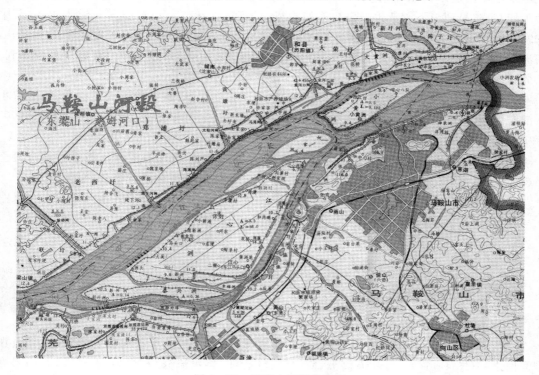

图4-13 马鞍山河段位置图

1998年以来,本河段主流走向、总体河势相对稳定,局部河床主要变化为:

(1)上游陈家洲尾汇流点上提左摆,对下游马鞍山河段河势将产生一定影响。马鞍山河段进口单一段分流点呈上移趋势,分流角度有所减小,但对江心洲左右汊道分流、分沙比变化影响不大。江心洲左右汊道分流、分沙比基本呈9:1的分流格局,右汊分流比略大于分沙比,且变化幅度不大。

(2)进口单一段与彭兴洲—江心洲左缘上段近岸深槽贯通,深槽纵向下延、横向右摆,彭兴洲头—江心洲左缘中段7km范围内逐年崩岸,近期江心洲左缘水流顶冲部位呈逐年下移趋势,崩岸呈逐年向下游发展趋势。

(3)江心洲左汊下段左槽发展,右槽萎缩,两槽合一,深槽右摆。

1998年,王丰沟附近左深槽已经形成与下游小黄洲左汊及小黄洲过渡段-10m深槽贯通的形势,而右深槽仅在何家洲串沟口门附近。2007年,何家洲口门附近-10m冲刷坑消亡,结束了左汊下段两槽并存的局面。同时,左汊在发展的过程中,主槽不断右移。

(4)江心洲右汊上段演变频繁,进口段拦门沙、陈桥圩外滩冲淤变化,姑溪河口以下段相对稳定,采石边滩上段冲刷、下段淤积。

(5)20世纪90年代以来,小黄洲左右汊道分流比相对稳定,左汊分流比基本稳定在23%左右,右汊基本稳定在77%左右。

(6)小黄洲主要变化为:洲头及其左缘已形成稳定的分水鱼咀,变化不大。洲体左缘上段受水流顶冲作用逐年冲刷后退,形成最深处为-25m的冲刷坑,深槽向下延伸约1km,洲左缘未护岸段崩岸长3km,宽90~220m。洲体左缘中段2km范围内变化不大。洲尾向下游延伸左摆,呈现与下游新生洲头相连的趋势。1976—2011年,小黄洲尾下延2.9km,其中1998—2011年洲尾下延850m,2011年小黄洲尾与下游新生洲头间0m等高线相距1.0km,两洲体呈淤连趋势,两洲间形成一道水下沙埂,高程为-2~0m,对马和汽渡运用十分不利。洲体右缘冲淤交替,变化不大。

(7)小黄洲左汊左岸上段为金河口边滩,略有淤积变化不大;下段为大黄洲边滩,随着小黄洲左汊下段左移,大黄洲边滩受冲后退,1976—2007年,冲刷后退1km,其中1998—2007年中段变化不大,下段冲刷后退150m。

(8)1998—2011年,受小黄洲头过渡段主流摆动影响,小黄洲右汊水流较平顺地过渡至马鞍山港区一带贴右岸下行,右汊深泓右摆近岸,二电厂以下河床冲淤交替,变化不大。

4.3 分汊型河段演变分析

4.3.1 安庆河段演变分析

1. 河段概况

安庆河段位于长江下游安徽省境内,上接官洲河段,下与太子矶河段相连,为典型分汊型河段之一(图4-14)。江中有潜洲、鹅眉洲、江心洲,将水流分为左、中、右三汊,其中潜洲与鹅眉洲的消长变化直接影响安庆河段左汊与新中汊的入流条件。近年来,由于上游来水来沙变化等因素的影响,左汊与新中汊的分流比变化较大,新中汊发展速度较快,一度威胁到左汊的主汊地位。

2. 河段演变特点

对于分汊型河段的洲滩演变而言,很大程度上还取决于局部边滩、心滩等尺度较小地貌

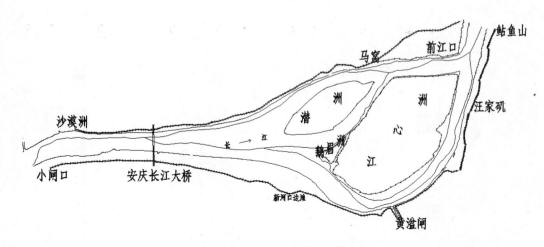

图 4-14 安庆河段河势图

形态的短周期交替变化,通过分析研究河段中来水来沙、洲滩之间的变化关系等影响因素,对该河段河床演变特性总结如下。

(1)洪水河势基本稳定

安庆河段两岸均建有防洪堤防,左岸为安广江堤,西起狮子山,东至枞阳县城幕旗山脚;右岸建有池州江堤,上起东至县香隅河,下至贵池区大通河。大堤与主槽间存在宽窄不一的河漫滩,江心洲筑有圩堤,汛期洪水河宽得以有效控制,河段整体河势基本稳定。

多年来安庆河段深泓靠近安庆市区,但深泓线左右摆动。皖河口至安庆西门段,深泓线随着上游来水及小闸口挑流强弱变化,左岸顶冲部位深泓线左移、其他部位右移,该段深泓线变化总趋势为右移。安庆西门以下至大桥段,1966—1976年左摆最大幅度为250m,1976—1986年振风塔以上变化不大、振风塔—大桥右摆150~200m,1986—1997年振风塔以上变化不大、振风塔—大桥平均左摆200m,1998—2003年安庆西门—振风塔下左摆、振风塔下大桥右摆,摆动幅度为100m左右,2003—2005年变化不大,2005—2011年振风塔下—大桥略有左摆。

(2)新河口边滩的生成和发育

因20世纪90年代上游官洲河段汇流段河势变化,小闸口挑流减弱,水流对左岸顶冲部位有所下移,进入右汊水流向江心洲头过渡,新河口边滩开始发育,经历了1986—1998年数个大沙年份冲槽淤滩过程,滩体不断淤高,至1998年滩顶高程稳定在10m左右,5m滩面宽度维持在600m左右,2003年三峡工程运行后,新河口边滩0m线与江心洲淤连,右汊口门出现拦门沙。

新河口边滩的生成发育与上游水流动力轴线位置关系密切。20世纪90年代前,分流区水流顺槽于新河口一带贴右岸下行,右汊分流比在40%以上;20世纪90年代后,随着分流区深槽尾部不断下移左摆,右汊入流条件恶化,枯水期分流比最低时仅为17.6%,水流走弯,新河口边滩得到充分发育。近年来,分流区深槽尾部位置变化较小,新河口边滩基本稳定。

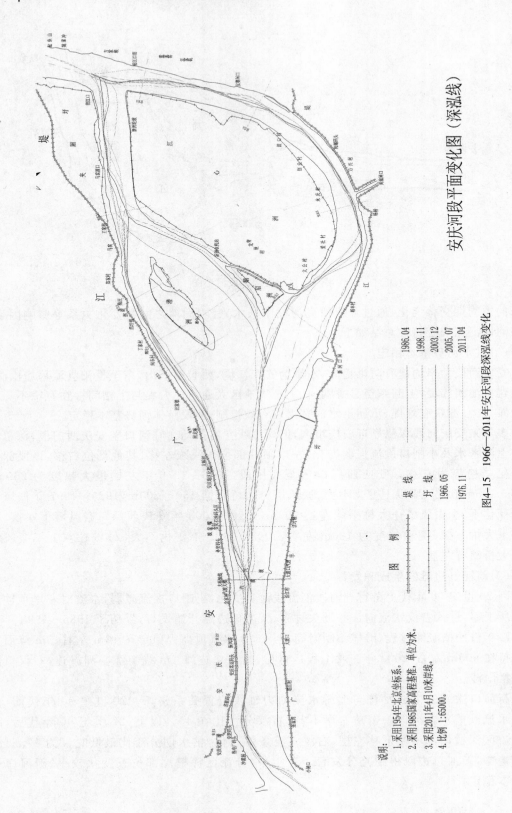

安庆河段平面变化图（深泓线）

图4-15 1966—2011年安庆河段深泓线变化

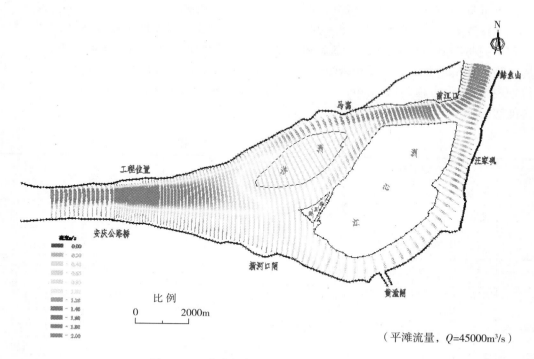

（平滩流量，$Q=45000\text{m}^3/\text{s}$）

图 4-16 安庆河段流场图（2011年实测地形）

（3）鹅眉洲与潜洲此消彼长

鹅眉洲于20世纪50年代中低水出露，与江心洲并列江中，将水流分成左、中、右三汊。50年代至今，鹅眉洲经历了生成、发育和冲蚀的过程，这个过程伴随着鹅眉洲洲体的不断右移而发展，至1981年以后中汊河床淤积抬高，中枯水位以下断流，鹅眉洲5m线与江心洲淤连，两洲并为一体。鹅眉洲生成的原因是河道放宽所致，而洲体的不断冲蚀右摆则是水流动力轴线在分汊段河道周期性变化的表现形式。

鹅眉洲并入江心洲后，受分流区深泓线左摆影响，洲体头部及左缘不断冲刷后退，20世纪90年代以前，冲刷较缓；90年代以后，分流区深槽下延幅度加大，洲体受冲也加剧，洲体头部年均冲刷后退超过100m。随着鹅眉洲头及左缘的冲刷，进口处河道展宽，水流流速减小，相应挟沙力减小，泥沙落淤，形成鹅眉洲左缘低滩。同时，由于分流区深槽下延，深槽尖端正对鹅眉洲左缘低滩，水流切割低滩形成新的沙洲——潜洲，潜洲与鹅眉洲之间的汊道称为新中汊。

在鹅眉洲右移崩退的过程中，潜洲也随之充分发育，洲体不断淤高扩大，束水控流作用得到加强，同时又进一步促进了鹅眉洲的崩退，且鹅眉洲崩退的速率与潜洲淤长的速率一致，二者此消彼长。从平面变化上看，潜洲和新夹江已取代了鹅眉洲和原中汊的位置。两洲不能共存的现象表明，左汊口门处的河宽还不足以容纳2个洲体。正是2个洲体的交互发展和周期性变化，导致左、中两汊的入流条件处在较大的变化之中，并且这种变化也会对两汊分流比产生影响。

由上可见,鹅眉洲变化主要可分为两个阶段,分别为并入江心洲之前的生成—发展、长大—右移—并入江心洲的变化过程和并入江心洲后头部及左缘不断冲刷崩退的过程;潜洲的变化过程与鹅眉洲此消彼长,并随着鹅眉洲的演变趋势而变化。同时潜洲洲头在水沙条件的作用下又呈不断的关联变化,比较直观的是随着洲头的冲刷、右摆,左、中两汊的分流点相应表现为下延、右移,引起新中汊的深槽冲刷贯通以及右汊流量的减小,从而导致分汊段河道的河势调整。

表 4-2 安庆河段鹅眉洲、潜洲变化

测次	鹅眉洲				潜洲				备 注
	长度	宽度	洲头	左缘	长度	宽度	左缘	右缘	
1966.05	6500	2450							
1976.11	6130	2900	−400	−320					
1986.04			−600	−800	1800	340			鹅眉洲与江心洲淤连,潜洲出水
1991.04			−350	−140					潜洲位于5m高程以下
1997.08			−750	−760	3970	1180			
1998.11			−310	−330	4260	1410	360	400	
2003.12			−280	−155	4700	1820	−450	500	
2005.08			−100	−20	4750	1800	−80	100	
2011.04			50	−100	5270	1960	−130	150	

注:按5m高程计,单位以m计;表中洲头及左右缘变化为相对于上一测次变化情况(−)表示冲刷、(+)表示淤积。

(4)江心洲汊道分流比变化

20世纪90年代以前,右汊分流比较稳定,保持在40%～50%之间。当鹅眉洲、江心洲分汊道为左、中、右三汊时,右汊分流比与左汊分流比相当,或大于左汊分流比,右汊保持主汊地位;当鹅眉洲并入江心洲,汊道被分为两汊时,左汊分流略大于右汊,两汊呈分流相近的格局。20世纪90年代以后,受上游河段河势变化影响,本河段水流动力轴线位置发生摆动,导致右汊分流比呈减小趋势,右汊进入衰退期。比较中枯水期,分流比由41.9%减少到17.6%;洪水期分流比由38.7%减少到27.4%。

在右汊衰退过程中,新中汊生成,且随着鹅眉洲的崩退,新中汊进口展宽,入流条件得到加强,新中汊快速发展,到20世纪90年代初,新中汊分流比增加到25.9%,相应左汊分流比由90年代前的50%左右减少到32.20%。近期随着凹岸冲刷,新中汊中下段−10m深槽全程贯通,河床下切引起比降加大,加大水流入新中汊,新中汊分流比在洪水期最高达到33.6%以上,中枯水期最低也在18%左右。新中汊的快速发展对潜洲左汊保持主汊地位较为不利。

表4-3　江心洲汊道分流比统计

时间	水位(m)	流量(m³/s)	左汊(%)	中汊(%)	右汊(%)
1959.06	12.21	46520	39.12	19.82	41.06
1959.09	7.86	25610	49.2	8.63	42.17
1960.05	9.36	31980	45.03	12.13	42.84
1979.08	10.57	37682	50.42	1.54	48.03
1984.04	8.48	29000	56.55		43.45
1986.04	7.9	23400	58.71		41.29
1988.09	14.2		53.6		46.4
1991.04	9.5	25562	54.9		45.1
1992.06	10.34		59.2		40.8
1993.12	5.9		32.2	25.9	41.9
1997.08	12.6	48200	35.1	26.2	38.7
2000.02	4.8		42	29.3	28.7
2001.12	5		46.5	30	23.5
2005.08	11.22	40600	39.3	33.6	27.1
2007.12	3.6	9814	59.6	22.8	17.6
2008.08	11.13	37508	41.7	30.9	27.4
2008.12	4.11	12090	57.8	23	19.2
2011.04	4.62	18384	60.76	18.22	21.02
备注	1959—1979年,中汊为鹅毛洲与江心洲间汊道(称为中汊); 1984—1992年,左汊和中汊分流比是一起进行统计,未单独分开统计; 1993—2008年,中汊为新洲与鹅毛洲间汊道(称为新中汊)。				

(5)左、右两汊断面形态呈明显的弯道断面特征

安庆河段的左、右两汊均处于弯曲河势的凹岸,从30多年来的地形测图分析,两汊河道横断面皆呈现较为明显的弯道形态特征,凹岸冲刷,凸岸淤积,深槽逐渐坐弯。

(6)新河口边滩的形成、鹅眉洲与潜洲此消彼长及与新中汊演变的关联性

分析表明,新河口边滩的形成、鹅眉洲与潜洲此消彼长和新中汊的演变关系密切。自20世纪90年代新河口边滩形成以来,分流区右汊水流动力轴线向左摆动,鹅眉洲头部大幅冲刷,潜洲洲体随之淤高,控导水流作用增强,新中汊冲槽淤滩,发展迅速。2003年三峡工程运行以后,新河口边滩趋于稳定,鹅眉洲头冲刷幅度减弱,潜洲洲体淤长速度有所下降,新中汊发展趋缓,近年洪水期分流比维持在30%左右。此时对鹅眉洲头及新中汊实施工程措施,可抑制新中汊过快发展,维持左汊的主汊地位。

3.河段河床演变趋势预测

(1)安庆河段两岸建有防洪大堤,左、右岸的岸线基本得到控制,分汊段的边界条件及上

游来水情况均得以稳定,在自然条件下,本河段总体河势不会发生大的改变,分汊格局将保持不变,右汊将作为缓慢衰退的支汊长期存在。

(2)新河口边滩0m线与江心洲淤连形成右汊进口拦门沙,将保持目前基本稳定的状态,其小幅度的冲淤变化仍将持续。

(3)在自然条件下,分汊段河道仍会遵循以往的演变规律,鹅眉洲与潜洲此消彼长,潜洲周期性生成、长大、右移,最后向右侧江心洲并岸,中汊也周期性生成、发展、衰退、再生成。目前新中汊进入发展调整时期,枯水期分流比有所下降,航道部门于2011年对鹅眉洲头、潜洲左缘及新中汊实施了航道整治工程,有利于维持现有状态,确保左汊主汊地位。

(4)三峡工程运行后,汛期洪峰被削减,中水流量出现的概率增加,出库沙量大幅减少,坝下河段近期以枯沙年为主。安庆河段虽然远离三峡坝址,但局部河床受来水来沙变化也产生了一定变形。三峡水库清水下泄,水流挟沙能力增大,河段内洲滩冲刷后退趋势会更加明显,但不会对河床边界条件、河道平面形态和河道演变规律造成大的影响。

4.3.2 贵池河段演变分析

1. 河段概况

贵池河段位于长江下游安徽省境内,上起枞阳新开沟,下至池州下江口,全长22.4km,为长江中下游典型的分汊型河段之一。江中有长沙洲、凤凰洲、新长洲等,将河段分为左、中、右汊,目前中汊为主汊,2011年7月实测左、中、右三汊分流比分别为38.7%、61.3%、6.3%。

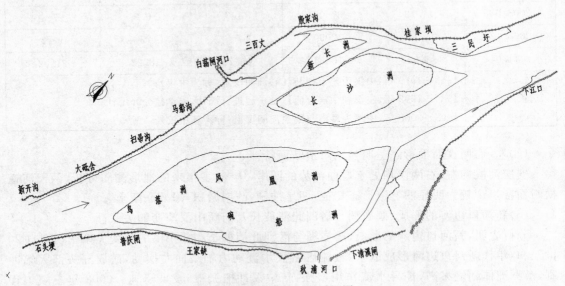

图4-17 贵池河段平面图

2. 河段三汊演变分析

(1)左汊变化

左汊位于长沙洲左侧,弯顶位于殷家沟,进口有新长洲和白荡闸河口边滩,贴左岸有殷家沟深槽,贴右岸有新长洲和长沙洲边滩。左汊弯曲,江面较宽,1959—1988年分流比不断增大,由 24.6% 增大至 38.9%。20 世纪 80 年代以后,左岸马船沟至三百丈一带出现大幅度淤积,左汊分流比开始减少,至 2008 年分流比降为 28.8%。2008 年以来,长沙洲与新长洲之间的汊道冲刷发展,2011 年左汊分流比又增加至 38.7%。

20 世纪 60 年代以前,长沙洲与新长洲 5m 洲体连为一体,两洲间的汊道在枯水期断流。左汊水流自扫帚沟贴左岸马船沟、三百丈、殷家沟、桂家坝下行。60 年代至 80 年代,左岸三百丈、殷家沟、桂家坝相继发生强烈崩岸。80 年代末以来,随着上游河势调整,扫帚沟至三百丈段主流右摆,白荡闸出口边滩淤长,新长洲头及左缘边滩冲刷后退,新长洲左汊逐渐淤积衰退。

1966—2011 年,新长洲头 5m 等高线累计崩退 2.9km。随着洲头崩退及主流右摆,新长洲与长沙洲间的汊道冲刷发展,1986 年两洲 5m 等高线分离,之后该汊道横向展宽,新长洲右缘及长沙洲左缘中上部冲刷后退,汊道过流量增大。至 2008 年,新长洲与长沙洲 0m 等高线分离,两洲间的汊道出现 0m 深槽,受水流顶冲作用长沙洲左缘中部近岸出现 −10m 冲刷坑,最深点达 −14m。2008 年 9 月末,该处出现严重崩岸,崩岸长 300 多米,宽 40～50m,长沙洲圩堤部分崩入江中。2011 年,两洲间的汊道继续冲刷发展,新长洲右缘 0m 等高线较 2008 年冲刷后退约 120m。

(2)中汊变化

中汊位于长沙洲和凤凰洲之间,20 世纪 50 年代至今均为主航道。水流进入中汊后,贴凤凰洲左缘下行,在凤凰洲尾部和右汊水流汇合,再向左过渡,在长沙洲尾与左汊出流汇合。由于中汊宽畅,进流条件好,分流比不断增大,50 年代分流比为 30.3%,60 年代为 38.2%,70 年代为 39.5%,80 年代为 43.7%。1988—1997 年,受扫帚沟至长沙洲头主流不断右摆影响,中汊进流条件不断改善,进口门坎高程降低,分流比迅速增加至 68.7%。1998 年以来,中汊分流比相对稳定,2011 年 7 月,中汊分流比实测为 61.3%。

中汊下段演变与中汊上段和右汊来水量都有关系,其冲淤变化与中汊上段有所不同,1986 年以前中汊下段呈淤积之势,1986 年以后中汊下段呈冲刷之势。中汊迅速发展,导致凤凰洲左缘水流贴岸段大幅度冲刷后退。

(3)右汊变化

右汊位于凤凰洲右侧,进口有拦门沙坎,称鸟落洲浅滩。由于凤凰洲洲头前的浅洲不断淤涨右移,直接影响右汊的进流。20 世纪五六十年代,右汊的分流比分别为 35.2%、33%。70 年代鸟落洲出水,80 年代初鸟落洲 0m 线与凤凰洲头以及右岸的浅滩连为一体,洲体高程由 50 年代的 −2m 发展至 80 年代初的 10.44m,分流比由 24.3% 逐渐降低为 7.1%。1998 年 11 月分流比仅为 0.2%,几乎断流,2011 年 7 月实测右汊分流比为 6.3%。

右汊进口段河床逐年竖向淤高、横向缩窄,1966—2011 年由 −20m 抬高至 0m,5m 高程河宽由 1200m 缩窄至 230m;汊道中下段河床相应竖向淤积抬高、横向缩窄,2011 年河床一般在 −7～−4m,5m 高程河宽为 200～350m。20 世纪五六十年代,右汊分流比达 33%～35%,90 年代以后,右汊入流条件进一步恶化,分流比减小,崩岸渐缓。1998 年以后,右汊池口附近 −5m 深槽大幅度淤缩,−10m 深槽逐渐消失。

(4)汊道分流比变化

近 50 年来,贵池河段河势发生了剧烈变化,表现为:1959—1988 年,左汊和中汊分流比逐年增加,而右汊分流比逐年减少;1988 年后,左汊分流比不断减少,中汊分流比快速增加,右汊分流比继续减少。

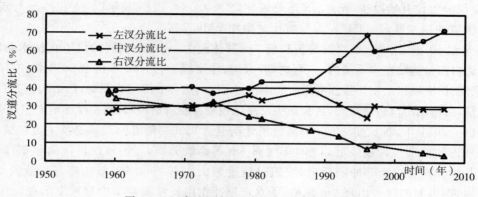

图4-18 贵池河段左、中、右三汊分流比变化

3. 河段河床演变趋势预测

(1)三峡水库清水下泄,水流挟沙力增大,河段内洲滩冲刷后退的趋势会更加明显,但不会对河床边界条件、河道平面形态和河道演变规律造成大的影响。预计在目前河势下,贵池河段左、中、右三汊中,中汊分流比稳居三汊之首,这一分流态势近期不会改变。

(2)左汊因其进口前沿水流动力轴线右摆,影响了左汊进流条件,但由于切割新生洲左缘,左汊进流条件有所改善,分流比可能会减少,但变化幅度不会很大。左岸新开沟—扫帚沟一带、长沙洲头及左右缘,因水流贴岸冲刷,岸坡逐渐变陡,崩岸可能再次发生,应对未防护段进行防护。

(3)近期由于三汊进、出流条件不会有大的改变,新开沟—凤凰洲头主流仍将贴靠左岸,右汊进流条件继续恶化,分流比仍将有减少的可能,但因秋浦河水流汇入,近期右汊不会衰亡。

(4)长沙洲与凤凰洲之间的汊道冲刷发展,主流贴凤凰洲左缘下段下行,凤凰洲左缘下段逐年冲刷后退,崩岸对河势稳定及防洪安全构成一定威胁,需实施整治工程;中汊发展,出流顶冲右岸泥洲一带河岸,该段岸坡崩塌后退,对下游河势稳定构成一定的不利影响。

4.3.3 大通河段演变分析

长江大通河段上起下江口,下至羊山矶,全长21.0km,为顺直型分汊河段,其中下江口至梅埂为单一段,梅埂至羊山矶为分汊段,分汊段内有和悦洲,最大河宽3.7km,目前左汊为主汊,多年分流比为91.1%～93.3%,右汊为支汊。

水流进入本河段后,居中偏右下行,受右岸乌江矶挑流作用,主流向左过渡,顶冲左岸林圩拐进入左汊,贴老洲头江岸下行,在上八甲向右过渡,贴和悦洲左缘,行至洲尾和右汊出流汇合,下行经羊山矶理流后进入铜陵河段。主流走向明显受三处节点(护岸工程)控导,它们依次为乌江矶、老洲头、和悦洲左缘。

新中国成立后建设了大量堤防、护岸、圩等工程,大通河段基本稳定。三峡工程蓄水运行后,该河段的河势演变较为活跃。近年来大通河段-5m等高线变化过程如图4-19所示,近年来大通河段-10m等高线变化过程如图4-20所示。大通河段河势演变分析断面位置如图4-21所示,各断面高程变化如图4-22所示。

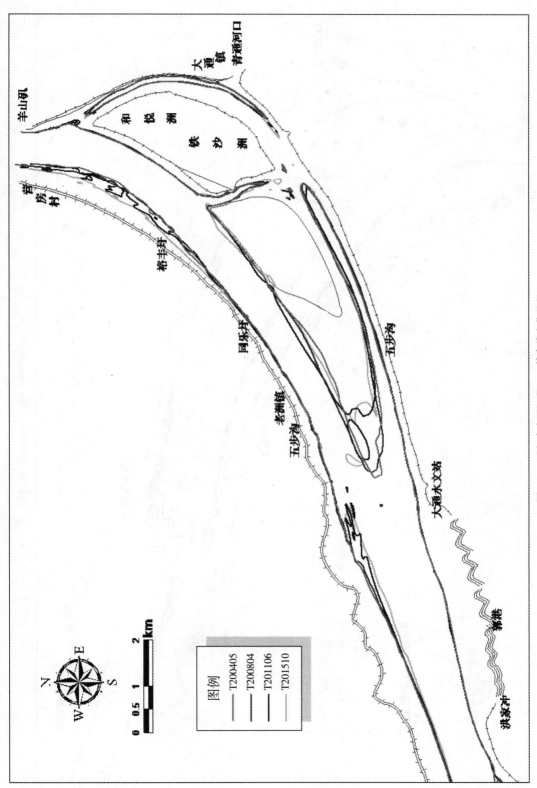

图4-19 近年来大通河段-5m等高线变化过程

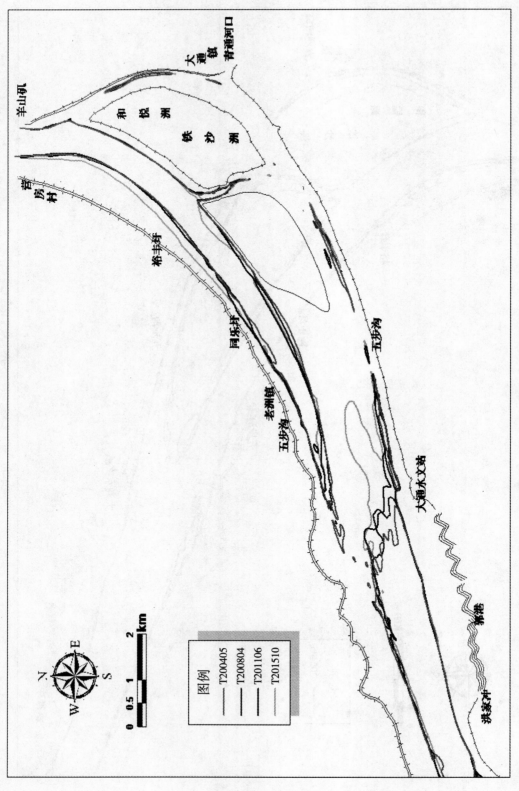

图4-20 近年来大通河段-10m等高线变化过程

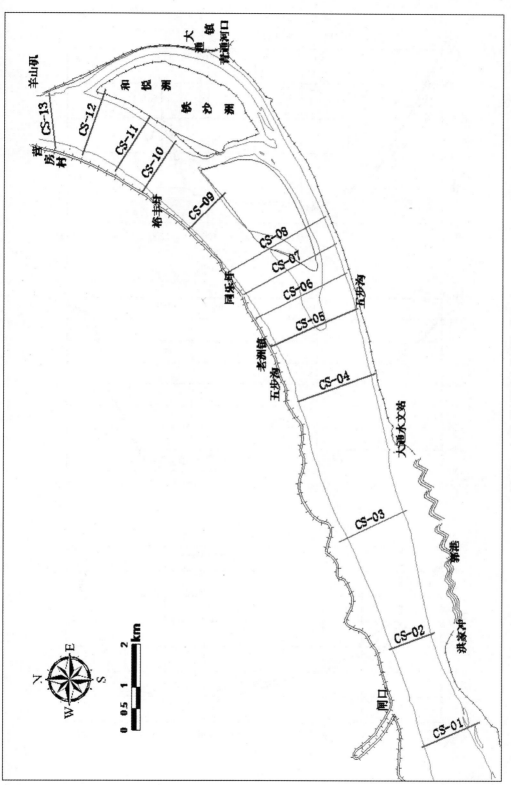

图4-21　大通河段河势演变分析断面位置

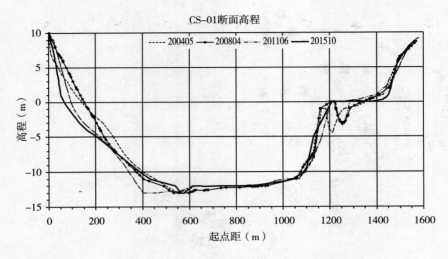

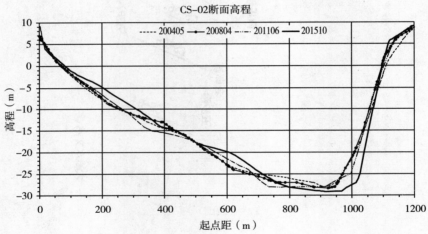

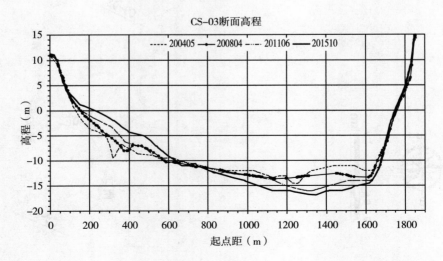

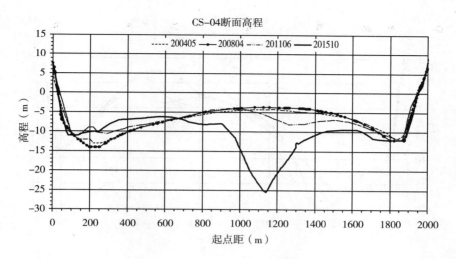

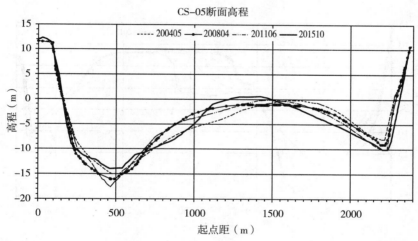

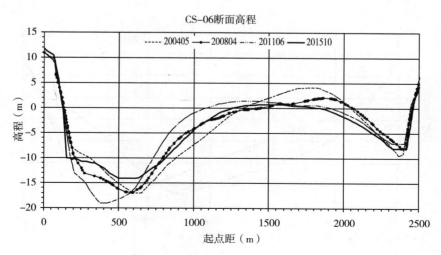

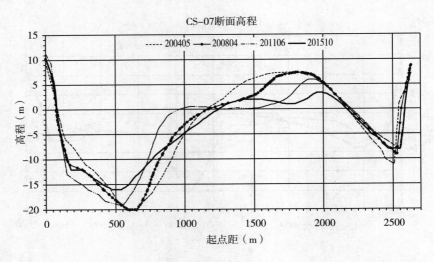

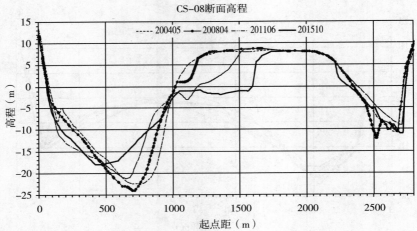

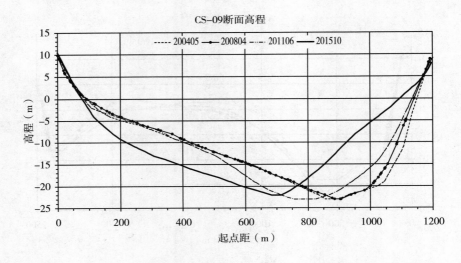

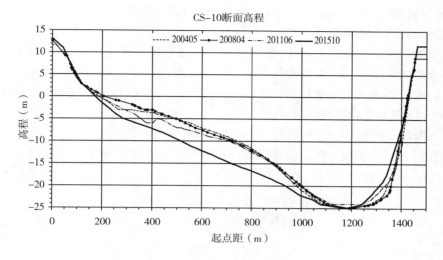

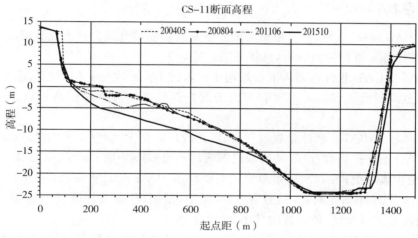

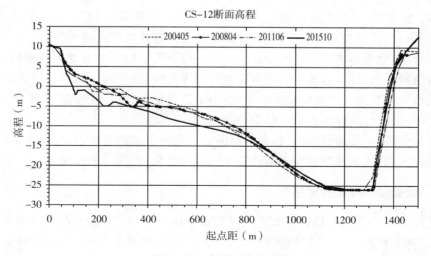

图 4-22 各断面高程变化

以上图片显示,三峡工程蓄水运行后,大通河段河道演变主要特征为:

(1)大通河段右岸基本稳定。

(2)左岸滩地冲淤变化较为显著,洪家冲以上河段左岸表现为切滩,分析断面1左岸滩地近10年来冲刷深度达5m,洪家冲与大通水文站之间的河段左岸表现为淤滩,分析断面3的左岸−10~0m滩地淤积厚度达5m左右,和悦洲左汊(主汊)左岸表现为较为强烈的切滩过程,−10~0m滩地冲刷厚度超过5m。

(3)大通河段主槽整体有左移趋势,且更趋于蜿蜒曲折。

(4)铁板洲上游的小铁板洲头顶冲切滩,10年来−5m等高线向下游移动约2km。

4.4　安徽长江河道冲淤分析

4.4.1　河道冲淤计算方法

本书利用 ArcMap 10.0 软件,根据实测水下高程点和等高线数据生成数字高程模型,采用两次模型叠加计算进行冲淤分析,具体方法简述如下。

数据提取:在 CAD 软件中调入准备好用于比较的不同测次的 CAD 地形图,绘制统一的分析范围线(范围线由江堤的外堤顶和河段的起止点组成),分别输出高程点、等高线和范围线。

数据建库:在 ARCGIS 软件新建该项目,新建地理数据库,设置正确的单位、比例尺和坐标系,导入 CAD 图并把高程点、等高线和范围线转换成 GIS 中的 shapefile 图层。

TIN 模型生成和编辑:TIN 模型的生成主要使用 3DAnalyst 扩展模块。TIN 模型生成后,使用交互式 TIN 编辑工具,仔细查看 TIN 模型,添加、移除或修改 TIN 结点、隔断线或面,改动时表面可实时反馈,使生成的 TIN 更加合理。

冲淤量计算:利用"TIN 转栅格"工具,把 TIN 转换成 Raster 数据,再进行土方冲淤计算和栅格计算。计算基本网格为 10m×10m,土方冲淤计算使用"填挖方"工具,生成 CutFill 文件,导出报表,统计冲淤量、冲淤面积和冲淤厚度等内容冲淤图绘制和合成。

冲淤图绘制:先用本期的栅格数据减去上期的栅格数据得到冲淤变化的栅格数据,后对变化的栅格数据绘制等值线,等值线绘制完成后对等值线进行拟合,然后进行等值线的标注和掩膜。栅格计算数据一般是用灰度表示的,为了直观显示,进行分色表示,定义大小为 1m 的间隔,选择一条由红黄绿蓝组成的色带,并进行符号标注。

冲淤结果分析:结合冲淤分析图,可以对河道变化做出定性分析,黄红区域为冲刷区,蓝绿区域为淤积区,总体更清楚地看出河道每个区域的变化,比较形象直观。

4.4.2　安徽河道冲淤计算结果

利用已掌握的 1/10000 长程安徽长江河道水下地形测图,定量计算不同时期河道冲淤量,重点对三峡工程运行后河道冲淤情况进行比较分析。受篇幅所限,本书仅摘录部分年份区段内的安徽长江十三个河段冲淤图。

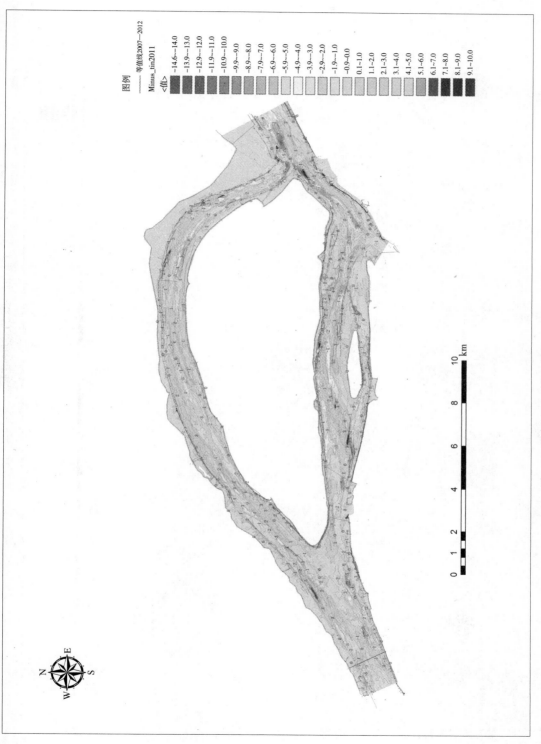

图4-23 张家洲河段冲淤分析图（2007—2012年）

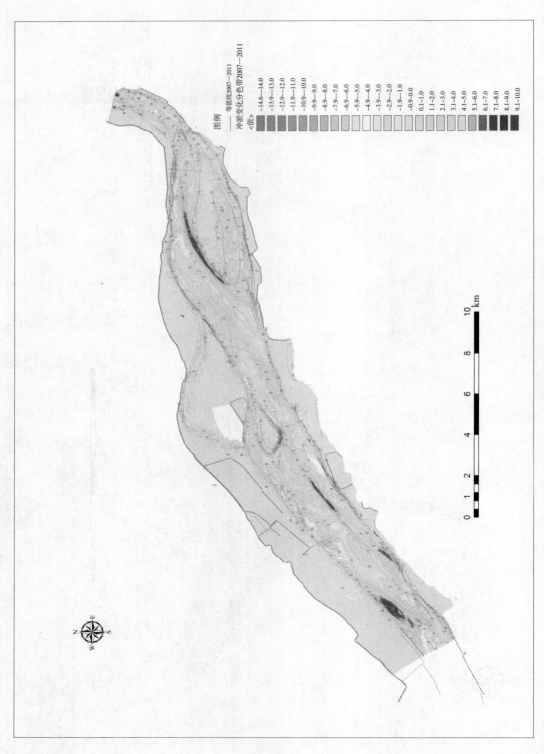

图4-24 上下三号河段冲淤分析图（2007—2011年）

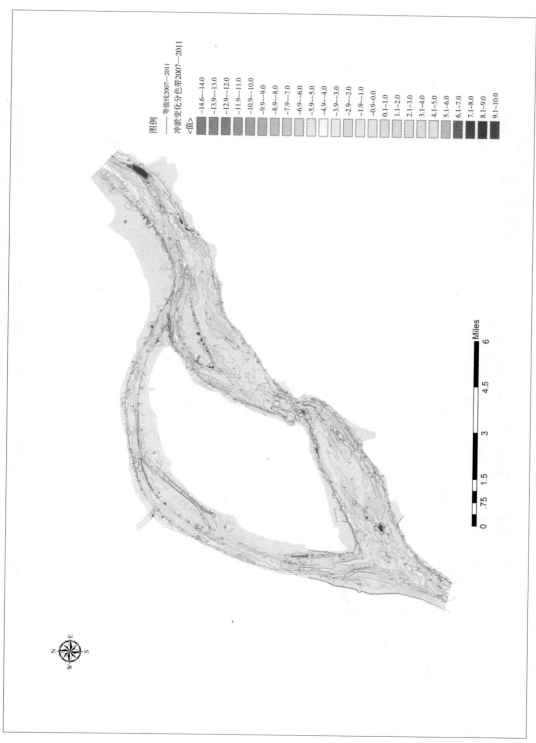

图例

—— 等值线2007—2011
冲淤变化分色带2007—2011
<值>

	-14.6—-14.0
	-13.9—-13.0
	-12.9—-12.0
	-11.9—-11.0
	-10.9—-10.0
	-9.9—-9.0
	-8.9—-8.0
	-7.9—-7.0
	-6.9—-6.0
	-5.9—-5.0
	-4.9—-4.0
	-3.9—-3.0
	-2.9—-2.0
	-1.9—-1.0
	-0.9—-0.0
	0.1—1.0
	1.1—2.0
	2.1—3.0
	3.1—4.0
	4.1—5.0
	5.1—6.0
	6.1—7.0
	7.1—8.0
	8.1—9.0
	9.1—10.0

Miles

0	.75	1.5	3	4.5	6

图4-25 马当河段冲淤分析图（2007—2011年）

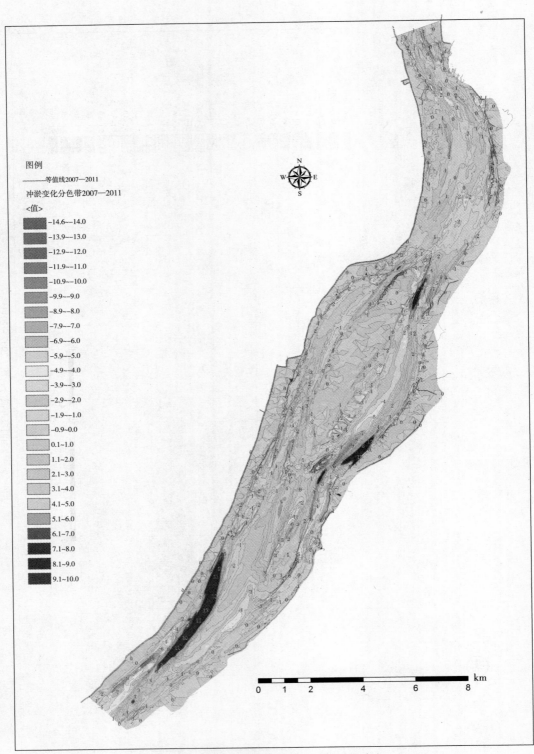

图4-26 东流河段冲淤分析图（2007—2011年）

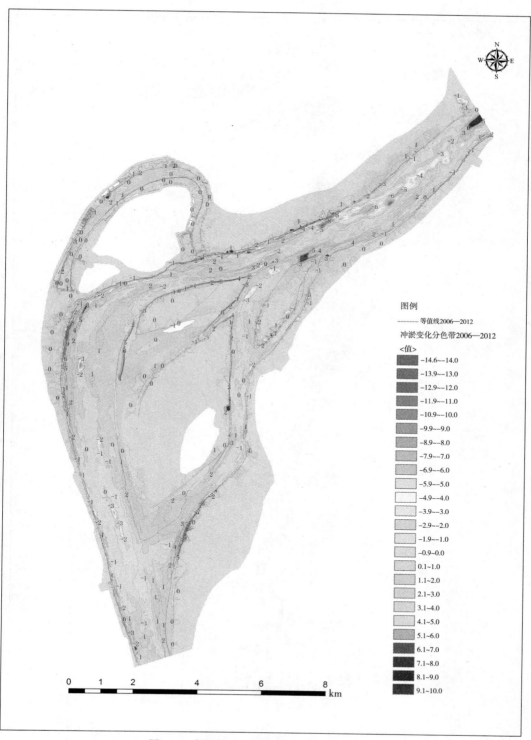

图4-27　官洲河段冲淤分析图（2006—2012年）

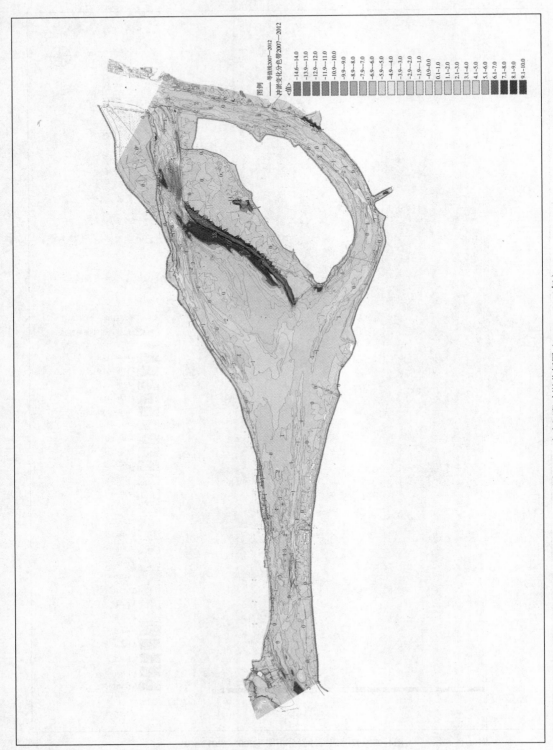

图4-28　安庆河段冲淤分析图（2007—2012年）

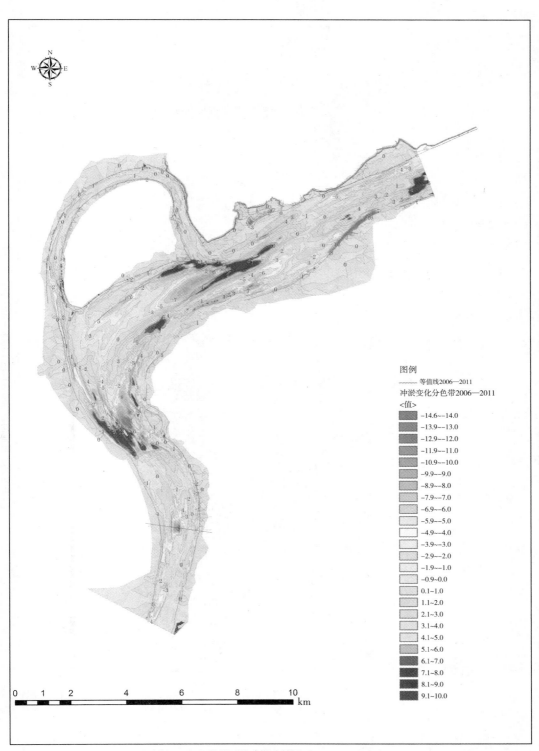

图4-29　太子矶河段冲淤分析图（2006—2011年）

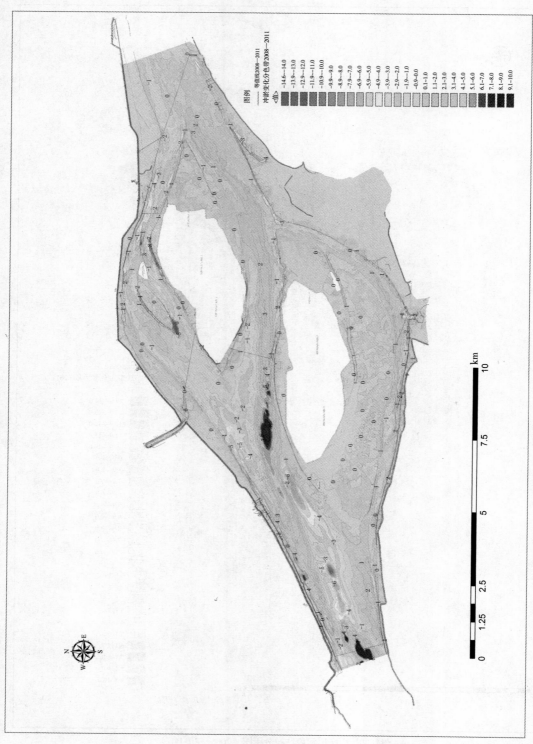

图4-30 贵池河段冲淤分析图（2008—2011年）

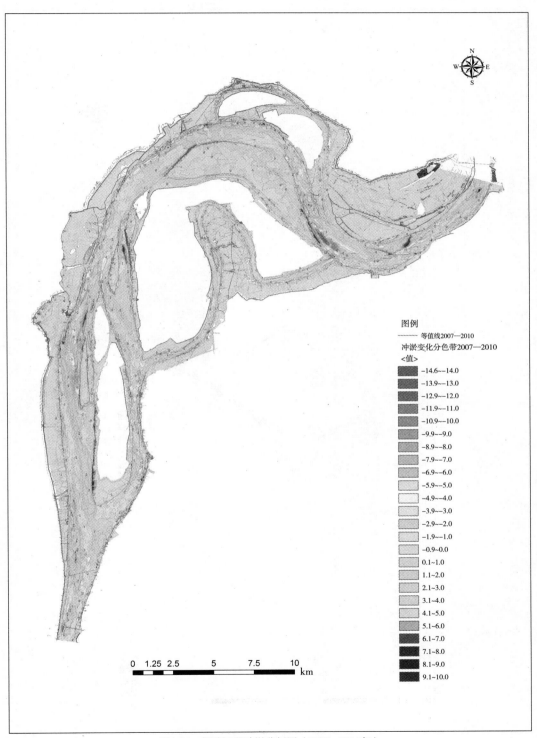

图4-31 铜陵河段冲淤分析图（2007—2010年）

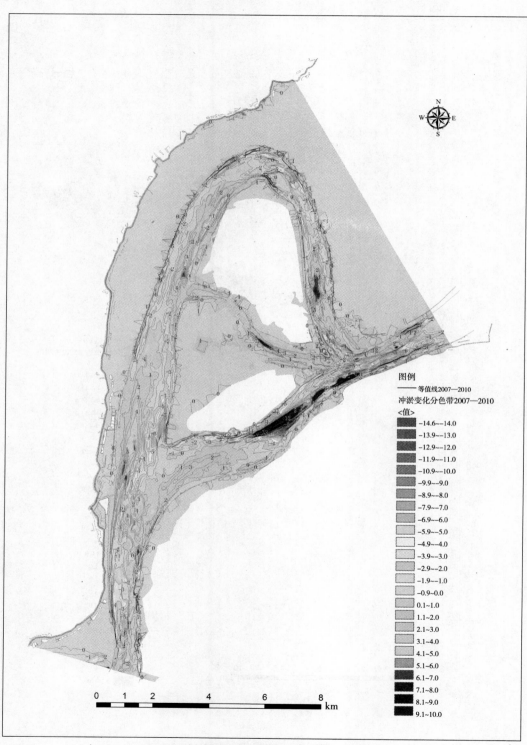

图例
——— 等值线2007—2010
冲淤变化分色带2007—2010
<值>
-14.6~-14.0
-13.9~-13.0
-12.9~-12.0
-11.9~-11.0
-10.9~-10.0
-9.9~-9.0
-8.9~-8.0
-7.9~-7.0
-6.9~-6.0
-5.9~-5.0
-4.9~-4.0
-3.9~-3.0
-2.9~-2.0
-1.9~-1.0
-0.9~-0.0
0.1~1.0
1.1~2.0
2.1~3.0
3.1~4.0
4.1~5.0
5.1~6.0
6.1~7.0
7.1~8.0
8.1~9.0
9.1~10.0

0 1 2   4   6   8 km

图4-32 黑沙洲河段冲淤分析图（2007—2010年）

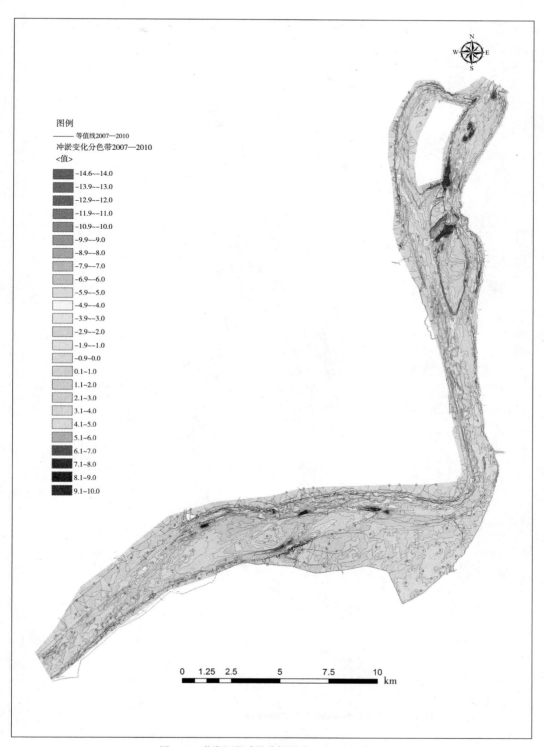

图例
—— 等值线2007—2010
冲淤变化分色带2007—2010
<值>

-14.6~-14.0
-13.9~-13.0
-12.9~-12.0
-11.9~-11.0
-10.9~-10.0
-9.9~-9.0
-8.9~-8.0
-7.9~-7.0
-6.9~-6.0
-5.9~-5.0
-4.9~-4.0
-3.9~-3.0
-2.9~-2.0
-1.9~-1.0
-0.9~-0.0
0.1~1.0
1.1~2.0
2.1~3.0
3.1~4.0
4.1~5.0
5.1~6.0
6.1~7.0
7.1~8.0
8.1~9.0
9.1~10.0

0 1.25 2.5 5 7.5 10 km

图4-33 芜湖河段冲淤分析图（2007—2010年）

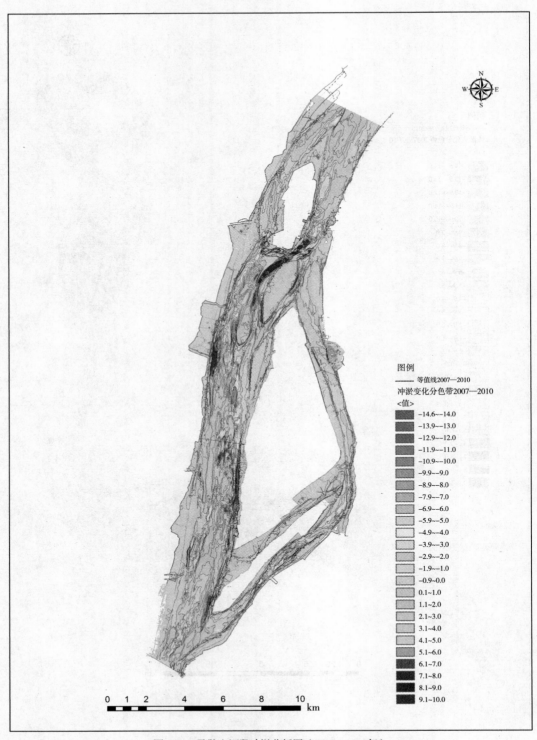

图例
—— 等值线2007—2010
冲淤变化分色带2007—2010
<值>
-14.6~-14.0
-13.9~-13.0
-12.9~-12.0
-11.9~-11.0
-10.9~-10.0
-9.9~-9.0
-8.9~-8.0
-7.9~-7.0
-6.9~-6.0
-5.9~-5.0
-4.9~-4.0
-3.9~-3.0
-2.9~-2.0
-1.9~-1.0
-0.9~-0.0
0.1~1.0
1.1~2.0
2.1~3.0
3.1~4.0
4.1~5.0
5.1~6.0
6.1~7.0
7.1~8.0
8.1~9.0
9.1~10.0

0 1 2   4   6   8   10
km

图4-34 马鞍山河段冲淤分析图（2007—2010年）

表 4 - 4　安徽长江河道冲淤计算汇总

序号	河段名称	计算起止位置	计算面积 (km²)	2002—2011年		其中			
						2002—2007年		2007—2011年	
				冲淤量 (万 m³)	冲深 (m)	冲淤量 (万 m³)	冲深 (m)	冲淤量 (万 m³)	冲深 (m)
1	张家洲	镇江楼—八里江口	100	-6374	-0.64	-2832	-0.28	-3542	-0.35
2	上下三号	八里江口—小孤山	134	-1651	-0.12	-564	-0.04	-1087	-0.08
3	马当	小孤山—华阳河口	121	542	0.04	1776	0.15	-1234	-0.10
4	东流	华阳河口—吉阳矶	110	531	0.05	1783	0.16	-1252	-0.11
5	官洲	吉阳矶—皖河口	99	20	0.00	603	0.06	-583	-0.06
6	安庆	皖河口—前江口	87	-1257	-0.15	-870	-0.10	-387	-0.04
7	太子矶	前江口—新开沟	80	-573	-0.07	-752	-0.09	179	0.02
8	贵池	新开沟—下江口	107	34	0.00	-402	-0.04	436	0.04
9	大通	下江口—羊山矶	51	-351	-0.07	-232	-0.05	-119	-0.02
10	铜陵	羊山矶—荻港	274	-2195	-0.08	1701	0.06	-3897	-0.14
11	黑沙洲	荻港—三山河口	119	-532	-0.04	-419	-0.04	-113	-0.01
12	芜裕	三山河口—东梁山	252	1422	0.06	1173	0.05	249	0.01
13	马鞍山	东梁山—慈姆山	130	4056	0.31	2453	0.19	1602	0.12
	合　计		1664	-6328	-0.04	3419	0.02	-9747	-0.06

备注：正数表示淤积，负数表示冲刷。

4.4.3 安徽河道冲淤分析

总体上讲,三峡工程运行后,安徽长江河道呈冲刷状态,2002—2011 年,共冲刷泥沙 6328 万 m³,河床平均下降 0.04m。

从冲淤量沿程变化来看,河段呈冲、淤交替现象,且冲淤强度较大,相临河段演变相互干扰大,独立性减弱,上游河段的冲刷、淤积为下游河段的淤积、冲刷提供了水沙条件,存在"一弯变、弯弯变"的迹象,如张家洲、上下三号河段表现为冲刷,其下马垱、东流、官洲 3 个河段淤积,安庆—黑沙洲河段表现为冲刷,芜湖、马鞍山河段则表现为明显的淤积。

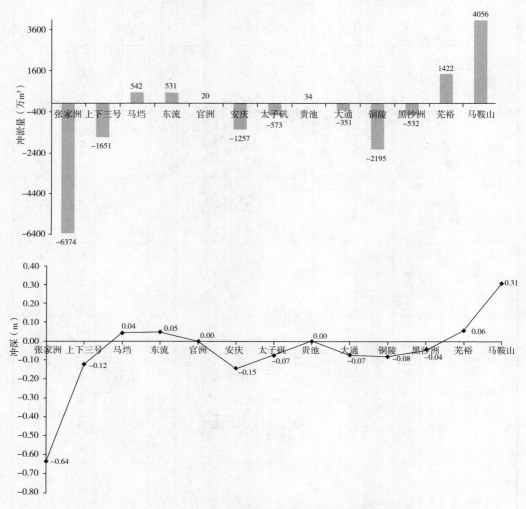

图 4-35 2002—2011 年安徽长江河道冲淤量和冲淤深度

就每个河段而言,河段冲刷量最大是张家洲河段,其次是铜陵河段;淤积量最大的是马鞍山河段,其次是芜湖河段。张家洲河段 2002—2007 年刷深 0.28m,向下游河段输送泥沙 2832 万 m³;2007—2012 年又刷深 0.35m,向下游河段输送泥沙 3542 万 m³。马鞍山河段 2002—2007 年淤高 0.19m,河段内沉积泥沙 2453 万 m³;2007—2012 年再次淤高 0.12m,河段内沉积泥沙 1602 万 m³。

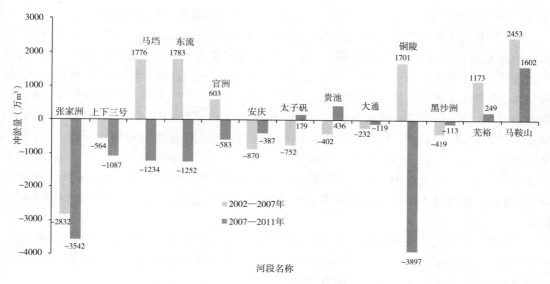

图 4-36 安徽长江河道分时段冲淤量图

分时段来看,三峡工程运行后安徽长江河道呈冲刷加剧态势。2002—2007 年,安徽长江河道共淤积泥沙 3419 万 m³,河床平均淤高 0.02m。2007—2011 年,安徽长江河道共冲刷泥沙 9747 万 m³,河床平均刷深 0.06m。从河段来看,2002—2007 有 7 个河段呈冲刷状态,2007—2011 年增加为 9 个。张家洲河段 2007—2011 年冲刷量较 2002—2007 年增加 25%,马鞍山河段 2007—2011 年淤积量较 2002—2007 年减少 35%。

综上所述,三峡工程运行后,安徽长江河道道冲淤变化特性可概况为以下几点:

(1)十三个河段总体呈冲刷状态,2002—2011 年,共冲刷泥沙 6328 万 m³,河床平均下降 0.04m。

(2)按时间序列,安徽长江河道呈冲刷加剧态势;

(3)就沿程来看,十三个河段沿程冲淤交替现象较为明显;

(4)三峡工程蓄水运行后,张家洲河段河槽剧烈冲刷,马鞍山河段河槽呈一定幅度淤积。

4.4.4 安徽河道冲淤变化因素分析

长江安徽段位于下游平原区,发育于第四纪松散沉积物。在历史演变过程中,河道以水沙为纽带,通过冲刷、淤积作用不断塑造自己,形成了与水沙条件相适应的河道平面形态、断面形态、边界条件以及稳定的河相关系。随着沿江经济快速发展,人类利用河道、改造河道的力度越来越大,表现在上游修建大量水库、电站,中下游实施堤防工程、护岸工程、洲滩围垦、跨河桥梁、码头、取排水工程等。当前河道冲淤变化,为适应新条件而不得不采取演变措施,以达到水沙与河床新的平衡状态。变化原因主要有以下几个方面:

(1)清水下泄,来沙量难以满足原有河道水流挟沙力要求,导致河道冲刷变形,以适应新的来水来沙条件。三峡工程运行后来水含沙量大幅度减少,清水下泄明显。根据长江中下游床沙质水流挟沙力经验公式 $S = 0.053[v^3/(gh\omega)]^{1.54}$,当流量、河宽、泥沙粒径不变时,水

流挟沙力 S 与水深 $h^{6.16}$ 成反比,河道来水含沙量由 $0.479kg/m^3$ 减少为 $0.165kg/m^3$ 时,河道平均水深只有增加 18.9% 才能适应来沙量的变化,清水下泄必然导致河道下切。

(2)20 世纪五六十年代实施的堤防工程、洲滩围垦工程,防止洪水泛滥,约束洪水归槽,河槽内单宽流量增加,引起河槽冲刷。为提高防洪抗灾能力,沿江人民逐渐将沿江小圩合并加固成大圩,形成现在的同马大堤、安广江堤、枞阳江堤、无为江堤、和县江堤、池州江堤、铜陵江堤、芜湖江堤和马鞍山江堤等九大长江干堤格局,长江干堤堤顶高程普遍比 54 型设计洪水位高 1m 至 2m。以大通站为例,1954 年实测 30 天洪水量 2194 亿 m^3,还原洪水量 2576 亿 m^3,也就是说如果现在遇到 54 型洪水,由于堤防约束,河槽要增加归槽水量约 362 亿 m^3,相应地河道内流量增加 16% 左右。从水流挟沙力公式 $S=0.053[v^3/(gh\omega)]^{1.54}$ 看,当其他条件不变,水流挟沙力 S 与流量 $Q^{4.62}$ 成正比,若河道内流量增加 15%,水流挟沙力则增加 90%,河道只有通过下切扩大断面来满足水流挟沙力要求,这也是大洪水年河道剧烈冲刷的原因。

(3)护岸工程实施限制了河槽平面摆动,水流平面位移受阻后,被迫竖向切,河槽冲刷。护岸工程实施,崩岸受到控制,近岸河床冲刷,而对岸的边滩处于缓慢地淤宽淤高,使得护岸段宽深比减少,河道断面朝窄深方向发展[37]。

(4)河道采砂降低了河床高程,表现为河槽冲刷,对河道冲淤有直接影响。自 2001 年颁布的《长江河道采砂管理条例》实施以来,长江河道采砂进入有序可控状态,实行规划许可证制度,2004—2010 年长江张家洲、上下三号、马垱三个河段行证许可采砂量共 1554 万 t,东流、安庆、太子矶、芜湖、马鞍山五个河段行证许可采砂量共 1020 万 t。据《长江中下游干流河道采砂规划(2011—2015 年)》,长江张家洲、上下三号、马垱三个河段规划采砂区六个,年度控制开采砂量 510 万 t(约合 300 万 m^3),东流、官洲、安庆、太子矶、黑沙洲、芜湖、马鞍山七个河段划采砂区十六个,年度采砂量控制在 1400 万 t(约合 850 万 m^3),采砂活动在河道演变过程中扮演重要角色。

(5)此外,跨江桥梁工程建设增加了河道对称节点数量,节点纵向间距减少,河道平面变形受到约束,河槽受到冲刷。沿江大量的码头、取排水工程建设,增加了河岸糙率,促使中枯水进一步归槽,其机理相当于护岸工程。航道整治工程实施,通过固化洲滩、稳定主河槽,中枯水期水流进一步归槽,有利于河槽冲刷发展。

4.5　安徽长江河势控制建议

安徽长江河道长江中沙洲发育,形成多分汊河型,江心洲众多、流态复杂、洲滩消涨、主支汊冲淤兴衰,部分河段深泓线摆动不定。其河道整治、河势控制的主要思路为以下几点。

一是加固重点河势控制工程,确保重点河段河势稳定。安徽省重点河势控制工程有铜陵河段太阳洲 34km、芜湖河段大拐 15km、马鞍山河段小黄洲头 8km 等护岸工程。这些工程对稳定河势起到了决定性作用,近期太阳洲护岸工程局部发生崩窝和水流超后路现象,大拐下段发生强崩岸,小黄洲头前沿深槽有 40~55m,边坡较陡。需对这些重点河势控制工程进行全面加固,加固长度为 57km。

二是实施护岸工程,稳定长江岸线。护岸工程是河势控制的主要工程措施,具有稳定河岸和控导河势的双重作用,应加强新崩岸段的守护,加固仍存在险情的已护岸工程段,保障河势稳定和防洪安全。

三是开展江心洲守护工作,稳定河势,改善民生。我省长江段均为分汊河型,河段内沙洲发育,稳定江心洲是控制河势的重要途径。应结合江心洲圩堤防工程安全,重点稳定洲头、洲尾和主流贴岸强崩段,以达到稳定分流点、汇流点和汊道分流分沙比,维持合适的汊道分流分沙比。

根据以上思路,依据对安徽长江河道演变分析,参照《长江流域综合规划》《长江中下游干流河道治理规划》等,对长江安徽段河道整治、河势控制方案提出如下建议。

张家洲河段:通过对黄广大堤和同马大堤江岸的加固和新建护岸工程,稳定左汊凹岸,并控制洲头和洲右缘崩岸段,维持右汊主航道和两汊相对稳定的分流比。

上下三号河段:加强进口段龙潭山水道右岸、上三号洲右汊右岸和下三号洲左汊左岸等主流顶冲段以及下三号洲右汊右岸崩岸段的护岸工程,维持中汊和下三号洲左汊的主航道地位。

马垱河段:守护棉船洲右缘上段,抑制棉船洲与心滩汊道流比增加,守护洲头,加大心滩右槽进口水流动力条件,改善通航条件。同时进一步抑制瓜子号洲北汊发展,守护江调圩崩岸。

东流河段:进一步加强老虎滩、棉花洲护滩工程,维持现有的航道局面,加强七里湖、东流护城圩等重要节点地段守护。

安庆河段:固守杨套至小闸口岸段,以稳定下游河势。稳定峨眉洲、潜洲平面位置,逐步使其向稳定的双分汊河道转化。

太子矶河段:稳定铁铜洲现有的分流格局,控制右汊主流走向,治理秋江圩崩岸险工,保障防洪安全和稳定河势。

贵池河段:维持三汊分流格局,维持中汊的主流地位,减缓右汊淤积萎缩速率。守护长沙洲、桂家坝崩岸险工,采取工程措施限制长沙洲、新长洲之间汊道发展。

大通河段:维持目前两汊分流,左汊为主汊的总体河势,采取工程措施减小和悦洲、铁板洲汊道过流,守护和悦洲左缘崩岸,稳定左汊主流走向。

铜陵河段:遏制成德洲右汊快速发展态势,逐渐稳定左、右汊分流格局,采取综合治理措施,促使老洲和成德洲、太白洲和太阳洲合并,归并洲滩。

黑沙洲河段:封堵中汊串沟,稳定右汊的主汊地位,守护天然洲头和左缘,稳定左汊进流条件。加强天然洲右缘崩岸险工守护,保障防洪安全。

芜湖河段:加固新大圩护岸工程,采取工程措施减小潜洲右汊过流,守护潜洲左缘,防止主流摆动。加强大拐河势控制工程守护,守护陈家洲洲头,使陈家洲汊道形成稳定的双分汊河道。

马鞍山河段:进一步守护江心洲左缘中上段岸线,减小江心洲左汊主流摆动幅度,调整与改善过渡段的河势,使主流从江心洲左汊下端向小黄洲右汊微弯平顺过渡,使过渡段断面向右侧拓宽,采取工程措施抑制小黄洲左汊发展。

5 安徽长江河道水流泥沙数学模拟

安徽省长江河道的近期演变，主要表现为洲滩冲淤、汊道兴衰以及岸线的崩退或淤长方面，这些变化已没有以往自然状态下的演变剧烈。三峡工程蓄水发电以后，安徽省长江河道的洲滩冲淤演变有所加剧，即使是以往较为稳定的大通河段，也发生了多处崩岸，堤防面临的考验也在增加。为了解三峡工程清水下泄带来的皖江河段河势演变的影响，选择大通河段作为典型河段，建立水流泥沙数学模拟进行计算分析。选择大通河段作为典型河段，主要考虑：

(1)该河段近代都较为稳定，但三峡工程蓄水发电后水沙输运变化较大，河势演变较为活跃，崩岸时有发生。

(2)该河段以下为感潮河段，河相关系同时受到径流和潮流共同作用的影响，研究较为困难，难以剥离潮流的因素。

(3)该河段以上河段沙洲众多，河相关系较为复杂，甚至存在多级造床流量。该河段既有沙洲，又有浅滩，还有崩岸增多的现象，沙洲仅形成两个汊道，应仅有两级造床流量。因此，研究具有典型性，又具有简单性，可以剥离其他影响因素。

(4)大通流量站具有长系列的水文资料，具备该河段长系列研究的最重要的基础。

5.1 水流泥沙数学模型

5.1.1 平面二维水沙数学模型

1. 二维浅水方程

$$\frac{\partial HU_x}{\partial t} + \frac{\partial HU_xU_x}{\partial x} + \frac{\partial HU_xU_y}{\partial y} = Hf_x - \rho gH\frac{\partial \zeta}{\partial x} + \frac{\varepsilon}{\rho}(\frac{\partial^2 HU_x}{\partial x^2} + \frac{\partial^2 HU_x}{\partial y^2}) + \frac{1}{\rho}(\tau_x^s - \tau_x^b)$$

$$(5-1)$$

$$\frac{\partial HU_y}{\partial t} + \frac{\partial HU_xU_y}{\partial x} + \frac{\partial HU_yU_y}{\partial y} = Hf_y - \rho gH\frac{\partial \zeta}{\partial y} + \frac{\varepsilon}{\rho}(\frac{\partial^2 HU_y}{\partial x^2} + \frac{\partial^2 HU_y}{\partial y^2}) + \frac{1}{\rho}(\tau_y^s - \tau_y^b)$$

$$(5-2)$$

式中：H 为水深；ζ 为水位；U_x,U_y 分别为 x,y 方向上的垂线平均流速；r 为水体密度；g 为重力加速度；ε 为水平涡黏性系数；f_x、f_y 为科氏力的影响项，其值由下式确定：

$$f_x = 2\omega \sin\varphi U_y \quad f_y = -2\omega \sin\varphi U_x \tag{5-3}$$

式中：ω 为地球自转角速度；ψ 为当地纬度，北半球为正，南半球为负。

t_x^s、t_y^s 分别为 x、y 方向的风应力，其值由下式确定：

$$\tau_x^s = \rho_a C_a \sqrt{W_x^2 + W_y^2}\, W_x; \quad \tau_y^s = \rho_a C_a \sqrt{W_x^2 + W_y^2}\, W_y \tag{5-4}$$

式中：ρ_a 为空气密度；W_x，W_y 为离水面 10m 高处的风速分别在 x，y 方向上的分量；C_a 为无因次拖曳系数，在没有资料的情况下可以取 0.00125。

t_x^b、t_y^b 分别为 x、y 方向的底部摩阻应力，其值由下式确定：

$$\tau_x^b = \rho f_b \sqrt{U_x^2 + U_y^2}\, U_x; \tau_y^b = \rho f_b \sqrt{U_x^2 + U_y^2}\, U_y; f_b = g/c^2; c = \frac{1}{n} H^{1/6} \tag{5-5}$$

式中：c 为谢才系数。

2. 水流连续方程

$$\frac{\partial H}{\partial t} + \frac{\partial H U_x}{\partial x} + \frac{\partial H U_y}{\partial y} = 0 \tag{5-6}$$

3. 泥沙输运方程

$$\frac{\partial C}{\partial t} + \frac{\partial C U_x}{\partial x} + \frac{\partial C U_y}{\partial y} = \frac{F_s}{H} + D_s \left(\frac{\partial^2 C}{\partial x^2} + \frac{\partial^2 C}{\partial y^2} \right) \tag{5-7}$$

式中：C 为垂线平均含沙量；H 为水深；D_s 为泥沙扩散系数，单位 m^2/s；F_s 为源汇项，单位为 $kg/(m^2 \cdot s)$，一般 F_s 可以由下式确定：

$$F_s = -\sum_{i=1}^{N} \alpha_i \omega_i (C_i - S_{*i}) \tag{5-8}$$

式中：N 表示悬沙分组数；i 表示第 i 组悬沙分组；a_i 表示第 i 组的恢复饱和系数；w_i 表示第 i 组悬沙的沉速；C_i 表示第 i 组的含沙量；S_{*i} 表示第 i 组的挟沙能力。

4. 河床变形方程

$$\rho_b \frac{\partial z_b}{\partial t} = \frac{\partial g_{bx}}{\partial x} + \frac{\partial g_{by}}{\partial y} + \sum_{i=1}^{N} \alpha_i \omega_i (C_i - S_{*i}) \tag{5-9}$$

式中：z_b 为河床高程；ρ_b 为河床干密度；g_{bx}，g_{by} 分别为 x，y 方向上的推移质输沙率。

5. 数值方法概述

有限元方法对于求解椭圆型方程非常适合，而求解双曲型方程的精度比较低。在二维浅水方程中，扩散过程属于椭圆型方程，而对流过程属于双曲型方程。如果一个物理过程中，对流过程占优，则使用传统的有限元方法容易产生较大的数值弥散和数值振荡而使计算失稳或者产生非物理解。1982 年 Douglas-Russell 提出了特征有限元的方法，以求解对流扩散方程。特征有限元方法成为求解对流占优过程中的数值弥散问题的有效方法。这种方法在引入动坐标系后,使传统的欧拉方法和拉格朗日方法有机地结合起来,通过控制动坐标系的移动速度,使对流扩散方程中的对流项不出现或者使之变得非常小,此时在动坐标系中看到的将始终是扩散过程,从而使得对流作用和扩散作用可以分别进行计算。但是通过这种方法求解最终会形成一个大型非线性方程组,求解比较困难而且计算量大。Leendertse 在1967 年提出了显式与隐式的混合模式求解二维对流扩散,采用 ADI 方法。由于非线性项的影响,格式呈现某种不稳定性。1970 年他又对该格式进行改进,采用了分步全隐式方程分步法求解对流扩散方程。这种方法在理论上是无条件稳定的,但是时间步长仍然不能过大。当 Courant 数超过 5 时,误差很大,还可能使计算失稳。Benque 等人针对这个问题,提出了物理概念上的分步,即把二维浅水方程分步成对流、扩散、波动三个分步,针对不同的分步采用不同的数值方法求解,从而提高了计算的精度和稳定性。

本书采用物理概念分步法和有限元法相结合的方法求解二维浅水方程和平面二维泥沙输运方程。运用分步法将二维浅水方程分成对流分步和扩散波动分步,将泥沙输运方程分步成对流、扩散、源项三个分步。对流分步采用特征线插值的方法求解,扩散分步采用有限元方法求解。对于水流连续方程和河床变形方程,根据其物质守恒的特点,采用守恒性较好的有限体积法求解。

5.1.2 三维水沙数学模型

1. 水流基本方程

基于静压假定和 Boussinesq 涡黏性假定,RANS 方程可退化为三维浅水方程,用于描述河口与海岸的大尺度流动。引入 Philips(1957)发展的 σ 坐标系:

$$\sigma = \frac{z - \zeta}{h + \zeta} \qquad (5-10)$$

式中:$\zeta(x, y)$ 为点 (x, y) 处的水位。$h(x, y)$ 为 (x, y) 处的河底相对于基准面的距离。$H(x, y) = h(x, y) + \zeta(x, y)$ 为总水深。因此,σ 坐标的变化范围是 $[-1, 0]$。应用联合求导法则,水动力学控制方程可表示为:

$$\frac{\partial \zeta}{\partial t} + \frac{\partial (Hu)}{\partial x} + \frac{\partial (Hv)}{\partial y} + \frac{\partial \omega}{\partial \sigma} = 0 \qquad (5-11)$$

$$\frac{\partial (Hu)}{\partial t} + \frac{\partial (Huu)}{\partial x} + \frac{\partial (Huv)}{\partial y} + \frac{\partial (u\omega)}{\partial \sigma}$$

$$= fHv - gH \frac{\partial \zeta}{\partial x} + \frac{\partial}{\partial \sigma} \left[\frac{K_M}{H} \frac{\partial u}{\partial \sigma} \right] + HA_M \left(\frac{\partial^2 u}{\partial x^2} + \frac{\partial^2 u}{\partial y^2} \right) - \frac{gH^2}{\rho_0} \frac{\partial}{\partial x} \int_\sigma^0 \rho d\sigma + \frac{gH}{\rho_0} \frac{\partial H}{\partial x} \int_\sigma^0 \frac{\partial \rho}{\partial \sigma} d\sigma$$

$$(5-12)$$

$$\frac{\partial (Hv)}{\partial t} + \frac{\partial (Huv)}{\partial x} + \frac{\partial (Hvv)}{\partial y} + \frac{\partial (v\omega)}{\partial \sigma}$$

$$= -fHu - gH \frac{\partial \zeta}{\partial y} + \frac{\partial}{\partial \sigma} \Big[\frac{K_M}{H} \frac{\partial v}{\partial \sigma} \Big] + HA_M \Big(\frac{\partial^2 v}{\partial x^2} + \frac{\partial^2 v}{\partial y^2} \Big) - \frac{gH^2}{\rho_0} \frac{\partial}{\partial y} \int_\sigma^0 \rho \mathrm{d}\sigma + \frac{gH}{\rho_0} \frac{\partial H}{\partial y} \int_\sigma^0 \frac{\partial \rho}{\partial \sigma} \mathrm{d}\sigma$$

$$(5-13)$$

$$\omega = H \frac{\mathrm{d}\sigma}{\mathrm{d}t} = w - u\Big(\sigma \frac{\partial H}{\partial x} + \frac{\partial \zeta}{\partial x}\Big) - v\Big(\sigma \frac{\partial H}{\partial y} + \frac{\partial \zeta}{\partial y}\Big) - (\sigma+1)\Big(\frac{\partial H}{\partial t} + \frac{\partial \zeta}{\partial t}\Big) \quad (5-14)$$

式中：t 为时间；A_M 是水平涡黏性系数；K_M 为垂向涡黏性系数；$f=2\Omega\sin\varphi$ 为科氏力系数，Ω 为地球自转角速度，φ 为当地地理纬度；g 为重力加速度。

2. 泥沙输运方程

$$\frac{\partial(HC)}{\partial t} + \frac{\partial(HuC)}{\partial x} + \frac{\partial(HvC)}{\partial y} + \frac{\partial(C\omega_e)}{\partial \sigma} = \frac{\partial}{\partial \sigma}\Big[\frac{K_c}{H}\frac{\partial C}{\partial \sigma}\Big] + A_c\Big(\frac{\partial^2 C}{\partial x^2} + \frac{\partial^2 C}{\partial y^2}\Big) + S_c$$

$$(5-15)$$

式中：C 为泥沙浓度；A_c 是泥沙水平涡扩散系数；K_c 是泥沙垂向扩散系数；S_c 为源项；ω_e 为 s 坐标下泥沙的有效沉速，其定义为：$\omega_e = \omega - w_s$，w_s 为 s 坐标下泥沙沉速大小，w 为 s 坐标下水体垂向流速。

3. 河床变形方程

根据质量守恒原理可以写成三维潮流泥沙数学模型的河床变形方程为：

$$\rho_b \frac{\partial z_b}{\partial t} + \frac{\partial g_{bx}}{\partial x} + \frac{\partial g_{by}}{\partial y} = F(\tau_b) \qquad (5-16)$$

式中：ρ_b 为泥沙干密度；z_b 为当前时刻的河床高度；g_{bx}，g_{by} 分别为 x，y 方向上的推移质输沙率；τ_b 为近底切应力；$F(\tau_b)$ 为悬移质的交换量，表达式如下：

$$F(\tau_b) = \begin{cases} -M_e\Big(\dfrac{\tau_b}{\tau_e} - 1\Big) & \tau_b \geqslant \tau_e \\[3mm] 0 & \tau_d < \tau_b < \tau_e \\[3mm] -M_d\Big(\dfrac{\tau_b}{\tau_d} - 1\Big) & \tau_b \leqslant \tau_d \end{cases}$$

式中：M_e 为冲刷系数，单位 kg/（m^2·s）；τ_e 为冲刷临界切应力，单位 N/m^2；τ_d 为淤积临界切应力，单位 N/m^2；M_d 为淤积系数，单位 kg/（m^2·s）。

4. 边界条件

（1）在自由水面 $s=0$ 上

$$\frac{\rho_0 K_M}{H}\Big(\frac{\partial u}{\partial \sigma}, \frac{\partial v}{\partial \sigma}\Big) = (\tau_x^s, \tau_y^s) \qquad (5-17)$$

$$\omega\big|_{\sigma=0} = 0 \qquad (5-18)$$

式中:τ_x^s,τ_y^s 分别为 x,y 方向上的表面风应力。

含沙量的水面通量为 0,即:

$$H\omega_e C + \frac{K_c}{H}\frac{\partial C}{\partial \sigma} = 0 \qquad (5-19)$$

式中:w_e 为 s 坐标下泥沙的有效沉速;w 为 σ 坐标下水体垂向流速。

（2）在底部 $s=-1$ 上

对底部边界条件,除少数学者采用无滑移条件外,人们大多接受滑移边界条件,这是因为若采用无滑移条件,必须在近底部有非常细的网格,而给计算带来困难。采用滑移边界条件

$$\frac{\rho_0 K_M}{H}\left(\frac{\partial u}{\partial \sigma},\frac{\partial v}{\partial \sigma}\right) = (\tau_x^b,\tau_y^b) \qquad (5-20)$$

$$\omega\big|_{\sigma=-1} = 0 \qquad (5-21)$$

式中:τ_x^b,τ_y^b 分别为 x,y 方向上的底摩阻力。

对于含沙量,需要考虑冲刷、淤积引起的泥沙通量。

当冲刷时（$\tau_b \geqslant \tau_e$）

$$-\omega_e H C_b - \frac{K_c}{H}\frac{\partial C_b}{\partial \sigma} = M_e\left(\frac{\tau_b}{\tau_e}-1\right) \qquad (5-22)$$

式中:w_e 为 s 坐标下泥沙的有效沉速;M_e 为冲刷系数,单位 kg/(m^2 · s);τ_b 为近底切应力;τ_e 为冲刷临界切应力,单位 N/m^2;C_b 为近底泥沙质量比含量。

当冲淤相对平衡时（$\tau_d < \tau_b < \tau_e$）

$$-\omega_e H C_b - \frac{K_c}{H}\frac{\partial C_b}{\partial \sigma} = 0 \qquad (5-23)$$

当淤积时（$\tau_b \leqslant \tau_d$）

$$-\omega_e H C_b - \frac{K_c}{H}\frac{\partial C_b}{\partial \sigma} = M_d\left(\frac{\tau_b}{\tau_d}-1\right) \qquad (5-24)$$

式中:τ_d 为淤积临界切应力,单位 N/m^2;M_d 为淤积系数,单位 kg/(m^2 · s),一般可以这样估计 $M_d = H\omega_e C_b$,其中 H 为水深,w_e 为 s 坐标下泥沙的有效沉速。

（3）固壁边界条件

水流和物质输运都认为不可入,即:

$$\frac{\partial \varphi}{\partial \vec{n}} = 0 \qquad (5-25)$$

式中:φ 为物理量矢量,$\varphi = (u,C)^T$,其中 u 为流速矢量,C 为含沙量;$\vec{n}$ 为边界的外法线方向。

5. 三维水沙数学模型的数值方法

水动力学方程包括快速运动的外重力波和慢速运动的内重力波,前者表现为水位的推进(外模态),后者则表现为内部三维流场的变化(内模态)。在相同的水平网格条件下,外模态的计算要求有较小的时间步长,而内模态对时间步长的约束则相对较弱。为了提高计算效率,把潮波传播与变形过程的计算从三维流场的计算中分离出来,这称为模态分裂方法。

通过求解外模态,可得到水位 ζ 及垂线平均流速 (U, V)。将得到的水位代入 σ 坐标系中的动量守恒方程,可求解三维内部水平流场,计算垂向流速分量。

外模态运用分步法将二维浅水方程分成对流分步和扩散波动分步。对流分步采用特征线方法求解,扩散波动分步采用半隐的有限元方法求解。

内模态网格水平方向的布置与外模态完全相同,垂向固定分层水平方向所有变量全部布置在单元节点上,垂直方向上除了垂向流速布置在层与层的交界面上以外,其余变量布置在层中心。这样可以在垂直方向上给出流速通量为零的边界条件,也便于河床底部处理成可滑移边界条件,同时也方便垂直方向差分的实施。

对于内模态,水平方向的数值方法和外模态相似。垂直方向的空间导数离散采用有限差分。

采用算子分裂法将泥沙输运方程水平方向的输运过程分步成对流分步和扩散分步,对流分步同样采用特征线插值的方法求解,而扩散分步采用传统的 Garlerkin 有限元的方法求解;泥沙的垂向输运过程采用有限差分的方法求解。

5.1.3　基本计算参数及耦合计算

1. 饱和挟沙能力

张瑞瑾在分析水流挟沙对其能量损失的影响时提出了"制紊假说",并建立了经典的挟沙能力公式:

$$S^* = K \left(\frac{U^3}{g \omega H} \right)^m \tag{5-26}$$

式中:K, m 为待定系数,且对不同河段、工程系数不一样。该公式在河道低含沙量情况下得到了广泛的应用。

由于大通河段为非饱和输沙过程,饱和挟沙能力很难确定。为了确定该参数,认为不同流量等级下历史实测最大含沙量为饱和输沙条件下的含沙量,据此率定此参数。

表 5-1　饱和挟沙能力率定用表

流量(m³/s)	平均流速(m/s)	平均水深(m)	含沙量(kg/m³)
10000	0.42	14.0	0.1
20000	0.69	16.3	0.2
30000	0.92	18.3	0.6
40000	1.12	19.7	1.2

大通站悬移质中值粒径为 0.010mm,泥沙粒径小于 0.15mm,沉速处于层流区。在层流区的岗恰洛夫沉速公式为:

$$\omega=0.75\times\frac{1}{18}\frac{\gamma_s-\gamma}{\gamma}\frac{gD^2}{v}=\frac{1}{24}\frac{\gamma_s-\gamma}{\gamma}\frac{gD^2}{v}$$

经计算,沉速为 6.7×10^{-6} m/s。经率定,$m=0.95$,$K=0.0013$。即饱和挟沙能力公式为:

$$S^*=0.0013\left(\frac{U^3}{g\omega H}\right)^{0.95}$$

2. 推移质输沙率

为了解大通河段推移质粒径分布情况,在 2015 年对大通河段底砂进行采样,采样分布大通河段 21km 上、中、下三个位置,大通河段底砂粒径级配曲线如图 5-1 所示。

工程编号:20150609　　　　钻孔编号:C1　　　　试验日期:2015-06-09

粒径	%	不均匀系数 $C_u=1.427$		曲率系数 $C_c=0.994$
>20.0				
20~2	0.1			
2~0.5	1.2			
0.5~0.25	21.3			
0.25~0.075	77.1			
0.075~0.05	0.3			
0.05~0.01	0.2			
0.01~0.005				
0.005				
0.002				

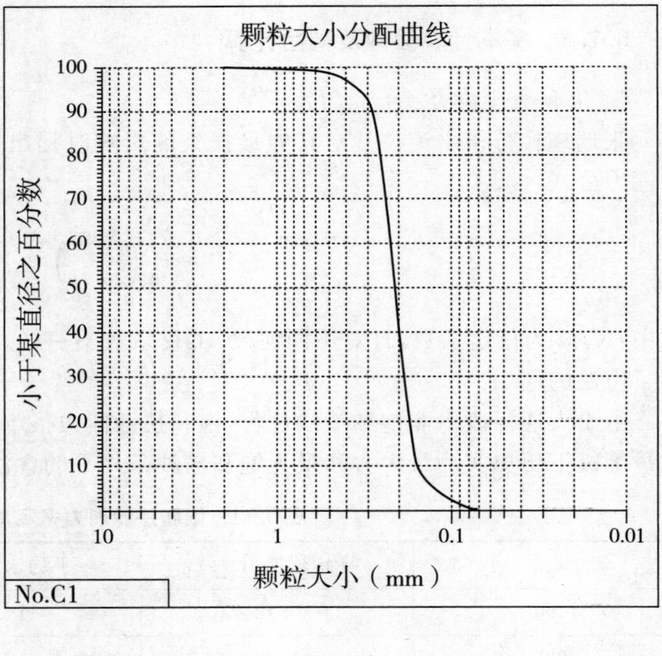

颗粒大小分配曲线

有效粒径 $d_{10}=0.157$　　　　中间粒径 $d_{30}=0.187$　　　　界限粒径 $d_{60}=0.224$

工程编号:20150609　　　　　　　　　钻孔编号:C2　　　　　　　　试验日期:2015－06－09

粒径	%	不均匀系数 $C_u=1.444$		曲率系数 $C_c=0.970$
＞20.0				
20～2	0.1			
2～0.5	2.9			
0.5～0.25	33.8			
0.25～0.075	63.0			
0.075～0.05	0.2			
0.05～0.01	0.1			
0.01～0.005				
0.005				
0.002				

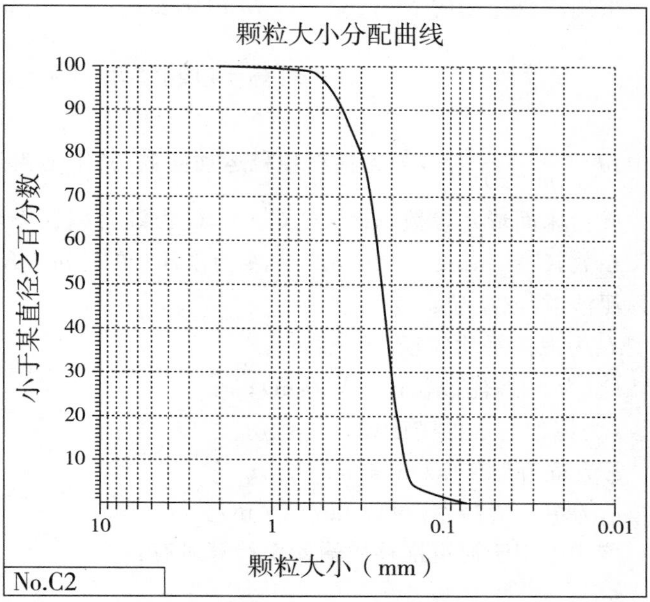

有效粒径 $d_{10}=0.169$　　　　　　中间粒径 $d_{30}=0.200$　　　　　　界限粒径 $d_{60}=0.244$

工程编号:20150609　　　　　　　　　钻孔编号:C3　　　　　　　　试验日期:2015－06－09

粒径	%	不均匀系数 $C_u=1.383$		曲率系数 $C_c=0.976$
＞20.0				
20～2	0.1			
2～0.5	1.5			
0.5～0.25	26.2			
0.25～0.075	72.1			
0.075～0.05	0.1			
0.05～0.01	0.1			
0.01～0.005				
0.005				
0.002				

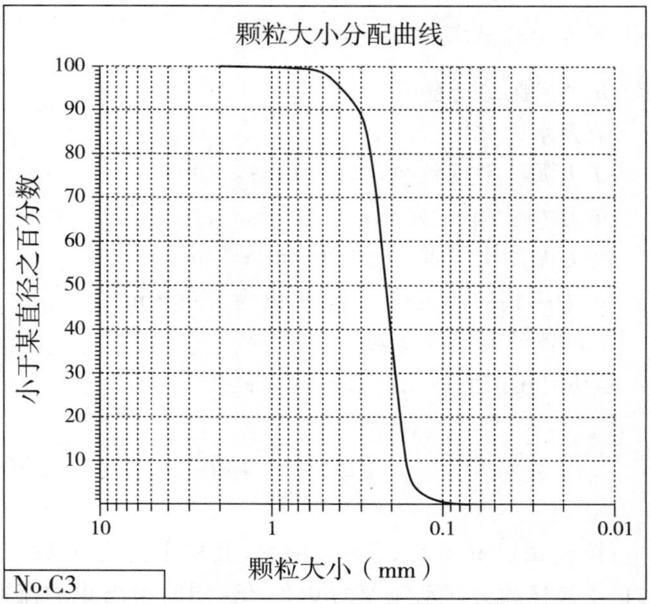

有效粒径 $d_{10}=0.167$　　　　　　中间粒径 $d_{30}=0.194$　　　　　　界限粒径 $d_{60}=0.231$

图 5-1　大通河段底砂粒径级配曲线

大通河段推移质粒径分选较差,分选系数约1.4,表明该河段推移质粒径级配均匀,大小粒径差异小。且三处中值粒径一致性非常好,均为0.2mm左右,该粒径非常容易起动。

采用广泛应用的 Meyer-Peter-Müller 公式:

$$g_b = 8\left[(s-1)g\right]^{0.5} d_m^{1.5} (\mu\theta - 0.047)^{1.5} \tag{5-27}$$

式中:$\theta = \dfrac{\tau_b}{(\rho_s - \rho)g d_m}$,为无量纲颗粒运动参数,其中 τ_b 为近底水流切应力,单位 N/m^2;

m 为床面形状参数,$m = (C/C')^{1.5}$,C 为综合柯氏系数,$C = 18\log_{10}(12h/K_s)$,C' 为综合柯氏系数,$C' = 18\log_{10}(12h/3D_{90})$,$h$ 为水深(单位 m),K_s 为床面粗糙高度(单位 m),D_{90} 为 90%泥沙粒径(单位:m);

d_m 为泥沙平均粒径(单位:m);

D_{50} 为 50%泥沙粒径(单位:m);

s 为泥沙与水的密度比,$s = \rho_s/\rho$;

g 为重力加速度(m/s^2);

g_b 为单宽输沙率,单位 $kg/(s \cdot m)$。

该式应用于河道推移质输沙率计算时有:

$$g_b = \frac{\left[\left(\dfrac{n'}{n}\right)^{\frac{3}{2}} \gamma h J - 0.047(\gamma_s - \gamma)d\right]^{\frac{3}{2}}}{0.0399\gamma^{1/2}\left(\dfrac{\gamma_s - \gamma}{\gamma_s}\right)} \tag{5-28}$$

式中:n' 为沙粒糙率,$n' = \dfrac{1}{26}d_{90}^{1/6}$;

n 为河床综合糙率;

J 为水力坡度;

d 为泥沙平均粒径,单位为 m;

h 为水深,单位为 m;

γ_s 为泥沙干容重,单位为 t/m^3;

g_b 为推移质单宽输沙率,单位为 $t/(s \cdot m)$。

3. 泥沙的起动和止动

起动流速按照沙玉清公式计算:

$$U_e = \left[0.43d^{\frac{3}{4}} + 1.1\frac{(0.7-\varepsilon)^4}{d}\right]^{1/2} h^{0.2} \tag{5-29}$$

式中:粒径 d 以 mm 计;e 为孔隙率,其稳定值为 0.4;h 为水深,以 m 计。根据窦国仁的研究,止动流速约为起动流速的 0.83 倍,同时指出止动流速的计算应取消黏结力的影响。根据以上研究成果,取平均水深为 2~15m,对此河段不同类型的泥沙起动、止动流速进行计算,结果见表 5-2 所列。

表 5-2   大通河段泥沙起动和止动临界流速表

泥沙类型	中值粒径（mm）	起动流速（m/s）	止动流速（m/s）
悬移质	0.01	0.90～1.39	0.16～0.23
推移质	0.20	0.47～0.71	0.39～0.59
床　沙	0.25	0.50～0.74	0.41～0.62

4. 恢复饱和系数

一般情况下,河床较难冲刷,且细颗粒泥沙落淤后由于受到黏结力作用而难以重新起动。故当河床淤积厚度小于 20cm 时,冲刷恢复饱和系数取为 0.1;而当河床淤积厚度大于 20cm 时,按照韩其为建议采用 1.0,淤积恢复饱和系数按照韩其为建议采用 0.25。

5. 河床糙率

一般情况下,长江下游河床糙率较为稳定,且不同流量等级下一致性非常好。由于河床演变数学模型对河床糙率不敏感,本书不再率定大通河段糙率,而是根据工程经验取 0.018～0.02。

6. 网格布置

大通河段计算范围为羊山矶以上 21km,全部采用三角形单元布置,并对汊道等水流复杂区域进行了网格加密。计算区域内共布置 6934 个节点,13134 单元。平均网格步长为 200m,加密网格步长为 50m。计算网格布置如图 5-2 所示。

7. 二、三维数学模型的耦合计算

泥沙三维数学模型主要弥补二维数学对于弯道二次流没有准确模拟的缺点,造成凹岸冲刷不冲的模拟"假象"。为此,本研究采用三维数学模拟与二维数学模型耦合的方法进行相互弥补。对小铁板、铁板洲、和悦洲两边的分叉河道进行三维数值模拟,并与其他水域的模拟相互耦合。通过上述实践,建立了二维、三维水流泥沙数值模拟软件。

5.1.4   数学模型水沙系列概化

在进行河床变形计算时,由于计算模拟时间尺度往往是几年甚至几十年,水文过程如果按照完全非恒定流进行计算模拟往往计算量非常大而难以实现。为了较好地解决非恒定过程对河床作用的模拟,往往需要用一个个恒定流过程代表非恒定过程,以大幅减少计算量。

将各年水文过程简化为一系列流量级,并符合水量、沙量平衡原理,同时能较好地反映出来水来沙量的非恒定性。大通站 2004 年 5 月 1 日—2008 年 4 月 30 日水沙过程概化如图 5-3 所示,大通站 2008 年 5 月 1 日—2011 年 6 月 1 日水沙过程概化如图 5-4 所示,大通站 2011 年 6 月 1 日—2015 年 1 月 1 日水沙过程概化如图 5-5 所示。

5.1.5   数学模型验证

1. 流场验证

2004 年 11 月 11 日,长江水利委员会长江下游水文水资源勘测局对池州电厂附近江段的水位和流速进行了原型观测,布设了 1-1～5-5 共五个流速测量断面。流场验证断面位置如图 5-6 所示。流场验证计算网格如图 5-7 所示。断面流速验证计算结果如图 5-8 所示,各实测断面流量验证结果见表 5-3 所列。

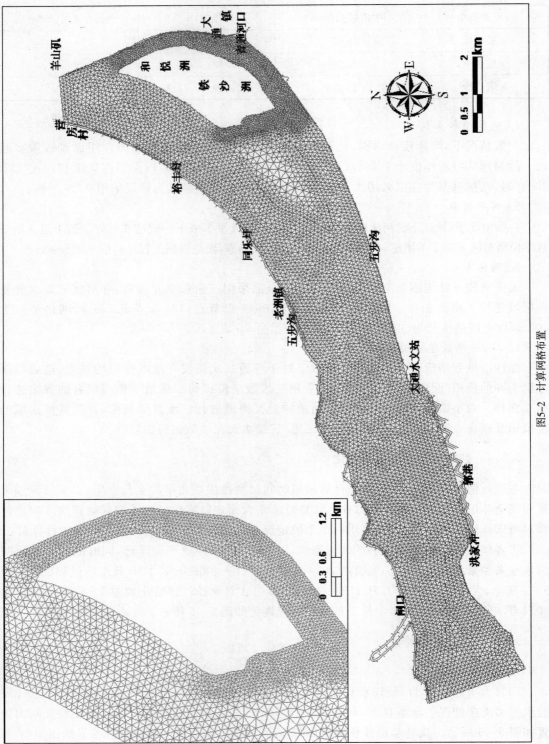

图5-2 计算网格布置

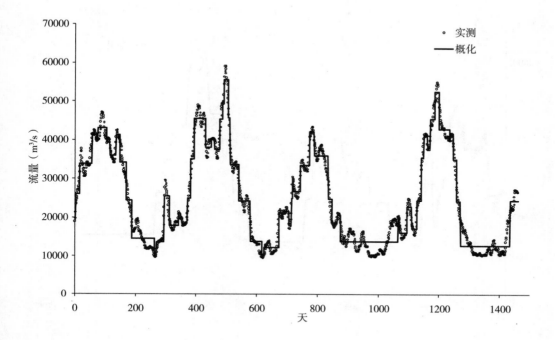

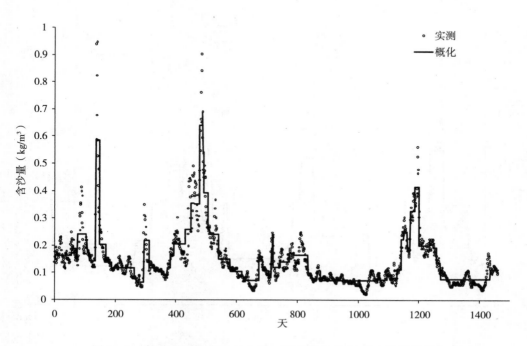

图 5-3　大通站 2004 年 5 月 1 日—2008 年 4 月 30 日水沙过程概化

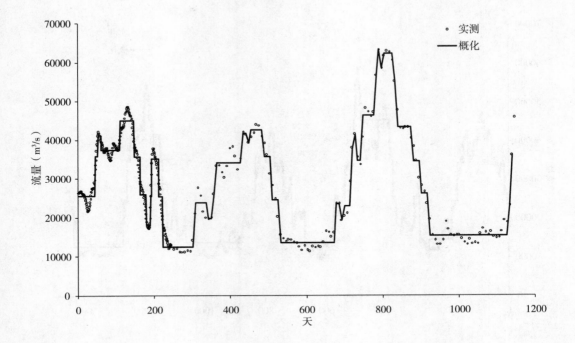

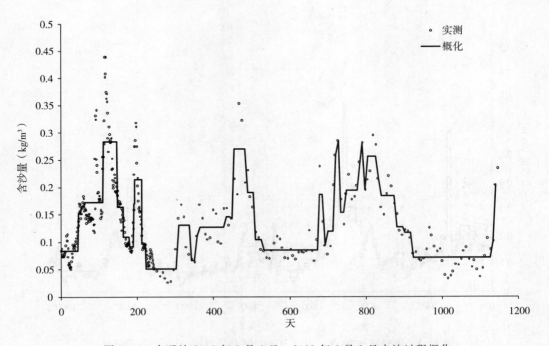

图 5-4 大通站 2008 年 5 月 1 日—2011 年 6 月 1 日水沙过程概化

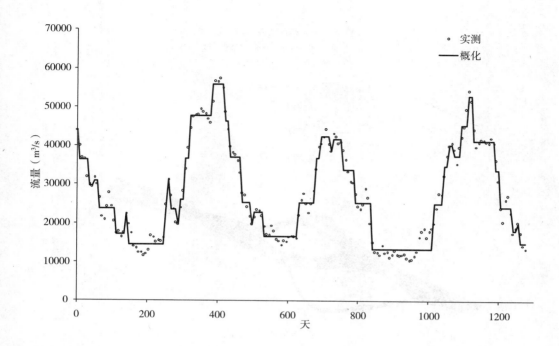

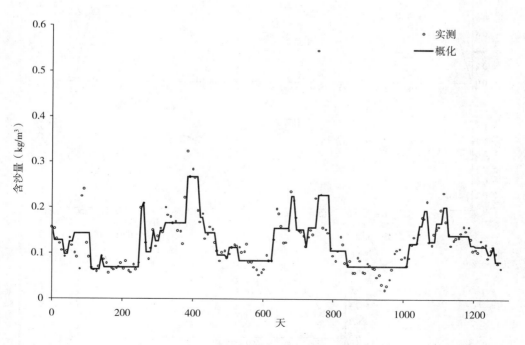

图 5-5 大通站 2011 年 6 月 1 日—2015 年 1 月 1 日水沙过程概化

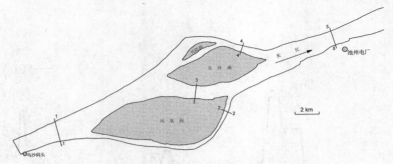

图 5-6　流场验证断面位置

图 5-7　流场验证计算网格

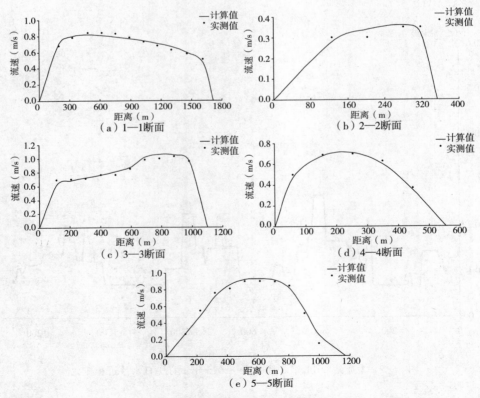

图 5-8　断面流速验证计算结果

实测水文条件下五个实测断面的流量验证结果表明计算值与实测值基本一致,该数学模型较好地反映了该江段各汊道的水流变化情况。各断面流速分布与实测值相当吻合,表明所建立的水流数学模型较好地模拟了计算江段的水流变化情况,其计算结果是可信的,所选取的计算参数是合理的。

表 5-3　各实测断面流量验证结果

断　面	1—1	2—2	3—3	4—4	5—5
计算值(m³/s)	16190	440	11740	3980	16210
实测值(m³/s)	16000	424	11600	3940	16100
误　差(%)	1.2	3.8	1.2	1.0	0.7

2. 地形变化验证

以 2004 年 5 月地形资料作为初始水下地形,采用概化水文系列作为边界条件,通过水沙数学模型计算得到 2008 年 4 月水下地形。2004 年 5 月—2008 年 4 月实测冲淤厚度变化等值线如图 5-9 所示。与图 5-10 计算工程区冲淤厚度变化等值线进行对比分析,认为数值模拟得到的冲淤厚度分布与实测基本一致,反映了该河段河床演变的规律。

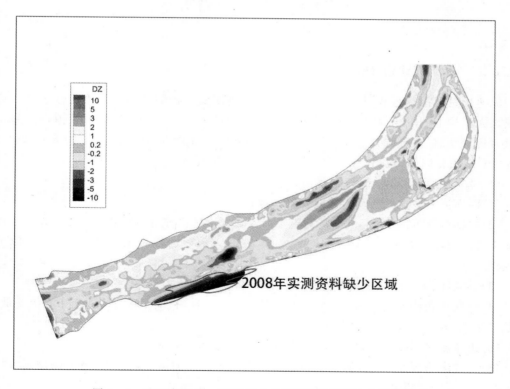

图 5-9　2004 年 5 月—2008 年 4 月实测冲淤厚度变化等值线

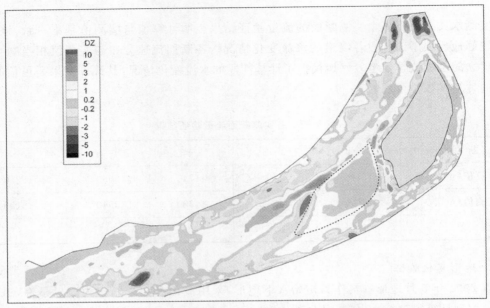

图 5-10   2004 年 5 月—2008 年 4 月冲淤厚度变化等值线

5.2   大通河段河流动力分析

5.2.1   水流流速场分析

流速场是泥沙输运和河流演变的动力,是河流演变分析的基础。为了充分了解大通河段典型大流量下的流场,特模拟大通水文站 36000m³/s 时的流场。经数值模拟,36000m³/s 流量时流速大小等值线如图 5-11 所示,36000m³/s 流量时断面流速如图 5-12 所示,36000m³/s 流量时断面流速(三维模型区)如图 5-13 所示。

以上图片显示,36000m³/s 流量时:

(1)断面流速最大处与动力轴线位置一致;

(2)主槽流速等值线 0.8m/s 贯穿整个河段,1.0m/s 流速等值线除大通水文站与小铁板洲前端之间河段没有外,其余河段均有分布,表明大部分河段主槽流速有 1.0m/s 以上流速区;

(3)洪家冲、羊山矶处主槽流速最大,均达到 1.2m/s 以上;

(4)小铁板和铁板洲之间的串沟流速在 0.5m/s 左右,和悦洲右汊流速比串沟流速低,流速基本在 0.4m/s 以下;

(5)边滩流速明显较小,1m 等深线以内流速小于 0.2m/s;

(6)三维流速剖面显示,弯道二次流存在,对弯道泥沙输运影响较大,弯道深槽的维持与发展与二次流密切相关;

(7)小铁板洲前淹没区顶冲,流速在 0.8m/s 左右。

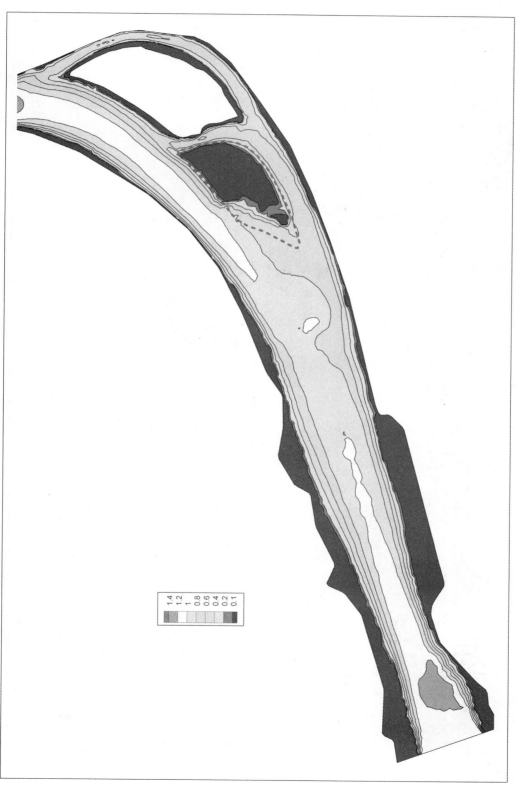

图5-11 36000m³/s流量时流速大小等值线

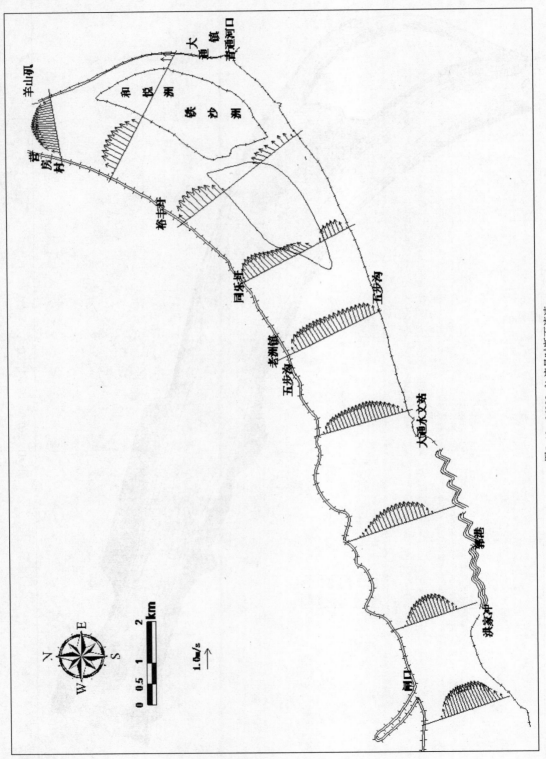

图5-12 36000m³/s流量时断面流速

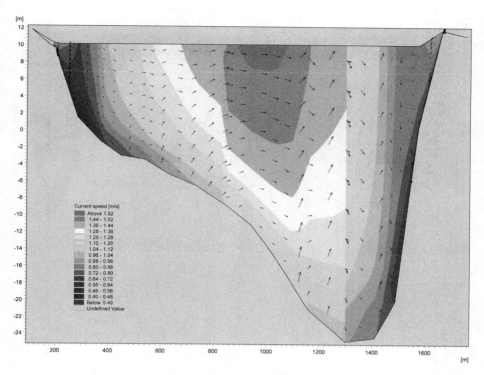

（a）和悦洲剖面左汊垂向剖面流场

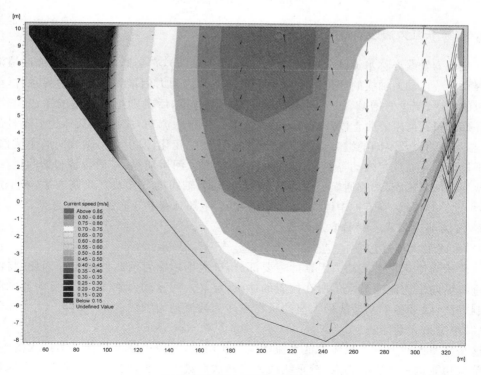

（b）和悦洲剖面左汊垂向剖面流场

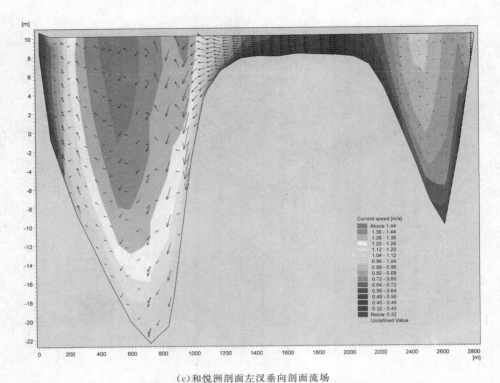

（c）和悦洲剖面左汊垂向剖面流场

图 5 - 13　36000m³/s 流量时断面流速（三维模型区）

5.2.2　长江大通段动力轴线变化分析

河流动力轴线亦称水流动力轴线（以下简称动力轴线），它是影响河床变形或浅滩演变的主要因素之一。动力轴线的变化主要取决于河道的水流动力因素和河床的边界条件，前者是指水位的涨落、流量的增减、比降的大小和流速的缓急等，后者则是指河槽的深浅、心滩的冲淤、洲滩的消长、河岸的曲直以及建筑物的有无等。由于水流动力因素和河床边界条件的相互作用、相互制约以及不同的组合，直接影响着动力轴线的变化，发生动力轴线的居中或傍岸，上提或下挫以及左右往复摆动等现象，从而导致洲滩变形、河岸崩塌、滩槽交替和鞍凹位移等，极大地改变着河床形态，影响通航。因此，研究河流动力轴线的变化及其绘制方法，对于规划全段河势、设计导治线、确定护岸地段、布设挖槽方位等，都具有十分重要的现实意义。

1. 河流动力轴线绘制的常用方法

（1）垂线最大流速法

一般认为流速是水流动力因素的主要部分，极大地影响着河床的稳定。因此，将沿程各断面垂线纵向平均流速最大值所在位置的连线，定义为河流动力轴线，也是目前通常的解释和绘制方法，联接各单宽动能最大值的所在点即为河流动力轴线。

（2）单宽最大动能法

这是将河流动力轴线视作表征水流动能的作用线，即表示水流做功能力最大的连线，其垂线单宽功能这一方法的论点，较垂线最大流速法前进了一步，它考虑了水流动力因素与河床边界条件的主要方面——流速和水深的相互作用。

（3）断面重力中心法

这是将河道沿程各断面重力中心的所在位置联结而成的一条连线，称为河流动力轴线。它可视作在特定水位下的水流合力。如果动力轴线在各级水位（枯水位或平滩水位）相一致，则可认为是良好河道，并据此可确定河道的治导线。

2. 本书方法

本书采用最大单宽流量法。但为了对计算结果进行滤波，首先采用大空间步长进行确定，然后再用小空间步长进行确定。

断面大空间步长计算：

$$F_i = h_i u_i \times \Delta X$$

断面小空间步长计算：

$$f_i = h_i u_i \times \Delta x$$

当小空间步长计算的最大单宽流量位置与大空间步长计算的最大单宽流量位置小于 ΔX 时，认为小空间步长计算的动力轴线位置正确；否则，更改 ΔX 和 Δx，直到满足小空间步长计算的最大单宽流量位置与大空间步长计算的最大单宽流量位置小于 ΔX 时结束。

随着三峡工程蓄水运行，大通河段水文情势发生了较大变化，动力轴线也随之变化。基于上述方法，对 2004 年、2008 年、2011 年、2015 年动力轴线位置进行了分析，位置变化如图 5-14 所示，发现有以下规律：

（1）动力轴线更趋于弯曲，顶冲点由 2004 年的 2 个发展到 4 个。

（2）动力轴线位置变化幅度最大的是大通水文站附近河段，由原来的偏左岸发展为偏右岸。

（3）洪家冲上游及小铁板左汊动力轴线左移较为明显，移动距离超过 500m。

（4）动力轴线的变化也显示造床流量减小，河势将更趋于弯曲。

5.2.3 水流切应力场分析

水流底部切应力是泥沙起动的主要原因。起动流速在弯道螺旋流、非均匀流动中无法体现水流底部的作用，无法体现水流的三维特性。在水流较为复杂的情况下，底层流速不符合明渠均匀流速分布规律，此时起动流速公式失效。为了弥补这一缺陷，本书采用综合法判断泥沙起动。当流线弯曲达到 3°以上，则采用水流切应力计算判断起动。

采用能坡法计算：

$$\tau = \gamma h J$$

由于水位梯度计算误差较大，用流速代替：

$$\tau = \gamma h \frac{v^2}{c^2 \bar{h}} = \gamma h \frac{n^2 v^2}{h^{1.67}}$$

式中：h 为当地水深，$\bar{h}$ 为断面平均水深，v 为当地速度，γ 为水体重力密度，c 为谢才系数，n 为糙率。

中值粒径为 0.2mm 的泥沙起动临界切应力约为 1.0N/m^2。经数值模拟，得到大通水文站 36000m³/s 时的河床床面切应力场，如图 5-15 所示。

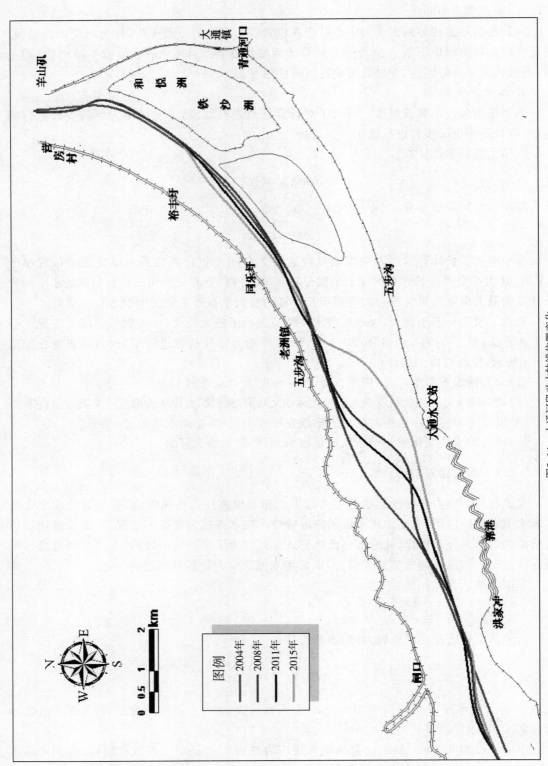

图5-14 大通河段动力轴线位置变化

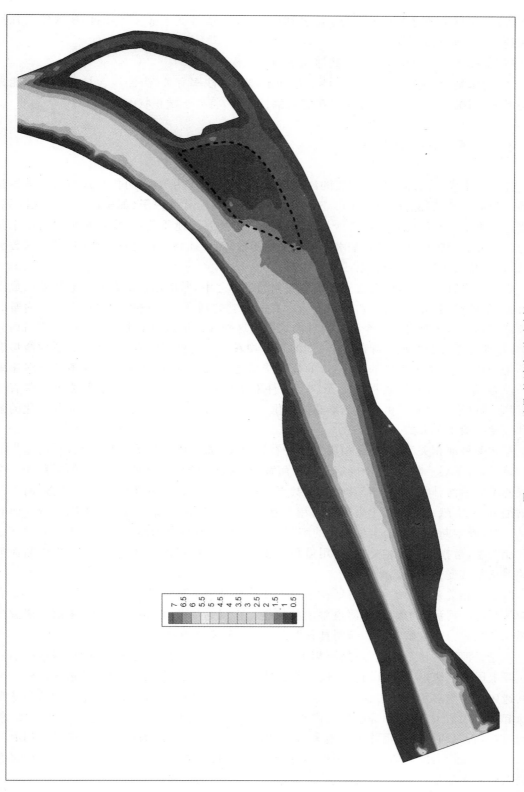

图5-15 36000m³/s流量时河床面切应力场

（1）大部分主槽河床切应力大于临界切应力，在含沙量低于饱和含沙量（挟沙能力）时，河床处于冲刷状态；

（2）主槽河床床面切应力大于边滩切应力；

（3）河床是否冲刷，还与水流泥沙含量和推移质输沙率有关，当泥沙含量大于挟沙能力时将淤积；当推移质输沙率小于上游推移质输沙率时，将处于淤积状态。

5.2.4 第一造床流量分析

能够自由发展的冲积平原河流的河床，在水流的长期作用下，有可能形成与所在河段具体条件相适应的某种均衡的河床形态，在这种均衡形态的有关因子（如水深、河宽、比降等）和表达来水来沙条件（如流量、含沙量、泥沙粒径等）及河床地质条件（在冲积平原河流中其本身的部分甚至整体往往又是来水来沙条件的函数）的特征物理量之间，常存在某种函数关系，这种函数关系称为河相关系或均衡关系。

必须指出，由于河床形态常处在发展变化的过程之中，所谓均衡形态并不意味着一成不变，而只是就空间和时间的平均情况而言。某一个特定河段完全偏离或在特定时间内暂时偏离这种均衡形态是可能甚至必然出现的。产生这种现象是因为来水来沙条件是因时而异的，河床地质条件是因地而异的，而两者的变异均具有一定的偶然性。当然，所谓均衡形态也不是变化不定、不可捉摸的，它出现的概率毕竟是较大的，就所在来水来沙条件及河床地质条件而言，是一种有代表性的形态。当条件发生变化时，这种代表形态虽然也会跟着变化，但它是可逆的。而且由于河床形态的变化一般滞后于水沙条件的变化，因而其变化的强度和幅度一般是不大的。

存在两种河相关系，一种是相应于某一特征流量，如造床流量的河相关系，利用这样的河相关系，对于某一断面，只能确定唯一的河宽、水深及比降。这样的河相关系，适用于一个河段的不同断面，同一河流的不同河段，甚至不同河流。它只涉及断面的宏观形态，而不涉及其细节，在文献中有时称之为沿程河相关系。另一种是同一断面相应于不同流量的河相关系，它能确定断面形态随流量变化的细节，在文献中有时称之为断面河相关系。通常所说的河相关系，常指沿程河相关系，在用沿程河相关系确定断面的总体轮廓之后，再用断面河相关系确定其变化细节。

既然河相关系所描述的是与所在来水来沙条件及河床地质条件相适应的均衡形态，它就应该是冲积河流水力计算和河道整治的依据。正因为如此，河相关系是河床演变研究的重要课题之一。研究解决这一问题具有重大的理论和实际意义。

无论是河床的稳定系数，还是河相关系，都要使用单一的所谓造床流量作为特征流量。而实际上影响河床形态及其演变特性的流量是变化不定的，因此，这个单一的造床流量应该是其造床作用与多年流量过程的综合造床作用相当的某一种流量。这种流量对塑造河床形态所起的作用最大，但它不等于最大洪水流量，因为尽管最大洪水流量的造床作用剧烈，但时间过短，所起的造床作用并不是很大；它也不等于枯水流量，因为尽管枯水流量作用时间甚长，但流量过小，所起的造床作用也不可能很大。因此，造床流量应该是一个较大但又非最大的洪水流量。

确定造床流量,目前理论上还不够成熟,本书采用两种方法确定。第一种是简化的马卡维也夫($Н.\ И.\ \text{Маккавеев}$)法。

平原河流的 $Q—P$ 关系图通常都出现两个较大的峰值。相应最大峰值的流量值约相当于多年平均最大洪水流量,其水位约与河漫滩齐平,一般称此流量为第一造床流量。相应次大峰值的流量值略大于多年平均流量,其水位约与边滩高程相当,一般称此流量为第二造床流量。图 5-16 统计了大通站三峡工程前后 5 年流量频率曲线。该图显示:

(1)大通河段存在两级造床流量,这与该河段存在沙洲这种河相现象相符。

(2)大通河段三峡工程前第一造床流量约 40000m³/s,三峡工程建设后第一造床流量减少到约 36000m³/s。

(3)大通河段三峡工程前后第二造床流量基本不变,为 12000m³/s 左右。

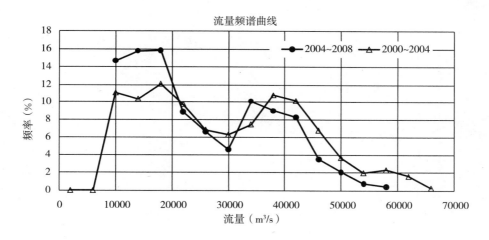

图 5-16　大通站三峡工程前后 5 年流量频率曲线

为进一步确定和论证第一造床流量是否减小,本报告采用造床流量河床演变模拟与概化水文过程河床演变模拟对比分析的方法确定。认为造床流量模拟结果与概化水文过程河床演变模拟结果接近的为造床流量。

图 5-17～图 5-19 分别是 2004—2008 年、2008—2011 年、2011—2015 年不同造床流量作用下与概化水文过程模拟结果的对比图,并辅以实测河床冲淤变化图。以上图显示:

(1)通过造床流量模拟河床演变与概化水文过程模拟河床演变相似的方法确定造床流量相对较为科学。

(2)2004—2008 年不同造床流量的模拟结果对比显示,36000m³/s 造床流量与40000m³/s 造床流量模拟结果与概化水文过程模拟结果均较为相似,不同造床流量条件下2008—2011 年、2011—2015 年的河床演变过程模拟结果显示,36000m³/s 造床流量与概化水文过程模拟结果更为相似,表明该河段第一造床流量在三峡工程建设后逐步变化到36000m³/s。

(3)第一造床流量通过模拟结果与概化水文过程模拟河床演变相似的方法确定与流量频率法确定的基本一致,表明该河段采用流量频率法确定造床流量的方法也适用。

（4）第一造床流量作用下，主要体现了整个河段的造床作用，第二造床流量对河床的塑造作用较弱。

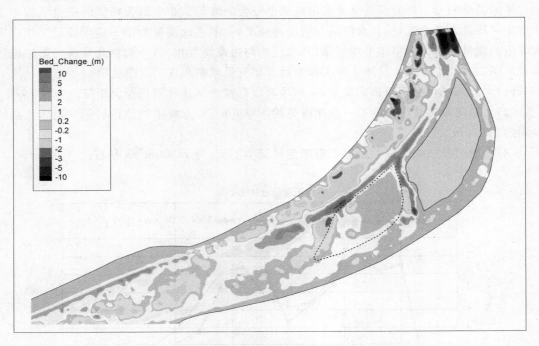

(a)36000m³/s流量恒定作用

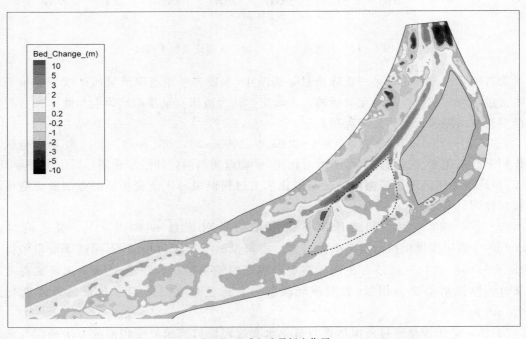

(b)42000m³/s流量恒定作用

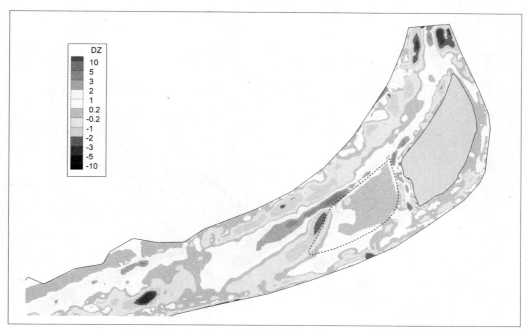

（c）概化过程模拟结果

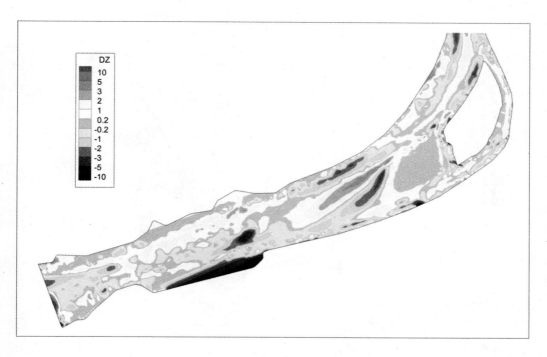

（d）实测结果

图 5 - 17　2004—2008 年模拟结果对比

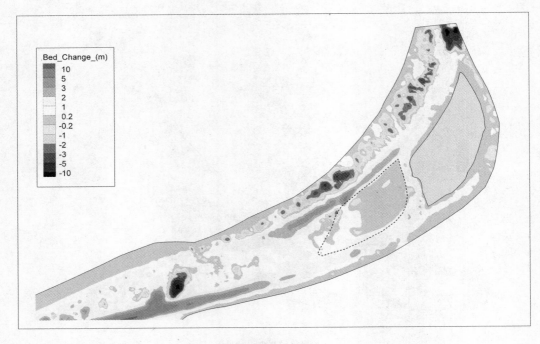

(a)36000m³/s 流量恒定作用

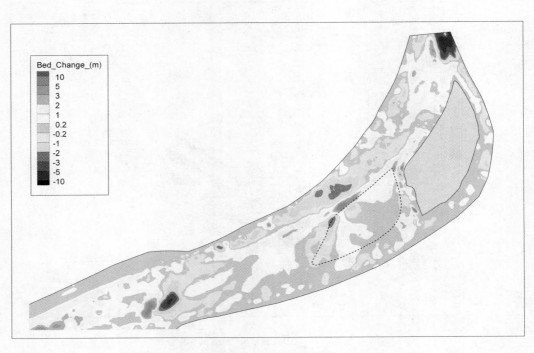

(b)42000m³/s 流量恒定作用

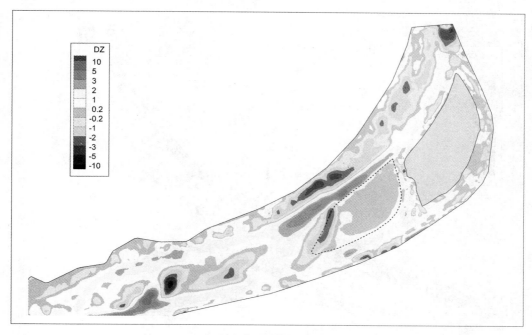

（c）概化过程模拟结果

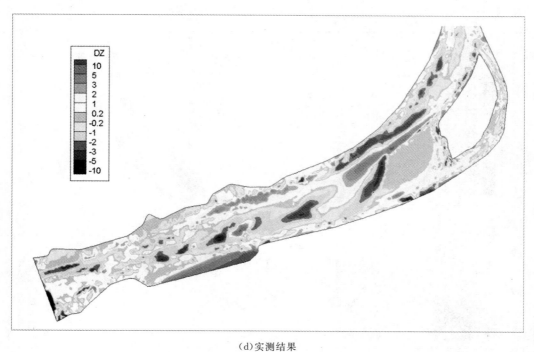

（d）实测结果

图 5-18　2008—2011 年模拟结果对比

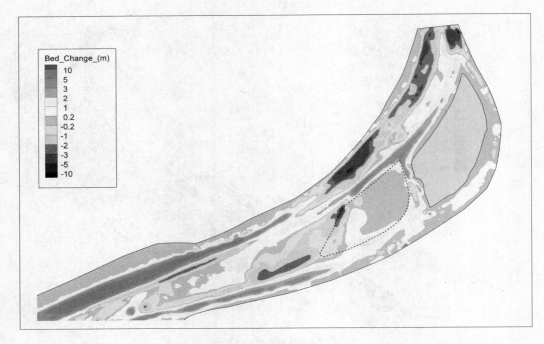

(a)36000m³/s 流量恒定作用

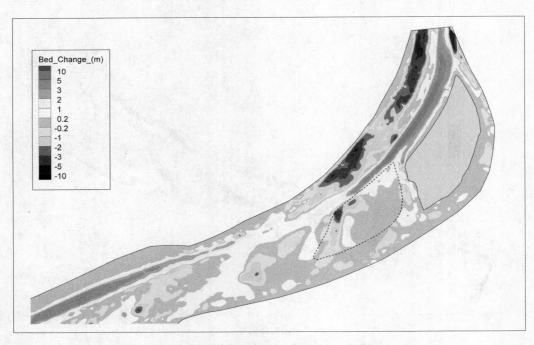

(b)42000m³/s 流量恒定作用

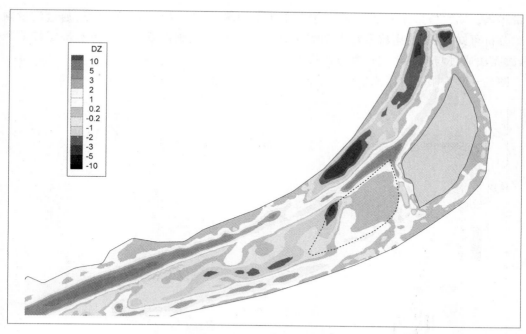

(c)概化过程模拟结果

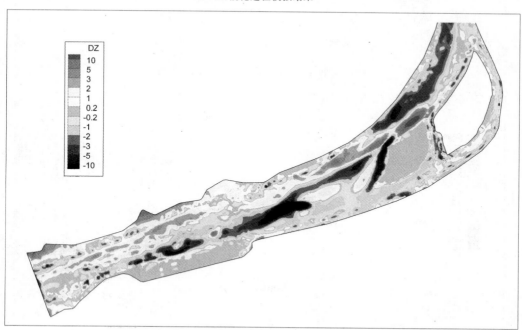

(d)实测结果

图 5-19　2011—2015 年模拟结果对比

5.2.5　第二造床流量分析

在存在江心洲的河段,往往存在两级造床流量。第一级造床流量较大,一般与洪水平滩流量相当。第二级造床流量较小,一般与多年平均流量相当或更小。本河段,通过流量频率曲线分析可知,第二造床流量约为 12000m³/s,由于第二造床流量对河床不起决定性造床作用,故无法通过与概化水文过程对比模拟的方法确定。

图 5-20 为第二造床流量作用下河床变形等值线。该图显示:

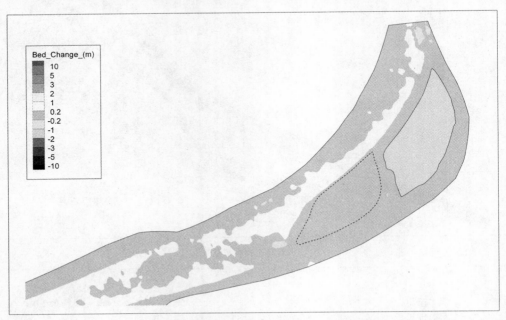

(a)2004—2008 年第二造床流量作用下河床变形等值线

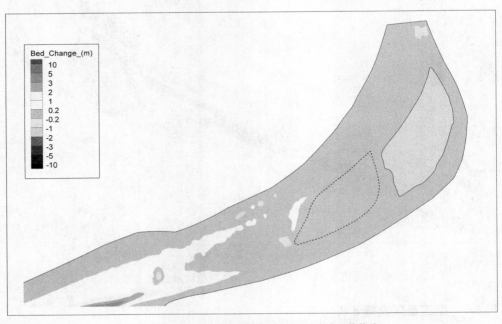

(b)2008—2011 年第二造床流量作用下河床变形等值线

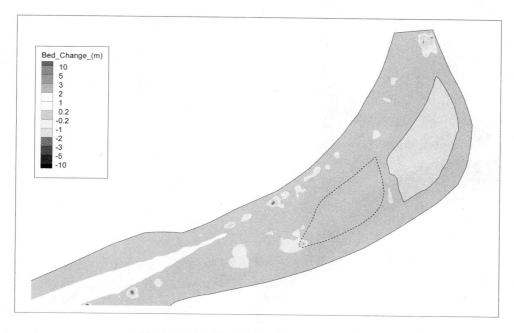

(c)2011—2015 年第二造床流量作用下河床变形等值线

图 5-20   第二造床流量作用下河床变形等值线

(1)大通河段第二造床流量河床不起决定性造床作用。

(2)在第二造床流量作用下,表现为主槽淤积,次要汊道冲淤平衡,起到了维持串沟、右汊的作用。

(3)第二造床流量的存在,对维持江心洲有着十分重要的意义。

5.3   大通河段河势演变预测与工程影响分析

5.3.1   河势演变预测

通过造床流量 36000m³/s 的数学模型模拟,得出了如图 5-21 所示的未来 10 年大通河段冲淤演变预测,并得出了未来 10 年后大通河段地形预测,如图 5-22 所示。以上图显示:

(1)皖江大通河段未来 10 年,大通水文站以上主槽将继续向右岸移动,大通水文站以下主槽将继续向左岸移动,在裕丰圩与同乐圩之间的岸线切滩较甚,应注意崩岸危险。

(2)铁板洲上游的小铁板头部冲刷较三峡工程运行的最初 10 年有所减弱。

(3)和悦洲右侧的汊道河势基本稳定,铁板洲头部的串沟也能维持。

(4)和悦洲左汊主槽将左移,左岸的边滩将继续冲刷,滩地冲刷深度将达到 5m 以上,右岸的深槽将有所淤积。

(5)小铁板洲尾将向左淤长,和悦洲洲尾也有淤长趋势。

(6)大通水文站附近的河槽主槽-20m 等高线将继续向下游和右岸发展。

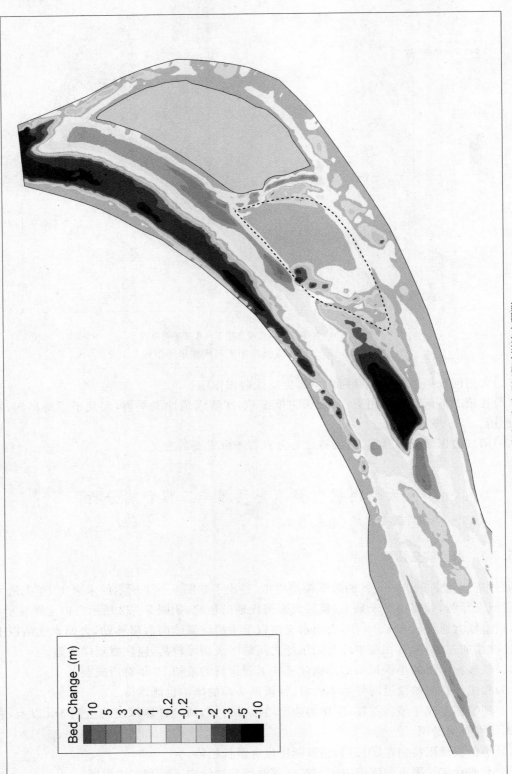

图5-21 未来10年大通河段冲淤演变预测

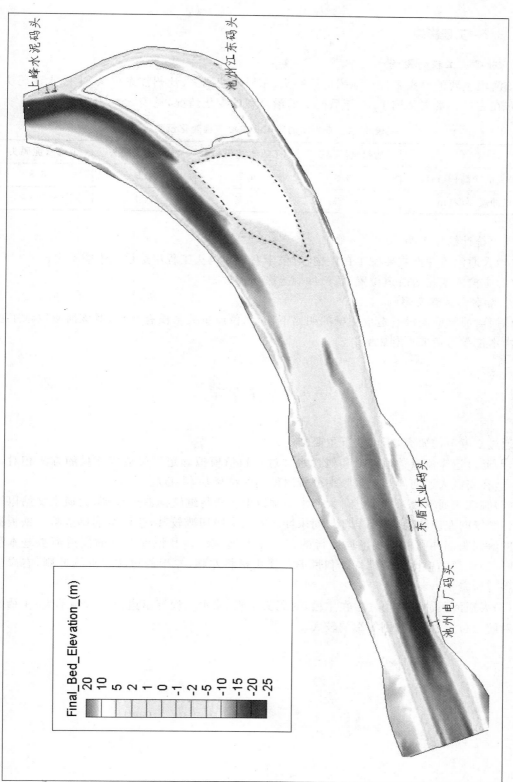

图5-22 未来10年大通河段地形预测

5.3.2 工程影响

1. 对码头工程的影响

该河段主要的码头工程有池州电厂码头、东盾木业码头、池州江东码头、上峰水泥码头，均分布在右岸。本书预测了10年后码头前沿高程的变化情况，见表5-4所列。

表5-4 未来本河段码头前沿高程变化预测

	池州电厂码头	东盾木业码头	池州江东码头	上峰水泥码头
码头前缘高程(m)	−3.8	4.7	1.5	−6.8
年冲淤厚度(m)	−0.2	0.1	0.0	−0.1

以上统计结果表明：

(1)大通河段冲淤主要发生在主槽，对位于右岸的码头工程岸边设施影响不大；

(2)主槽的变化对航道位置、桥梁冲刷等影响较大。

2. 对取水工程的影响

该河段河势演变没有造成主槽的明显下切，水位流量关系没有变化，对该河段取水工程的取水水位没有造成不利影响。

5.4 本章小结

通过本章节的研究，得出如下主要结论：

(1)通过造床流量数值模拟和概化水文过程数值模拟确定河段造床流量的方法相对比较科学，在安徽大通河段与流量频率分析法得到的结果基本一致。

(2)皖江大通河段未来10年，大通水文站以上主槽将继续向右岸移动，大通水文站以下主槽将继续向左岸移动，在裕丰圩与同乐圩之间的岸线切滩较甚，应注意崩岸危险。铁板洲上游的潜洲头部冲刷较三峡工程运行的首十年有所减弱。和悦洲右侧的汊道河势基本稳定，铁板洲头部的串沟也能维持。和悦洲左汊主槽将左移，左岸的边滩将继续冲刷，右岸的深槽将有所淤积。

(3)大通河段冲淤主要发生在主槽，对码头工程、取水工程等岸边设施影响不大；主槽的变化对航道位置、桥梁冲刷等影响较大。

6　安徽长江河道崩岸机理研究

6.1　安徽长江河道崩岸形态

长江干流安徽段现共有崩岸76处,崩岸区总长度为418km。根据河岸地质结构及水流冲刷强度不同,长江安徽段崩岸主要有条崩、窝崩及风浪洗崩等形式。

(1)条崩:当上覆黏性土较薄或河岸基本由单一砂性土组成时,在水流长期冲刷作用下易产生条崩险情,崩岸范围及程度较大。如上下三号河段上三号洲尾右缘崩岸,受中汊发展、水流贴岸冲刷作用,上三号洲尾右缘近期持续崩退,崩岸长约5km、最大崩岸宽为400~500m;铜陵河段元宝洲崩岸,受成德洲左汊水流冲刷作用,下元宝洲段河岸持续崩退,崩岸长约4km,最大崩岸宽为100m;铜陵河段成德洲右缘,近期持续崩退,崩岸长约5km,最大崩岸宽为100~200m;铜陵河段章家洲左缘,近期持续崩退,崩岸长约5km,最大崩岸宽为100~200m;马鞍山河段彭兴洲—江心洲左缘崩岸,1998年以来受水流冲刷作用持续崩退,崩岸长约8km,最大崩岸宽为300~400m。

(2)窝崩:当上覆黏性土较厚,水流顶冲或环流淘刷作用下易产生窝崩险情,危害程度最大。崩窝一般可分为三种类型:①当河岸全线崩退或较长岸线发生崩退,崩岸速度达到一定水平时,沿河岸线产生一个个连续的崩窝,岸线呈锯齿形,如马鞍山河段江心洲左缘连续崩窝;②当水流方向与河岸交角很大,局部河岸受到水流强烈顶冲,或者沿岸单宽流量很大,水流对河岸的流速梯度很大,由强烈的回流淘刷河岸形成崩窝,崩窝面积在很短时间内迅速冲刷扩大,形成口袋形崩窝,岸线呈Ω型,如无为天然洲头右缘崩窝,无为大堤惠生堤段崩岸;③在岸线较平顺的条件下,由于土体失去稳定产生孤立的崩窝,岸线呈圆弧形,如枞阳长沙洲左缘崩窝、大通河段和悦洲左缘崩窝等。

(3)风浪洗崩:在水流贴岸冲刷不太强烈、汛期水流上滩、中低水期河水归槽地段,上覆土层抗冲刷较弱、下覆土层抗冲刷较强或有水下防护区域,在中高水期受风浪洗刷作用易产生崩岸险情,主要表现为岸滩崩塌,容易造成水流超后路现象。如永红转拐段,岸坡受风浪洗刷而逐年崩退。

按照产生的力学机理及变形的程度,长江安徽段崩岸归纳为3大类型:侵蚀型、崩塌型、滑移型,其中崩塌型和滑移型是崩岸的主要方式。

(1)侵蚀型:多发生于岸坡土体结构较好、抗冲性能强的较顺直河段岸坡,它主要受水流、风浪及船行波等的长期侵蚀、潜蚀、浪蚀、地表水流及外营力等,在长时间的积累下引起岸坡的缓慢后退,它是近似库岸再造的一种河岸再造方式,是一种非淤积岸稳定性较好的岸坡存在的较普遍的变形改造方式,多出现在岩质、硬土质及少量单一黏性土层的岸坡地段。

(2)崩塌型:岸坡在水流冲刷、浪蚀等作用下,一定范围的土体与原来整体的岸坡土体分离并产生的以垂直运动为主的破坏方式,它的显著特点是垂直位移大于水平位移,并与土体的自重直接相关,其分布范围广、涉及岸线长。据不完全统计,中下游河道岸坡中崩岸地段80%是崩塌型。它可进一步划分为冲刷浪坎型、坍塌后退型、塌陷型三类。

(3)滑移型:岸坡土体在自重力、地下水及长江水位、水流等因素共同作用下,沿某一软弱面产生的一种以水平运动为主的破坏形式。按照滑移面的部位及空间形态、滑移后的岸坡地表形态及作用方式的差异,将其分为整体性滑移型和牵引式滑移型两类。

图 6-1 池州泥洲条崩

图 6-2 枞阳江堤大砥含窝崩

图 6-3 同马大堤三益圩浪崩

6.2 基于室内模型试验的崩岸机理研究

根据现有的研究成果,条崩涉及水、土两方面因素,成因机理较为复杂,以往研究或是出发点有局限,是国内专题理论和试验研究较为少见,因而人们对其认识并不完全清楚。因此,基于理论分析,采用室内模型试验方法进行条崩特征与力学机制的研究,揭示条崩演化规律,为深入研究皖江崩岸提供新思路。

6.2.1 试验内容

本次崩岸机理初探试验中,拟建立坡比为 2∶1、高 40cm 的坡体,研究在坡后地下水位为 35cm、坡前水位为 20cm 的条件下,坡内土压力、水压力及坡体位移的变化规律。试验模型示意图如图 6-4 所示。

6.2.2 试验模拟过程

第一步:整理试验场地,建造干净、整洁、完备的试验河槽。

第二步:为了保证试验坡体的均匀性,对模型制备过程进行规范化。按照实际土层性质制备土样,土样进行适当风干、砸碎后过 2.5mm 的筛。

第三步:按照一定配比和含水率制备试验用土,进行压实试验,以土层的 c、φ 为控制标准,确定压实方法及压实标准,指导模型制作的压实工序。

第四步:按尺寸要求制样,构筑长度为 2m、高度为 0.4m,试验坡度下的坡体,以 10cm 为一层分层填筑制备试验坡体。填筑过程中,注意安放相应的土压力计和渗压计等仪器。

第五步:制样完成后,间歇地在坡体顶面和坡面洒水,以促进土体的密实。

第六步:在坡体上、下游两侧安置旋浆流速仪,安置位移监测设备,待模型静置 24 小时后直至坡体各项指标稳定后正式开始试验。

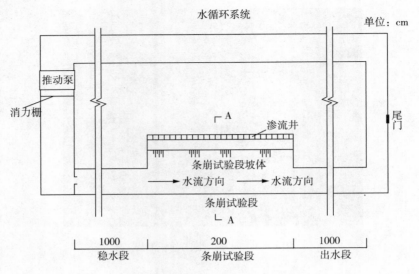

图 6-4　试验模型示意图

第七步:渗流井放水至设计水位,开启试验水泵,在坡前形成 20cm 水深的水流,实时监测位移、土压力计、渗压计的读数并记录。

第八步:坡体崩塌后,观测土体的形态,拍照保存。

6.2.3　试验模拟制作

1. 模型装置及试验仪器

(1)试验模型装置

试验概化模型布置在水力学实验室水工模型试验大厅,东西走向布置。模型东向为进水通道,西向为出水通道,主体区域尺寸为 2.00m×0.85m×1.20m,用以满足填筑各类坡型,在主体区域后方设置渗流井,用以模拟地下渗流。试验模型装置正视图和侧视图如图 6-5 和图 6-6 所示。

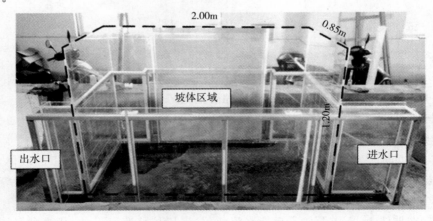

图 6-5　试验模型装置正视图

图 6-6　试验模型装置侧视图

模型底板采用厚度为 15mm 的加强 PVC 板,在底板上打槽,插入厚度为 12mm 的有机玻璃板做模型四周挡板,形成空箱区域填土。模型两侧画 10cm×10cm 方格,方便土坡填筑及变形观测。整个模型安置在水平地面上,试验过程中不发生位移,确保试验的稳定性。

(2)试验坡体内力监测

试验选用 XHZ-4XX 系列的电阻应变式土压力及渗压计来测量坡体内土压力及渗压变化,该系列仪器具有较高灵敏度、体积小、结构简单等特点,适合于室内模型试验。通过连接 XL2101B6 型静态应变仪进行坡体的静态应力、应变计水压力的变化。坡体内力监测试验仪器如图 6-7 所示。

（a）土压力计

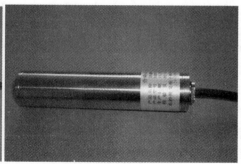

（b）渗压计

（c）XL2101B6 静态应变仪

（d）静态应变仪内部通道

图 6-7　坡体内力监测试验仪器

（3）流速监测

本次试验在模型中设置两个流速测点,分别安置在坡体长度 1/3 处。流速监测采用 LGY-Ⅲ型多功能智能流速仪流速配套新型流速旋桨传感器,如图 6-8 所示。测量设计为三次平均,即自动连续测量三次,并逐次显示、计算和存储各个通道的 V_1、V_2、V_3 和平均流速 V。

（a）LGY-Ⅲ型流速仪　　　　　　　　（b）新型流速旋桨传感器

图 6-8　流速监测仪器

（4）位移监测

考虑到水流的因素,以往架设百分表测量会受到影响。若采用位移传感器则会对坡体有加筋的作用。结合考虑各种因素,决定采用激光测距仪(精确到 1mm)进行位移的监测,并自行设计整套位移监测系统。

在模型上方架设刚度较大的方形铝合金长管做可移动桁架,桁架正前方粘贴刻度尺,用以定点定位。桁架两侧加贴强力磁铁,方便与两侧有机玻璃平台上的钢尺紧密固定,易于移动,如图 6-9 所示。

2. 试验选材及其参数确定

以第七章中实际长江河道两侧岩土体参数为依据,拟采用砂土与黏土按一定比例配置试验用土。其中,砂土按照翻晒—过筛—装袋待配的流程。黏土则需采取翻晒—破碎—过筛—翻晒—装袋待配的过程。

为确保模型试验土体参数的合理性,首先进行土力学基础试验,经过多次试验尝试及结果处理后,决定试验选择黏土：砂土＝1：3 的比例,含水率为 10% 的标准来配制试验土样。确定黏土与砂土比例及土样含水率后,通过直剪试验来测定最终土样的 c、φ 值。

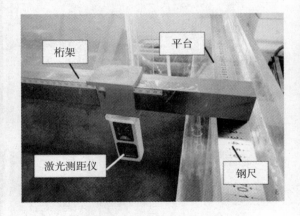

图 6-9　位移监测系统

直剪试验共进行三组,每组试验取四个样,在四个不同垂直压力 p 下进行剪切试验。本次试验取用四个垂直压力,分别为 100kPa、200kPa、300kPa 和 400kPa,记录每组试验在各垂直压力下的百分表读数,计算剪应力 σ,绘制 σ—p 线性关系图,从而得到土

样的 c、φ 值。三组试验的百分表读数—手轮圈数关系及 σ—p 线性关系如图 6-10～图 6-12 所示。

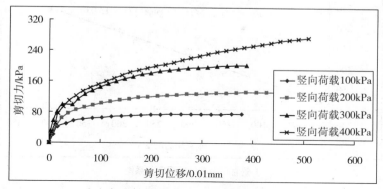

（a）各垂直压力下剪应力与剪切位移关系

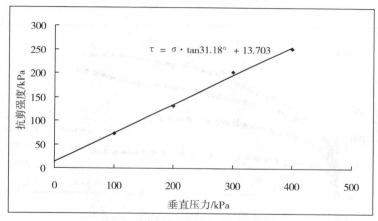

（b）垂直压力与抗剪强度关系图

图 6-10 第一组试验数据分析

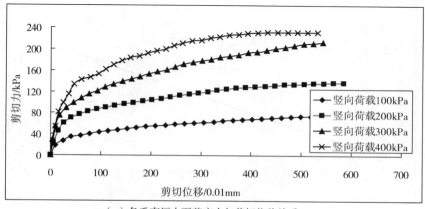

（a）各垂直压力下剪应力与剪切位移关系

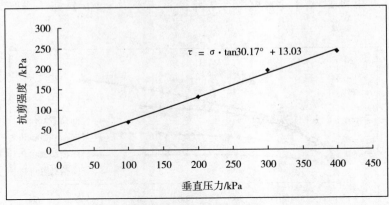

（b）垂直压力与抗剪强度关系图

图 6-11　第二组试验数据分析

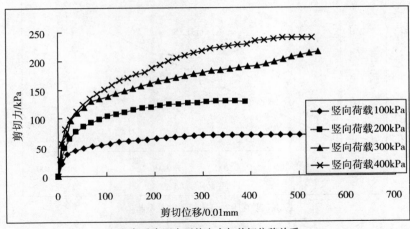

（a）各垂直压力下剪应力与剪切位移关系

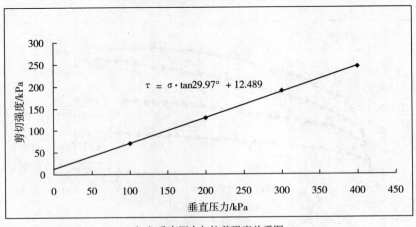

（b）垂直压力与抗剪强度关系图

图 6-12　第三组试验数据分析

从各组直剪试验可以看出：剪应力随着剪切位移的增大而增大，且在剪切位移＜1mm的范围内增速较快，曲线切向角度大；在剪切位移＞1mm后，曲线逐渐趋缓；在剪切位移＞4mm后，剪切力无明显变化。

从垂直压力与抗剪强度关系图可以较为清晰地看出土样的 c、φ 值。最终取三组试验结果的平均值作为最终试验土样的参数，分别为黏聚力 $c=13.07$kPa，内摩擦角 $\varphi=30.44°$。

3. 试验模型监测点布置

模型试验通过对坡内土压力、孔隙水压力及坡面位移等监测，记录数据并分析其变化规律。土压力计、渗压计及位移测点布置如图 6-13 所示。

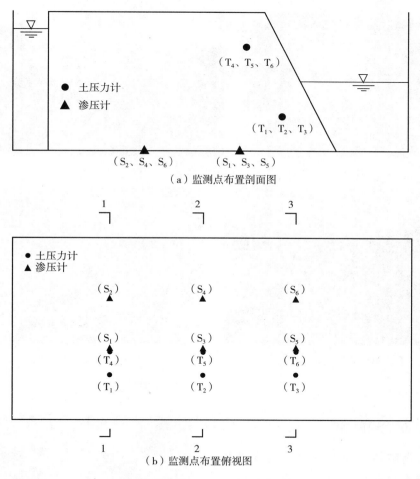

（a）监测点布置剖面图

（b）监测点布置俯视图

图 6-13　概化试验监测点布置图

4. 试验坡体制作

在确定试验基本参数后，将提前翻晒好的砂土与黏土按照 3∶1 的比例混合均匀，按照含水率 10％的标准，采用人工拌制。将拌制好的土样闷养 24h 至含水率均匀，取部分土样测定含水率达 9.2％，满足试验土样需求。

坡体填筑采用分层填筑的方式进行，整体分三层填筑，基本步骤为：卸土——铺平——压实——第二层填筑。对于渗压计和土压力计附近的土层夯实时应小心进行,防止仪器倾斜或损坏,影响试验效果。

具体填筑操作为:(1)在底部浅铺一层土体,在提前设计好的位置放置渗压计,如图 6-14(a)所示;(2)渗压计放置好后,继续填土,压实至 10cm;(3)在距离坡前 10cm 处安置第一层土压力计,如图 6-14(b)所示;(4)继续填土并压实至 30cm;(5)在距离坡前 10cm 处安置第二层土压力计,如图 6-14(c)所示;(6)继续填土至 40cm,压实;(7)坡面适当洒水,加盖防水布静置 12h,使坡体沉降稳定并保持稳定含水率,如图 6-14(d)所示;(8)开展试验并记录试验现象、记录数据及其分析处理等。

（a）底部渗压计埋设

（b）第一层土压力计埋设

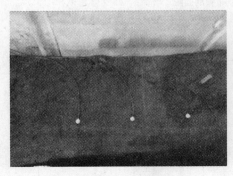
（c）第二层土压力计埋设

（d）坡体洒水养护

图 6-14　坡体填筑及仪器埋设

6.2.4　试验现象观测

坡体崩塌破坏现象及其过程的观察与记录主要依靠试验人员对坡体崩塌破坏现象和过程进行观察,并对崩塌破坏起始和终止的时间、位置、发展过程和特征进行记录,并进行相应的摄影和录像工作。

(1)试验时,首先在渗流井中放水至 35cm,维持固定水位,直到坡脚处有渗水流出,表明坡体内形成稳定渗流,如图 6-15 所示。

渗水

图 6-15　坡脚处渗水流出

（2）打开水泵,以一定流量放水至稳定,使坡前水位稳定上升至设计水位20cm处。观察水位上升过程中的坡体动态变化现象,如图6-16所示。

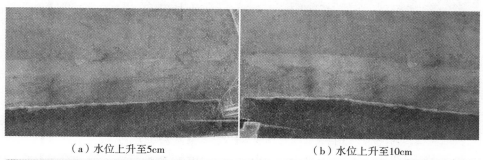

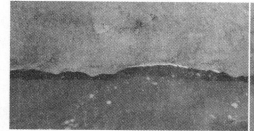　　　　　

（a）水位上升至5cm　　　　　　　　　（b）水位上升至10cm

（c）水位上升至15cm　　　　　　　　　（d）水位上升至20cm

图6-16　水位上升过程中坡体动态变化现象

从图6-16可以看出,在水位上升过程中水流对坡体具有冲刷作用。

在水位<10cm时,由于水流作用,土体颗粒达到起动条件,加之坡内渗流条件的改变,坡脚部分土体发生移动,较小的颗粒在水流运移作用下被带走,致使坡脚处土体开始滑落至较缓坡型。

随着水位逐渐上升,水流对坡体的冲刷逐渐增大增强。从图6-16(c)、图6-16(d)可以看出:水位以下的坡体在冲刷作用下损失,水位以上一定范围内坡体开始发生剥落现象,在水位下方形成高陡直坡,上部坡体稳定性逐渐减小。

（3）保持水位为20cm的稳定水流较长时间,直至坡体崩塌破坏,整个过程中坡体破坏现象如图6-17所示。

（a）局部水流形成漩涡　　　　　　　　（b）坡体不断剥落至高陡边坡

（c）上部坡面出现裂缝　　　　　　　　（d）坡体崩塌

图 6-17　坡体崩塌过程（水位为 20cm）

从图 6-17 可以看出：在水位为 20cm 的水流作用下，坡脚受到长时间的冲刷，土体不断运移损失形成弯槽型，使得局部水流形成漩涡，水流对坡脚的冲刷加大；坡体在冲刷力下不断剥落形成高陡坡型，而下部水流的继续淘刷作用，使水流上部坡体越来越不稳定；待坡面出现裂缝时，快速发育，在一分钟内发生了整体的条崩，坡体破坏。

关闭水泵，使水位缓慢下降排出，关闭渗流井通水，测量停止。观察坡体最终崩塌后的形态，如图 6-18 所示。

从图 6-18 可以看出，坡体整体崩塌后在坡脚处形成较为稳定的边坡，且还在受水流冲刷作用，土体不断被运移减少，若长期放水，可能会引起坡体的再次崩塌。这也意味着在现实工程中，江河两岸发生崩塌后，长时间的水流运动还会引发进一步崩塌，需要加强对江河两岸岸坡的保护和加固。

图 6-18　坡体崩塌后的整体形态

6.2.5　试验结果分析

1. 各参数变化规律

（1）渗压变化规律

从渗流井蓄水开始，在坡内开始形成渗流；待坡前水位稳定，坡内开始逐渐形成稳定渗流直至坡体崩塌。在整个过程中，渗压计变化曲线如图 6-19 所示。

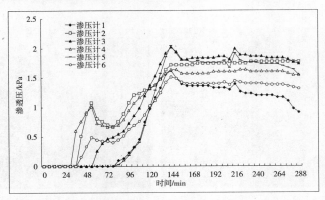

图 6-19　渗压计变化曲线

从图6-19可以看出:坡内渗压是逐渐增大的,在0~140min内,渗透压(孔隙水压)增速较快,140min至最后时间段内,水压保持基本稳定,曲线局部出现波动,最后又趋于稳定状态。

(2)土压力变化规律

土压力变化对研究坡体稳定性具有重要的意义。对上、下两层土压力的变化规律分别进行研究,如图6-20所示。

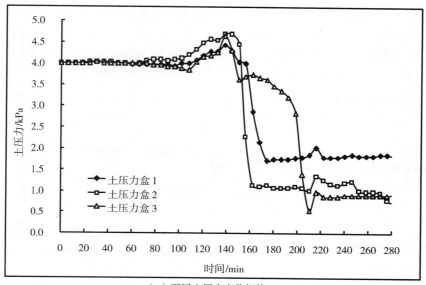

（a）下层土压力变化规律

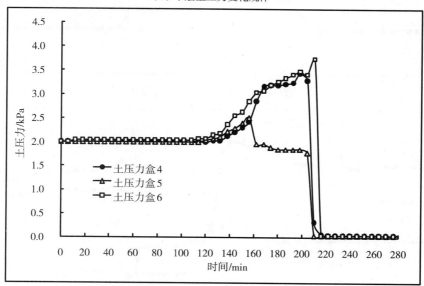

（b）上层土压力变化规律

图6-20 土压力变化曲线

从图6-20可以看出:土压力在前期保持稳定,未发生变化,下层土压力在160min左右出现突变,突变表明下层土体被冲刷破坏,发生坍塌,在突变之后土压力趋于稳定;上层土压力在160min时未有较大突变,说明此时下层土体的塌落暂未影响到上层的土压力;上层土压力在 200～220min 也发生了突变,坡体整体崩塌,上层土压力计暴露出坡体,土压力归零;下层土压力在 200～220min 之间发生了小幅度突变,是由于上层土体崩塌后对下层土压力造成了一定影响。

(3)位移变化规律

在位移监测过程中发现:坡体整体崩塌前,坡顶位移未有变化,结合现场观测,当坡面发生裂缝时,极短时间内会快速发育并崩塌破坏,无法提前预判。

2. 崩岸机制初探

在上节中,对各个参数变化的规律进行了分析,没有对崩岸的综合触发机制做分析。本节将模型分为三个断面,对三个断面上的土压力与渗压变化进行耦合分析,如图 6-21～图 6-23 所示。

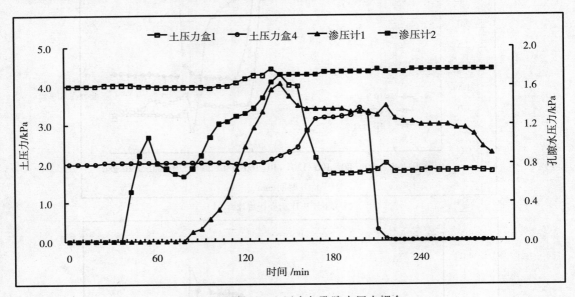

图 6-21　断面 1 土压力与孔隙水压力耦合

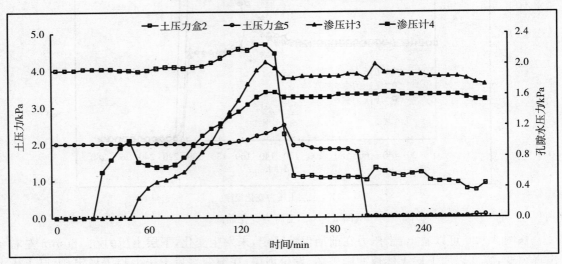

图 6-22　断面 2 土压力与孔隙水压力耦合

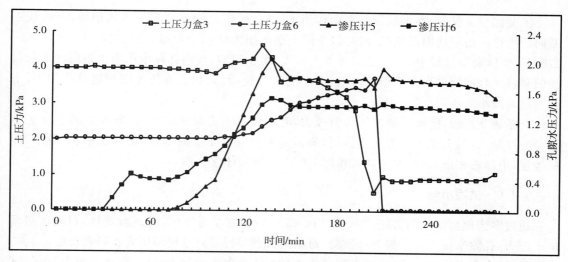

图 6-23 断面 3 土压力与孔隙水压力耦合

为更加清晰整个崩塌过程,结合时间将崩塌过程分为以下几个工况进行描述,见表 6-1 所列。

表 6-1 各工况时间及内容描述

工况	持续时间(min)	工况内容
一	0～80	坡内渗流,至坡脚渗水流出
二	81～110	坡前水位上升至 20cm 处,保持稳定水头
三	111～160	坡脚冲刷,坡体下层破坏
四	161～220	水流继续冲刷,直至上层坡体整体崩塌
五	221～300	崩塌后整体稳定

以断面 2 土压力与孔隙水压力耦合图为例,结合表 6-1 各工况对崩岸整体破坏机制进行简要描述:

工况一时,渗流井水位保持在设计水头,从后至前在坡内逐渐形成稳定渗流。在此过程中,后方渗压计(S_4)首先受到影响,水压逐渐增大,坡前渗压计(S_3)受到影响略晚。在 80min 时,坡脚处开始有渗水流出,在此过程中,坡型没有变化,土压力并未发生明显变化,保持稳定状态。

工况二时,在渗水流出后,水泵开始放水,坡前水位逐渐升高至 20cm 处。在此工况中,随着坡前水位的增加,坡内渗流浸润线开始改变,水位增加,孔隙水压逐渐增大。而土压力同样表现为发生明显变化。

工况三时,水流对坡体不断冲刷,下层土体在动水作用下被运移、损失。水流的不断淘刷,水位不断向坡内方向移动,孔隙水压力进一步增大,在 150～160min 时,水位以下土体出现崩塌,土压力迅速减小,孔隙水压力及上层土压力出现短暂波动。在工况三后,坡体在水面上方呈现了高陡坡型,稳定性变差。

工况四~工况五,在水流持续淘刷作用下,坡体一定范围内发生了整体崩塌,岸坡线不断向后推移。由于崩塌范围较大较深,使得上层土压力计(T_5)外露,土压力归零。在210~220min整体崩塌过程中,由于崩塌体落入水流,水位突增,坡内孔隙水压力出现瞬间增长后回归平稳。且崩塌体压在下层土体上,下层土压力突增,又在水流的冲刷和运移作用下,土压力逐渐减小。

与断面2比较,断面1的渗压增值较大,有水流在下游堆积的原因;断面3的下层土压力突变推延,且与上层土压力突变接近,原因是断面3处于上游部位,流速比中、下游小,冲刷缓慢,中部坡体崩塌时,在张裂力作用下带动上游坡体整体崩塌。

6.2.6 试验小结

通过室内模型试验的方法,建立长2m、高0.4m,坡度为2:1的试验坡体,对坡体崩塌的土压力、孔隙水压力及位移进行监测,对崩岸机理进行简要分析和研究。研究得出:

(1)结合现场取样试验,确定本次试验土样配比为黏土:砂土=1:3,含水率为10%,试验土样过2.5mm筛后,通过直剪试验测得土样基本参数为:黏聚力$c=13.07$kPa,内摩擦角$\varphi=30.44°$。

(2)建立规范化的试验过程,通过对试验现象的观测,发现在水流冲刷作用下,土体不断被运移带走,水位以下坡体首先破坏变形;在设计水位(20cm)的水流作用下,下层坡体不断向后推移,局部形成涡流,对坡脚的冲刷加大,坡体越来越不稳定;随之坡面出现裂缝并迅速发育,坡体破坏。

(3)结合试验现象,将试验过程分为五个工况:渗流—水位上升—冲刷至下坡破坏—整体崩塌—稳定。对坡内土压力及孔隙水压力进行逐工况分析,发现坡体崩塌是受土压力与水压力耦合变化影响的。孔隙水压力逐渐升高至稳定状态,且受到坡前水位的变化而变化;坡体土压力在未破坏前不发生变化,在即将破坏前,土压力均有短暂上升期,随之发生突降(即坡体崩塌)。

(4)在整个过程中,坡体位移并未发生连续性变化,坡体的剥落和崩塌是突然发生的,说明崩岸具有突发性,前期的岸坡加固很有必要。

(5)崩岸发生后,虽然形成短暂稳定岸坡,但仍受动态水流作用,土体依然会随水流而运移。因此,在江河两岸发生崩塌后,长时间的水流运动还会引发进一步崩塌,坡体不断向后推移,需要加强对江河岸坡的保护和加固。

6.3 典型崩岸段局部河床变化分析

本书选取近年来发生的典型崩岸区,通过对近岸局部河床平面套绘、断面套绘、冲淤情况、近岸坡比变化等进行研究,共选取马垱河段江调圩、贵池河段长沙洲、太子矶河段秋江圩、大通河段和悦洲、铜陵河段东联圩、芜湖河段新大圩等六个典型崩岸区。崩岸区位置如图6-24所示。

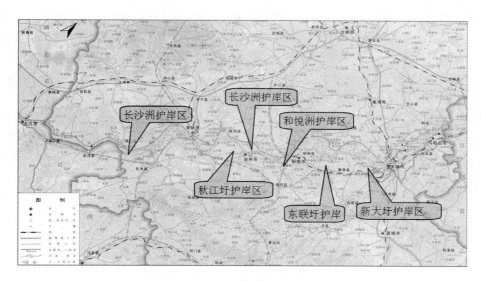

图 6-24 崩岸区位置

6.3.1 江调圩崩岸段局部河床变化

江调圩崩岸段位于马垱河段棉花洲、瓜子号洲左汊左岸下段,对应同马大堤桩号 78+000~83+000。通过采用 2007 年 11 月、2011 年 5 月、2013 年 10 月、2015 年 1 月和 2015 年 10 月的水下地形图进行对比分析。

江调圩外滩未护段(80+650 下游)逐年崩退,年均崩岸宽 10m 左右。2012 年 3 月 15 日,江调圩红村站以下发生强烈崩岸,尤其是桩号 82+450~82+900 段,崩长 550m,最大崩宽达 20m,岸坎距离圩堤堤脚最近距离仅有 19m,崩岸区岸坎直立,且崩岸区存在多处裂缝。2012、2013、2014 年先后对圩堤狭窄段进行了应急守护。

图 6-25 江调圩崩岸区现状

2007—2011 年,JDW5 断面以上段冲淤变化相对较小,JDW5 断面以下冲刷后退幅度较大,2011 年较 2007 年冲刷后退 20～80m;2011—2013 年 JDW5 断面—10m 高程以上段岸坡冲淤变化相对较小,—10m 高程以下岸坡呈冲刷后退态势;JDW5～JDW9 断面之间 0m 高程以下岸坡继续冲刷后退,近岸河床冲刷下切,最大刷深约 5m,岸坡变陡;2013—2015 年岸坡冲淤变化不大,近岸深槽略有冲刷下切。

2012、2013、2014、2015 年望江县政府先后对滩地狭窄段实施了应急护岸工程,应急护岸段近岸岸坡相对稳定,但前沿深槽仍冲刷下切,下游滩地较宽未护段岸坡继续冲刷后退。该段岸坡较缓,平均坡度为 1:10～1:20,因河床冲刷,岸坡呈逐年变陡趋势,水下局部陡坡为 1:3～1:6,水上岸坎崩塌呈直立状。

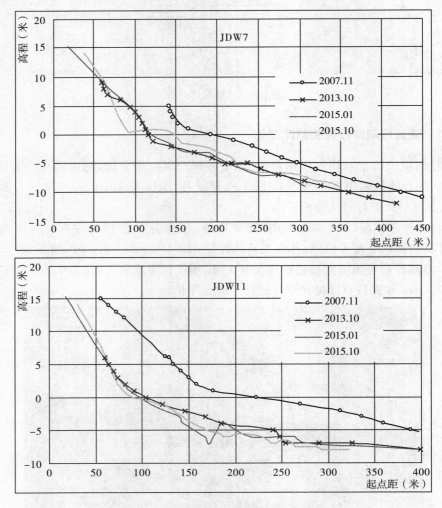

图 6-26　江调圩河床断面变化图

6.3.2　秋江圩崩岸段局部河床变化

秋江圩(扁担洲～石头埂)位于太子矶河段出口处右岸,对应秋江圩江堤桩号 1+900～

10+200。

受河势调整影响,水流顶冲秋江圩扁担洲段强度增大,自20世纪90年代以来该段岸坡冲刷后退。1990年开始,秋江圩堤(1+900～8+410)崩岸长约6200m,最大崩岸宽1000m。扁担洲岸滩崩塌严重,岸坎直立,崩岸呈进一步发展的趋势。下段秋江圩堤防外滩狭窄,崩岸危及河势稳定、圩堤防洪安全及人民生命财产安全。

2009年10月,秋江圩江堤(6+000～7+000段)外滩扁担洲出现两处较大崩岸险情。其中一处位于乌沙码头上游船厂区域,崩岸长约500m,崩岸宽10～20m;另一处位于乌沙船厂上游约200m,崩岸长约100m,崩岸宽15m,崩岸距江堤约300m。

2010—2015年,岸坎呈逐年崩岸崩塌后退,岸坎为直立状,近期上段崩退幅度减缓,下段幅度仍较大,年崩岸宽度在10m左右,岸坎距堤脚最近处约180米。扁担洲岸滩崩塌直接威胁船厂安全,对河势稳定及防洪安全均构成一定威胁。

采用2011年7月、2013年11月、2014年12月和2015年10月1:2000水下地形测图进行分析比较。

图6-27 秋江圩崩岸现状

主流走向自秋江圩江堤2+000～6+000段贴靠右岸下行,过乌沙码头(6+800)后,向左过渡。本段河岸总体表现为:江堤桩号2+600以上河床岸坡冲淤交替,变化幅度不大;2+600～8+200段河床岸坡冲刷后退幅度较大,最大冲刷后退约55m,深槽冲刷向近岸发展;8+200以下岸坡变化不大,近岸深槽冲刷下切。

2011—2015年,8+200以上岸坡冲刷后退,尤其在3+500以下河床岸坡冲刷后退较大,2015年较2011年0m岸线冲刷后退50～70m,岸坡呈变陡态势,局部陡坡较陡,坡度陡于1:2。下段石头埂段0m高程以上岸坡变化不大,0m高程以下岸坡冲刷后退,岸坡变陡,深槽向近岸发展。

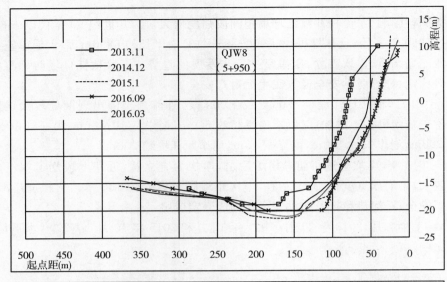

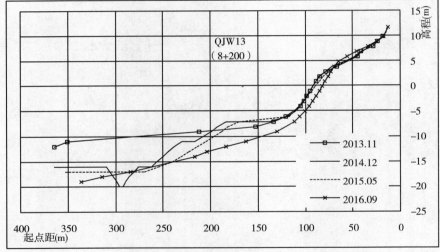

图 6-28　秋江圩河床断面变化

6.3.3　长沙洲崩岸段局部河床变化

长沙洲崩岸区位于贵池河段长沙洲左缘中段。受河势调整影响,进入长沙洲左汊水流顶冲长沙洲左缘中上段后向左岸过渡,在水流冲刷作用下,长沙洲左缘中上段岸坡崩退。

2008 年 9 月,长沙洲左缘中段(3+650~3+950)崩岸长约 300m,最大崩岸宽 40~50m,部分圩堤崩入江中,直接威胁洲上人民生命财产安全。当地组织了抛石抢险工程,因守护标准较低,暂时稳定了崩岸形式,但岸坡仍处于不稳定状态,崩岸仍有可能进一步扩大。2012 年 9 月 8 日,长沙洲左缘小五家段发生两处崩窝,上游崩窝窝顶对应圩堤桩号 3+050,崩窝长约 32m,最大崩窝宽 18m,窝顶距离圩堤堤脚最近距离为 10m;下游崩窝窝顶对应圩堤桩号 3+090,崩窝长约 46m,最大崩窝宽 28m,部分圩堤崩入江中,崩岸区岸坎直立,崩窝发生后,长沙乡组织实施了崩岸应急治理工程。2015 年长沙洲左缘中段局部岸坎仍崩塌后退,崩退幅度为 3～15m,崩岸直接威胁洲堤防洪安全;下段全线崩退,幅度较大,但距圩堤较远。

图 6-29　长沙洲崩岸现状

采用 2010 年 12 月、2012 年 12 月、2014 年 12 月和 2015 年 10 月水下地形测图进行分析比较。

从近岸分析图可知,新长洲与长沙洲间汊道冲刷发展,中部形成一个水流坐弯的漩涡,2+600～4+250 段长沙洲堤外滩狭窄,部分洲堤无外滩。

5m 岸线:5m 岸线总体呈冲刷后退态势,近期上段变化幅度减缓,下段仍呈逐年冲刷后退。其中在长沙洲左缘中段(4+200)冲刷崩退幅度较大。2010—2012 年,5m 岸线总体继续冲刷后退,最大冲刷后退约 20m。2012—2013 年,5m 岸线冲刷后退约 10m。2013—2014 年,5m 岸线 4+150 以上冲淤变化不大,4+150 以下冲刷后退约 10m。2014—2015 年,5m 岸线继续小幅冲刷,4+300 以下冲刷后退幅度较大,最大后退约 15m。

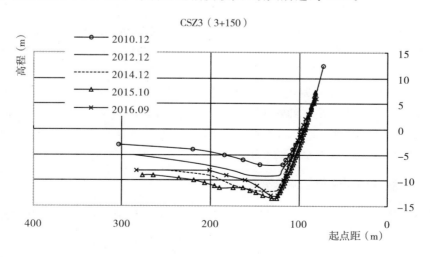

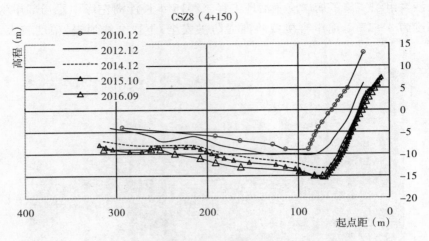

图 6 - 30　长沙洲河床断面变化

0m 等高线:CSZ1~CSZ3 断面 0m 等高线呈逐年冲刷右摆态势,2011 年较 2008 年冲刷右摆约 140m。CSZ3~CSZ8 断面 0m 等高线先冲后淤,2011 年较 2010 年最大冲刷后退约 100m。2012 年较 2011 年 0m 等高线全线冲刷后退,最大冲刷后退约 30m。2012—2013 年 4+000 以上变化不大,4+000 以下冲刷后退约 10m。2013—2014 年上段变化不大,尾部继续冲刷后退。2014—2015 年 3+500 以上变化不大,3+500 以下继续冲刷后退。

—5m 冲刷坑:2008 年,—5m 冲刷坑对应洲堤桩号 2+600~4+250,长 1600m,宽 100~170m;2010 年,该—5m 冲刷坑头部下移 160m,尾部与下游贯通,3+600~4+400 段深槽右移 10~50m,变化幅度沿程递增;2011 年 —5m 冲刷坑变化幅度不大。2012 年较 2011 年 —5m 冲刷坑冲刷扩大,头部上提约 90m,冲刷坑右缘冲刷右摆,最大右摆约 45m。2013 年较 2012 年 4+000 以上变化不大,4+000 以下冲刷后退约 15m。2013—2015 年呈小幅冲刷。

—10m 冲刷坑:2008 年,—10m 冲刷坑对应洲堤桩号 3+200~3+600,上游 —10m 冲刷坑长 380m、宽 50m,下游 —10m 冲刷坑长 160m、宽 60m;2010 年,两个 —10m 冲刷坑贯通,尾部下移 140m,横向右移 30m,距岸边约 50m;2011 年,—10m 冲刷坑断开,下游冲刷坑尾部略向下游发展。2012 年,上下两个 —10m 冲刷坑冲刷扩大连为一体,头部上提约 100m,尾部下延约 50m,在 3+000 处冲刷形成一新的 —10m 冲刷坑,距岸约 30m。2013 年,该段 —10m 冲刷坑继续冲刷连为一体,尾部下延约 160m。2013—2015 年 —10m 冲刷坑扩大展宽。

—15m 冲刷坑:—15m 冲刷坑位于洲堤桩号 3+550 处,2008—2010 年,—15m 冲刷坑冲刷扩大,冲刷坑左缘冲刷左摆约 10m,尾部略有下移,2011 年较 2010 年 —15m 冲刷坑变化不大。2012 年较 2011 年 —15m 冲刷坑略向近岸发展。2013—2015 年 —15m 冲刷坑扩大并向近岸发展,距离河岸最近距离约 50m。

6.3.4　东联圩崩岸段局部河床变化

东联圩崩岸区位于铜陵河段出口段右岸,自顺安河口至庆大圩。本段为铜陵河段出口单一段右岸,水流顶冲强烈,经护岸工程实施后岸坡总体较稳定,近期未发生较大幅度的崩岸。但水下岸坡较陡,河床最深处达 -35m,且外滩较窄,崩岸将威胁江堤防洪安全。

图 6-31　东联圩崩岸区现状

　　采用 2007 年 7 月、2010 年 11 月、2011 年 11 月、2012 年 11 月、2013 年 4 月和 2014 年 5 月 1：2000 水下地形测图套绘比较分析。

　　从近岸变化图看,2007—2011 年,总体表现为岸坡冲刷后退,深槽冲刷下切向近岸发展,局部冲刷后退幅度相对较大;2011—2012 年,自铜陵国电码头至京福高铁桥段河床岸坡冲刷后退态势;2012—2013 年,该段河床岸坡冲淤变化不大;2013—2014 年,岸坡变化较小,相对稳定。该段岸坡平均坡度为 1：2.5～1：4.5,局部陡坡在 1：2 左右。

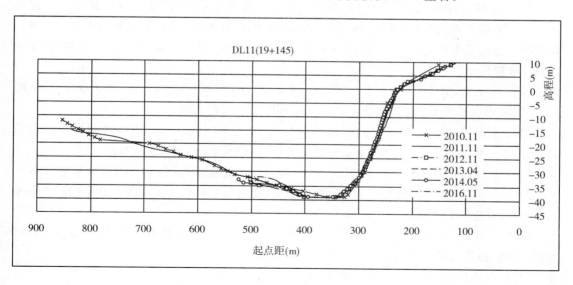

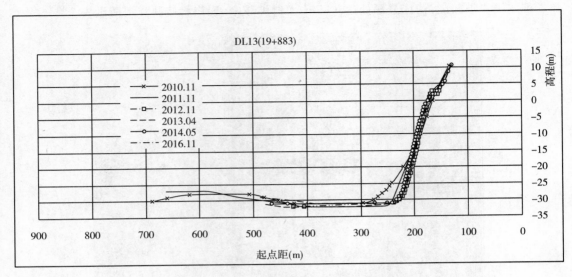

图 6-32 东联圩崩岸区现状图

6.3.5 新大圩崩岸段局部河床变化

新大圩崩岸区位于芜湖河段上段右岸、潜洲右侧,近期受潜洲右汊水流贴岸冲刷影响,部分岸线崩退。

2009 年汛期后,联群船厂下游和宏宇船厂外滩先后发生两处崩岸。联群船厂崩窝中心对应繁昌江堤 19+100,崩岸长 90m,崩宽 40m,已护坡工程崩入江中。宏宇船厂崩窝中心对应繁昌江堤 19+700,崩岸长 130m,崩宽 60m,已护坡工程崩入江中。2010 年汛前,两船厂崩窝下游附近分别发生崩岸,崩岸长 100m、崩宽 35～50m。

2010 年汛前,1#丁坝上游(1#窝口)发生一处崩岸(2#崩窝),崩岸长 200m,崩宽 90m。2010 年汛期,渡口上游发生一处长约 100m 的岸坡滑塌,已护坡工程滑入江中。渡口下游附近连续发生两处崩岸,一处(3#崩窝)崩岸长 110m,崩宽 80m,另一处(4#崩窝)崩长 160m,崩宽 90m。

2011 年汛后,原 1#和 2#丁坝削除后,水流淘刷岸坡,汛后分别在两处丁坝发生崩岸,1#丁坝附近崩长 90m、宽 50m,2#丁坝附近崩长 120m、宽 40m。

2012 年汛后,2#丁坝处崩窝继续向后崩退,幅度在 15m 左右,在 4#崩窝上游对应 21+000 处,窝口上段发生崩塌,形成一处新的崩窝,崩长 80m,崩宽约 70m。

2013 年汛前宏宇船厂下游桩号 20+000 处发生一处崩窝,长约 170m,最大崩宽 90m。

2015 年 7 月,渡口下游 21+130 处发生崩窝,崩窝长 330m,最大崩宽 180m,护坡工程崩入江中,崩窝距圩堤 80m。

采用 2009 年 10 月、2011 年 11 月、2012 年 11 月、2014 年 12 月和 2015 年 11 月 1∶2000 近岸水下测图进行分析比较。

(1)新远船厂—联群船厂(15+800～18+300)

本岸河床相对较稳定,河床底部略有淤积抬高,岸坡变化不大,坡度比为 1∶3～1∶6,局部陡坡为 1∶2～1∶3。

图 6-33 新大圩崩岸

(2)联群船厂—宏宇船厂崩岸段(18+300～20+100)

联群船厂崩岸区:2009 年汛后,联群船厂崩窝下游 40m 处发生一处崩岸,长 100m、宽 35m,近岸深槽刷深约 3m;2011—2012 年河床岸坡冲淤变化不大,局部略有冲刷,幅度不大; 2012—2015 年河床岸坡冲淤变化不大,近岸深槽淤高约 3m。

宏宇船厂崩岸区:2009 年汛后,宏宇船厂下游 40m 处发生一处崩岸,长 100m、宽 50m, 2010 年较 2009 年 0m 等高线崩退 80m,近岸深槽刷深约 5m;2011—2012 年河床岸坡冲淤 变化不大。2013 年汛期前宏宇船厂下游对应桩号约 20+000 处发生一崩窝,长约 170m,最 大宽度为 90m,至 2015 年崩窝未发展。

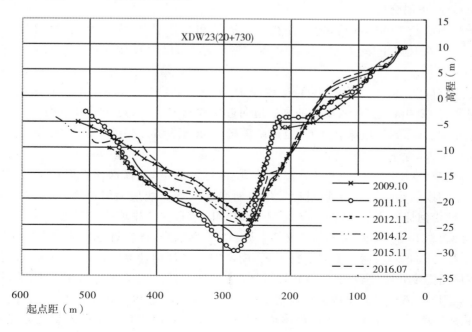

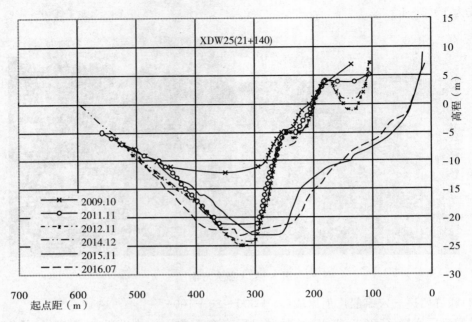

图 6-34 新大圩河床断面变化

本段深槽近岸,2009—2011 年呈逐年向近岸移动、河床冲刷下切趋势,-15m 深槽自 19+100 向下游贯通。2011—2012 年岸坡及深槽冲淤变化不大。2012—2014 年除宏宇船厂下游发生崩窝外,其他段河床冲淤变化不大。

从坡度变化表看,本段岸坡平均坡度在 1:2.3~1:5 之间,局部陡坡在 1:2~1:3 之间。

(3)六凸子崩窝段

长江委隐蔽工程实施后,近岸存在 2 处短坝和 3 处崩窝,水流紊乱,窝口处冲淤变化频繁,-5m 高程以下岸坡比较陡且呈逐年变陡趋势,局部陡坡一般在 -15~-5m 高程区间。

1#窝口(20+100~20+300):岸坡回淤、深槽冲刷向近岸移动,2010 年本段发生一处强烈崩岸,长 200m、宽 90m,岸坡冲刷后退向近岸移动达 70m,河床冲刷下切 5~7m。经应急护岸守护后,河床岸坡略有回淤,但近岸深槽仍冲刷下切。2012—2015 年,该段河床岸坡冲淤变化不大,近岸深槽略有淤积。

2#窝口(20+300~20+600):岸坡冲刷、河床冲刷下切、深槽向近岸移动,2010—2011 年,1#丁坝削除后,在 1#丁坝附近发生一崩岸,0m 等高线最大崩退约 75m。2011—2012 年,窝口前沿河床冲刷下切约 6m。2012—2015 年,该段河床岸坡冲淤变化不大。

3#窝口(20+600~21+100)及其下游:1998 年以来,该段近岸河床竖向冲刷下切、深槽(冲刷坑)横向展宽右移、纵向上提下延,崩岸向下游延伸,3#窝口未实施水下防护工程,岸坡冲刷后退变化幅度较大,岸坡较陡,2007 年 7—10 月拟建工程区(3#窝口)前沿岸坡发生崩岸,-10m 高程以上岸坡崩塌后退 20~70m,2008 年对该崩窝实施整治工程。该崩窝下游冲淤交替,变化不大。2010 年,3#窝口已护岸段八凸渡口上下游发生几处强烈崩岸,岸线紊乱,深槽冲刷纵向下移、横向向近岸移动,局部河床冲刷下切,出现局部冲刷坑,威胁已护岸工程的稳定。2010—2011年,该段岸坡冲淤变化相对较小,近岸深槽冲刷下切,最大刷深约7m。2011—2012年,该段河床岸坡总体呈冲刷后退态势,近岸深槽冲刷下切幅度较大,2012年较2011年近岸深槽最大冲刷下切幅度达8m,2012年汛期后在4♯崩窝上游对应21+000处,窝口上段发生崩塌,形成一新的崩窝,长80m,宽约70m。2012—2014年,该段河床岸坡变化不大,−5m高程以下岸坡小幅冲刷。2015年在渡口下游21+130处发生崩窝,−5m高程先冲刷后退约150m,深槽冲刷向近岸发展。

（4）八凸子圩堤段

2010—2011年,岸坡变化不大,近岸深槽略有冲刷;2011—2012年,近岸河床0m高程以上岸坡冲淤变化不大,0m高程以下岸坡冲刷后退,近岸深槽冲刷下切1~3m;2012—2014年,近岸河床岸坡冲淤变化不大,近岸深槽略有刷深。该段岸坡总体呈变陡态势,因本段圩堤无外滩,水流贴岸带下移,深槽部位冲刷,将威胁岸坡稳定及圩堤安全。

6.3.6　和悦洲崩岸段局部河床变化

铜陵市和悦洲崩岸区位于和悦洲头左缘。受长江河势变化影响,20世纪70年代中期,和悦洲头开始发生崩岸,并逐步由洲头向洲左缘发展。1993年1月,永平六队江堤崩入江中后被迫退建。1998年特大洪水后,串沟冲刷发展,和悦洲头左缘冲刷崩岸强烈,1998年以来和悦洲头崩退约400m,洲头左缘崩岸发展。2002年8月6日,洲头左缘距洲头下700m处窝崩口门宽120m,深80m,崩坍面积达10000m²。2003年3月,该窝崩下

图6-35　和悦洲崩岸

永平九队下拐又发生窝崩、条崩。2007年9月,永平江堤九队下拐段窝崩,半幅圩堤崩入江中,10余户居民被迫迁移。2008—2013年,洲头左缘崩岸仍是频繁发生,洲左缘洲头以下约2km范围内崩窝犬牙交错,崩至圩堤脚处的地段,圩堤不得不进行退建。

本书采用2009年1月、2013年12月、2015年10月3个年份的水下地形测图套绘比较分析。

0m岸线:和悦洲头0m岸线2009—2015年冲刷崩退约30m;洲头右缘淤积30~100m。

−10m深槽:和悦洲左缘2009—2015年冲刷扩大,深槽向近岸移动,1+400~1+800段−10m深槽向近岸移动约20m。

和悦洲右缘断面平均坡度为1∶3.0~1∶6.0,局部陡坡坡比为1∶1.7~1∶2;和悦洲头坡度较缓,2008年平均坡度为1∶25,至2015年坡度变陡;和悦洲左缘断面平均坡度为1∶2.3~1∶8,局部陡坡在1∶1.2~1∶4之间。

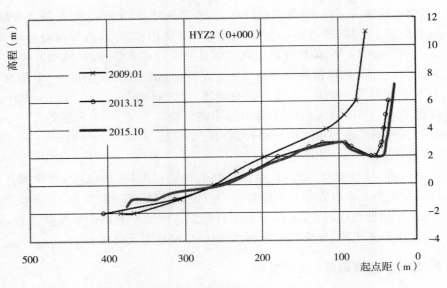

图 6-36 和悦洲断面变化

6.4 典型崩岸段土体力学性质分析

6.4.1 现场勘察及取样

对铜陵市和悦洲崩岸发生地点进行现场勘察及取样,崩岸发生区域大致集中于和悦洲南段一段东西长约 50m 的河坡上,崩岸现场的状况如图 6-37 和图 6-38 所示。崩岸发生处有一高约 2m 的土坝,由于该地区降雨量较大,降雨排水不断冲刷河岸,造成边坡上部冲刷严重,同时坡后池塘密布,坡后土体含水量较高。江水的不断冲刷淘蚀形成了多个大小不一、深入土坝的水流积聚区,形成了水流不断淘刷河岸、岸坡坍塌交替作用的恶性循环。江水将坡底土体冲走,边坡上部坍塌,水流继续再次冲刷造成河岸节节后退,在现场考察及取样的过程中,土体不断落入水中。

图 6-37 崩岸现场考察

图 6-38 崩岸现场江水淘蚀严重

沿距离江边约 24m 和 33m 的平行江面方向钻取 1 号和 2 号孔及 3 号孔和 4 号,4 个孔的位置如图 6-39 和图 6-40 所示,同时分别取了 1 号孔和 2 号孔的不同深度的原状土样,用以做相关的土力学性质试验,土层分布及物理力学性质如图 6-41 所示。根据钻孔取土的土样颜色,可以粗略判定现场的地下土层可分为两层,地下 10m 以上为黄色的淤泥质粉质黏土,10m 以下为淡青色的含泥粉细砂,土体随深度的增加颜色逐渐加深,含沙量也逐渐增大,如图 6-42 所示。

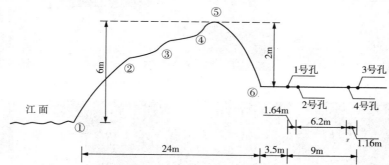

图 6-39 崩岸发生点附近剖面示意图(圈中数字表示边坡起伏点)

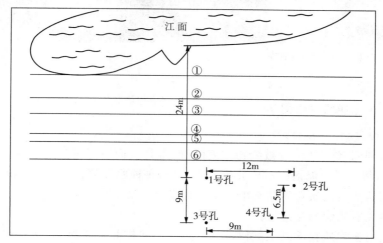

图 6-40 崩岸发生点附近地势俯视示意图(圈中数字表示边坡起伏点)

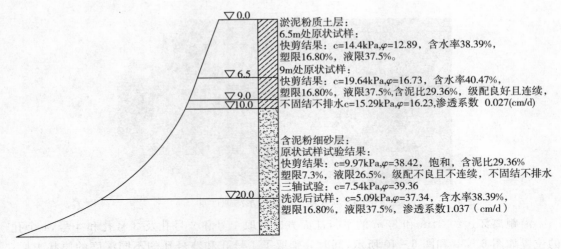

淤泥粉质土层：
6.5m处原状试样：
快剪结果：c=14.4kPa,φ=12.89，含水率38.39%,
塑限16.80%，液限37.5%。
9m处原状试样：
快剪结果：c=19.64kPa,φ=16.73，含水率40.47%,
塑限16.80%，液限37.5%,含泥比29.36%，级配良好且连续，
不固结不排水c=15.29kPa,φ=16.23,渗透系数 0.027(cm/d)

含泥粉细砂层：
原状试样试验结果：
快剪结果：c=9.97kPa,φ=38.42，饱和，含泥比29.36%
塑限7.3%，液限26.5%，级配不良且不连续，不固结不排水
三轴试验：c=7.54kPa,φ=39.36
洗泥后试样：c=5.09kPa,φ=37.34，含水率38.39%,
塑限16.80%，液限37.5%，渗透系数1.037（cm/d）

图6-41　土层分布及物理力学性质(单位:m)

（a）6.5m淤泥质粉黏土　　　　　（b）9m淤泥质粉黏土

（c）18m含泥粉细砂　　　　　（d）30m含泥粉细砂

图6-42　原状土样采集

6.4.2　土样化学成分检测

1. 淤泥质粉质黏土检测结果

试验原理:利用X射线激发被测物体表面,使得其表面原子发生能级跃迁,利用探测器接收到X射线,然后通过能谱图对比分析元素成分,每种原子都有其特定的能量光谱图。

试验目的:检测淤泥质粉质黏土中各化学物成分含量。

试验仪器:X射线荧光光谱仪。

试验步骤:对淤泥质粉质黏土试样,实验前,取原状样品放入烘箱,保持烘箱温度75℃,烘至质量不再发生变化为止,并取约200g烘干式样用木撵小心碾碎后放入密封袋中,加贴相应的标签带至合肥工业大学检测中心进行 X 衍射荧光光谱测试。淤泥质粉质黏土 X 衍射荧光光谱测试结果见表 6-2 所列。

表 6-2 淤泥质粉质黏土 X 衍射荧光光谱测试结果

化学成分	含量(%)
SiO_2	57.8908
Al_2O_2	18.3456
Fe_2O_3	8.8571
K_2O	4.6188
CaO	4.1369
MgO	3.2382
TiO_2	1.4216
Na_2O	0.7648
P_2O_5	0.1944
MnO	0.1695
BaO	0.0791
ZrO_2	0.0585
SO_3	0.0520
Cr_2O_3	0.0373
SrO	0.0312
ZnO	0.0260
Rb_2O	0.0249
Cl	0.0163
NiO	0.0134
CuO	0.0117

2. 含泥粉细砂检测

试验原理:仪器以光源辐射出具有待测元素特征线的光,通过样品蒸气时被蒸气中待测原素基态原子能吸收,由辐射特征谱线光被减弱的程度来测定样品中待测元素的含量。

试验目的:检测含泥粉细砂中各化学物成分含量。

试验仪器:原子吸收光谱仪,分光光度计。

试验步骤:取原状样品放入烘箱,保持烘箱温度75℃,烘至质量不再发生变化为止,并取约200g烘干式样用木擀小心碾碎后放入密封袋中,加贴相应的标签,带至国土资源部合肥矿产资源监督检测中心进行原子吸收光谱测试。含泥粉细砂原子吸收光谱测试结果见表 6-3 所列。

表 6-3 含泥粉细砂原子吸收光谱测试结果

化学成分	含量(%)
SiO_2	78.83
Al_2O_2	8.88
K_2O	2.28
CaO	2.12
MgO	1.26

（续表）

化学成分	含量(%)
Na_2O	1.80
P_2O_5	0.083
SO_3	0.015
C	0.42
Fe_2O_3	1.170
FeO	1.14

6.4.3 直接剪切试验

1. 淤泥质粉质黏土试验结果

采用 6.5m 和 9m 的淤泥质粉质黏土原状试样分别进行试验，每种深度进行六组试验，选取较好试验结果，其库伦强度包线如图 6-43 和图 6-44 所示。黏聚力、内摩擦角的最终结果见表 6-4 所列。

结果表明：6.5m 淤泥质粉质黏土黏聚力变化范围 7.78kPa～18.38kPa，内摩擦角处在 10.5°～23.8°之间。对 9m 的淤泥质粉质黏土，黏聚力变化范围为 13.25kPa～28.87kPa，内摩擦角的范围是 12.4°～27.8°。

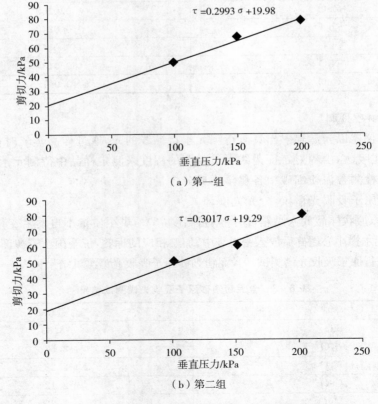

（a）第一组

（b）第二组

图 6-43 9m 淤泥质粉质黏土直接剪切试验结果

表 6 - 4　6.5m、9m 淤泥质粉质黏土黏聚力和内摩擦角实验结果

深度（m）	组号	粘聚力（kPa）	平均值（kPa）	内摩擦角（°）	平均值（°）
6.5	1	14.39	14.40	12.46	12.89
	2	14.41		13.31	
9	1	19.98	19.64	16.66	16.73
	2	19.29		16.79	

2. 含泥粉细砂试验结果

采用 20m 深试样分两组进行试验，其中一组进行洗泥处理，即按照标准洗泥步骤洗去粒径小于 0.075mm 的颗粒。直剪试样制作完成后，进行两个小时的抽气饱和。两组试样仍然分别进行六组。20m 含泥粉细砂（未洗泥）直接剪切试验结果如图 6 - 45 所示。20m 含泥粉细砂黏聚力和内摩擦角试验结果见表 6 - 5 所列。

试验结果表明：洗泥后的含泥粉细砂黏聚力在 1.83kPa～10.92kPa 之间，内摩擦角的范围为 34.2°～41.5°。未洗泥的含泥粉细砂黏聚力在 5.36kPa～15.42kPa 之间，内摩擦角的范围为 34.9°～42.7°。

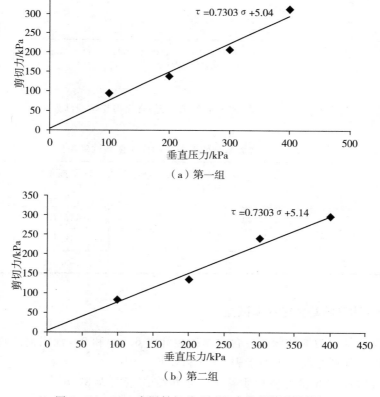

（a）第一组

（b）第二组

图 6 - 44　20m 含泥粉细砂（洗泥）直接剪切试验结果

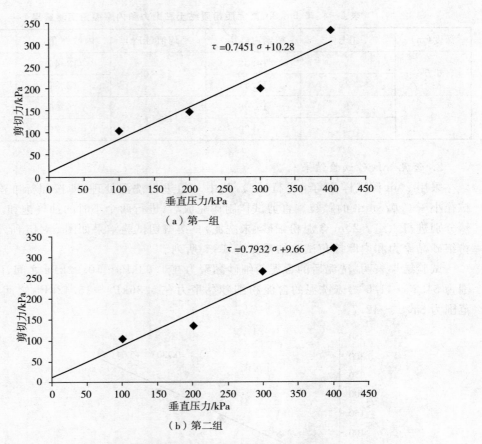

（a）第一组

（b）第二组

图 6-45　20m 含泥粉细砂（未洗泥）直接剪切试验结果

表 6-5　20m 含泥粉细砂黏聚力和内摩擦角试验结果

	组号	黏聚力（kPa）	平均值（kPa）	内摩擦角（°）	平均值（°）
未洗泥	1	10.28	9.97	36.69	38.42
	2	9.66		37.15	
洗泥	1	5.04	5.09	36.14	37.34
	2	5.14		38.53	

6.4.4　淤泥质粉质黏土含水率试验

20m 深含泥粉细砂为饱和状态。含水率试验针对 6.5m 和 9m 深淤泥质粉质黏土进行。试验共进行 8 组。分别选取 3 组列于表 6-6 和表 6-7 中。

试验结果表明：6.5m 淤泥质粉质黏土含水量变化范围为 32.05%～40.59%，9m 淤泥质粉质黏土含水量变化范围为 36.25%～44.12%，含水率随土层深度增加而逐渐变大，直至达到饱和状态。

表 6-6　9m 淤泥质粉质黏土含水量测试结果

组号	$m(g)$	$m_1(g)$	$m_2(g)$	$w(\%)$	平均值(%)
1	13.26	20.17	18.13	41.89	
2	15.92	24.06	21.72	40.34	40.47
3	15.69	22.05	20.26	39.17	

表 6-7　6.5m 淤泥质粉质黏土含水量测试结果

组号	$m(g)$	$m_1(g)$	$m_2(g)$	$w(\%)$	平均值(%)
1	15.42	26.78	23.64	38.20	
2	13.77	24.73	21.73	37.69	38.39
3	15.21	21.38	19.64	39.28	

6.4.5　含泥粉细砂含泥比试验

记砂的含泥比为 w_s,按下式进行计算(结果精确至 0.1%)。

$$w_s = \frac{m_0 - m_1}{m_0} \times 100\% \tag{6-1}$$

以两次试验结果的算术平均值作为测定值,如两次试验结果的差值超过 0.5% 时,结果无效,须重做试验。

含泥比的测定主要针对在崩岸发生中起关键作用的含泥粉细砂层进行。目的是通过含泥粉细砂的含泥量对含泥粉细砂的黏性和受冲刷情况进行定性估计,试验试样采用深度 20m 的含泥粉细砂,共进行六组。六组结果最大值为 32.38%,最小值为 25.40%,具体见表 6-8 所列。

表 6-8　20m 含泥粉细砂含泥比试验结果

组号	$m_0(g)$	$m_1(g)$	$w_s(\%)$
1	82.59	58.30	29.41
2	80.54	55.47	31.13
3	86.04	60.76	29.38
4	90.56	61.24	32.38
5	84.35	60.34	28.46
6	29.33	21.88	25.40
平均值(%)			29.36

6.4.6　含泥粉细砂干密度试验

含泥粉细砂密度试验原理较为简单,但由于每次试验的试样质量较小、量筒精度问题和人为读数的误差,试验中极其容易出现误差很大的结果,因此对 20m 含泥粉细砂洗泥试样和未洗泥试样分别进行 20 组试验,排除误差较大的数据,将结果较好的六组列于表 6-9 和表 6-10 中。结果表明,洗泥后含泥粉细砂密度的范围为 2.029～2.775(g·cm⁻³),未洗泥的含泥粉细砂的密度稍大,范围为 2.381～2.800(g·cm⁻³)。

表 6-9　20m 含泥粉细砂(洗泥)干密度测试结果

组号	v_2(mm³)	v_1(mm³)	m(g)	ρ(g·cm⁻³)
1	39.5	39.0	1.31	2.620
2	38.7	38.0	1.83	2.614
3	40.0	39.3	1.42	2.029
4	40.8	40.0	1.90	2.375
5	41.6	40.8	2.22	2.775
6	33.5	31.8	4.41	2.594
平均值(g·cm⁻³)				2.501

表 6-10　20m 含泥粉细砂(未洗泥)干密度测试结果

组号	v_2(mm³)	v_1(mm³)	m(g)	ρ(g·cm⁻³)
1	38.1	36.0	5.00	2.381
2	40.0	38.1	4.53	2.384
3	42.0	40.0	5.37	2.685
4	26.9	25.5	3.70	2.643
5	28.1	26.9	3.56	2.967
6	29.2	28.1	3.08	2.800
平均值(g·cm⁻³)				2.643

6.4.7　含泥粉细砂和淤泥质粉质黏土液塑限试验

选用 9m 淤泥质粉质黏土和 20m 含泥粉细砂分别进行了 3 组液塑限试验,3 组实验结果较为接近,数据良好。结果表明淤泥质粉质黏土(9m)塑限范围为 13.38%～19.27%,液限范围为 34.56%～40.12%。含泥粉细砂塑限范围为 5.23%～11.34%,液限范围为 21.56%～29.87%。液塑限试验结果见表 6-11 所列。作图 6-46,得 9m 淤泥质粉质黏土塑限为 16.80%,液限为 37.5%。20m 含泥粉细砂的塑限为 7.3%,液限为 26.5%。

表 6 - 11 液塑限试验结果

	落入深度(mm)	平均深度(mm)	含水率(%)
淤泥质粉质黏土(9m)	3.9	4	20.55
	4		
	8.2	8.3	26.09
	8.4		
	10.4	10.5	30.22
	10.6		
含泥粉细砂(20m)	5.2	5.3	11.56
	5.4		
	7.7	7.8	13.55
	7.9		
	10.6	10.7	19.20
	10.7		

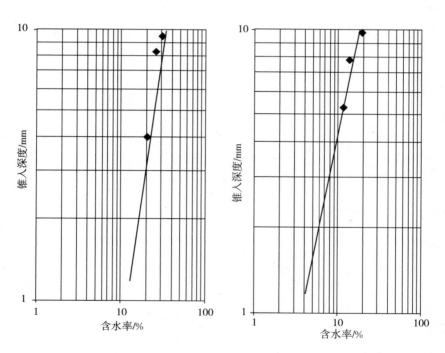

图 6 - 46 淤泥质粉质黏土(9m)液塑限图(左)和含泥粉细砂(20m)液塑限图(右)

6.4.8 含泥粉细砂和淤泥质粉质黏土三轴剪切试验

对 9m 淤泥质粉质黏土和 20m 含泥粉细砂分别进行四组不固结不排水三轴剪切试验,结合试验现象并对比直接剪切试验,选取两组较好的结果作为最终结果。试验结果显示:

20m 含泥粉细砂黏聚力变化范围为 5.23～9.46kPa,内摩擦角范围是 34.78°～42.12°,9m 淤泥质粉质黏土黏聚力变化范围是 13.31～18.78kPa,内摩擦角的范围是 14.78°～19.56°。最终的三轴剪切试验库伦包线如图 6-47 和图 6-48 所示,试验结果见表 6-12 和表 6-13 所列。

表 6-12　含泥粉细砂三轴剪切试验结果

组号	围压(kPa)	$\frac{(\sigma_1 f + \sigma_3 f)}{2}$(kPa)	$\frac{(\sigma 1 f - \sigma 3 f)}{2}$(kPa)	φ(°)	平均值(°)	c(kPa)	平均值(kPa)
1	100	212.0505	143.033	40.13		8.32	
	200	371.794	245.9915				
	300	487.084	320.2987		38.36		7.54
2	100	175.3869	109.959	36.59		6.75	
	200	338.8186	207.3699				
	300	485.4125	294.7449				

表 6-13　淤泥质粉质黏土三轴剪切试验结果

组号	围压(kPa)	$\frac{(\sigma_1 f + \sigma_3 f)}{2}$(kPa)	$\frac{(\sigma 1 f - \sigma 3 f)}{2}$(kPa)	φ(°)	平均值(°)	c(kPa)	平均值(kPa)
1	100	115.6659	46.33707	15.39		16.23	
	200	229.6586	76.5809				
	300	373.3823	114.7128		16.32		15.29
2	100	137.562	54.51452	17.26		14.35	
	200	241.235	85.268243				
	300	395.123	130.917823				

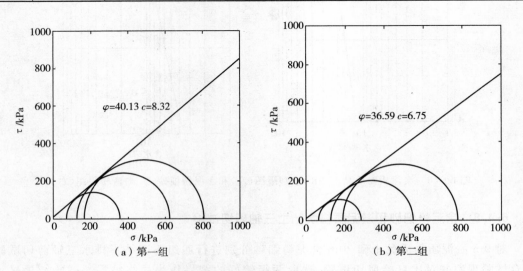

图 6-47　含泥粉细砂强度包线

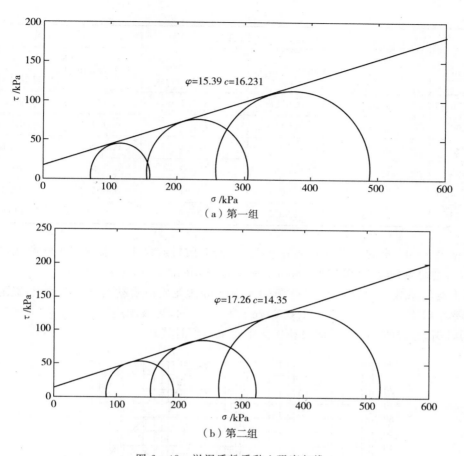

图 6-48 淤泥质粉质黏土强度包线

6.4.9 淤泥质粉质黏土和含泥粉细砂颗粒分析试验

对含泥粉细砂土颗粒分析采用筛析法和密度计法综合进行,淤泥质粉质黏土颗分试验仅采用密度计法进行。

1.9m 淤泥质粉质黏土试验结果

试验时将烘干后的 9m 淤泥质粉质黏土样用土撵碾碎,过孔径 0.25mm 的筛,然后采用密度计法进行试验,结果见表 6-14 所列。

表 6-14 9m 淤泥质粉质黏土颗粒分析试验结果

第一组		第二组		第三组	
颗粒 d(mm)	小于某粒径百分比(%)	颗粒 d(mm)	小于某粒径百分比(%)	颗粒 d(mm)	小于某粒径百分比(%)
0.2500	100.00	0.2500	100.00	0.2500	100.00
0.1000	92.63	0.1000	92.93	0.1000	92.20

（续表）

第一组		第二组		第三组	
颗粒 d(mm)	小于某粒径百分比(%)	颗粒 d(mm)	小于某粒径百分比(%)	颗粒 d(mm)	小于某粒径百分比(%)
0.0750	84.27	0.0750	84.57	0.0750	83.83
0.0506	62.26	0.0485	71.44	0.0493	69.71
0.0229	59.46	0.0220	67.01	0.0224	65.17
0.0098	44.73	0.0096	49.08	0.0098	46.37
0.0051	29.14	0.0051	30.91	0.0051	28.98
0.0015	16.83	0.0015	13.59	0.0016	11.44

根据表 6-14 中的三组试验结果作出 9m 淤泥质粉质黏土 3 条颗粒级配曲线,如图 6-49 所示。进而得到 $d_{60}=0.0183$mm, $d_{30}=0.0053$mm, $d_{10}=0.0014$mm。

则不均匀系数 $C_u=d_{60}/d_{10}=13.07>5$,则 9m 淤泥质粉质黏土属于不均土,级配良好。

曲率系数 $C_c=d_{30}^2/d_{60}d_{10}=1.096$,处于 1~3 之间,为级配连续。由于 $C_u>=5$ 且 $C_c=1~3$ 同时满足,表明 9m 的淤泥质粉质黏土级配良好且连续。

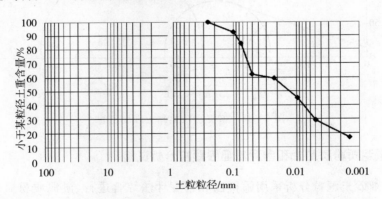

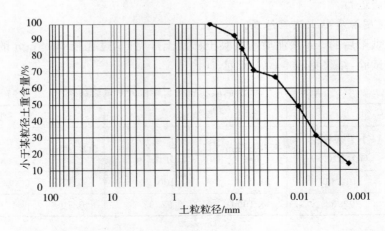

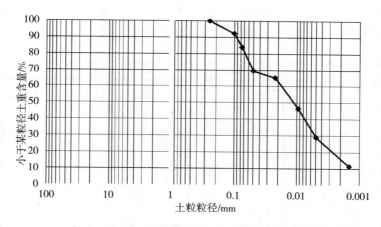

图 6-49　淤泥质粉质黏土(9m)颗粒级配曲线

2.20m 含泥粉细砂颗粒试验结果

称取 30g 试样进行筛分,测量每级筛上残留质量,而粒径小于 0.25mm 试样采用密度计法进行试验,试验共进行三组,结果见表 6-15 所列。

表 6-15　含泥粉细砂颗粒分析试验结果

第一组		第二组		第三组	
颗粒 d(mm)	小于某粒径百分比(%)	颗粒 d(mm)	小于某粒径百分比	颗粒 d(mm)	小于某粒径百分比(%)
10.0000	100.00	10.0000	100.00	10.0000	100.00
5.0000	97.99	5.0000	98.53	5.0000	99.06
2.0000	95.60	2.0000	96.70	2.0000	97.18
1.0000	92.35	1.0000	93.04	1.0000	94.10
0.5000	85.31	0.5000	86.15	0.5000	87.17
0.2500	73.17	0.2500	74.57	0.2500	76.56
0.1000	32.29	0.1000	34.00	0.1000	33.78
0.0750	26.62	0.0750	27.31	0.0750	26.95
0.0512	5.66	0.0514	5.40	0.0513	5.61
0.0236	3.93	0.0236	3.89	0.0238	3.49
0.0099	2.60	0.0098	2.55	0.0099	2.35
0.0049	1.77	0.0050	1.67	0.0050	1.60
0.0014	1.02	0.0014	1.17	0.0014	0.82

根据表 6-15 中的试验数据作出 9m 淤泥质粉质黏土 3 条颗粒级配曲线,如图 6-50 所示,得到 $d_{60}=0.185$mm,$d_{30}=0.089$mm,$d_{10}=0.057$mm。

则不均匀系数 $C_u=d_{60}/d_{10}=3.246<5$,属于均匀土,级配不良。

曲率系数 $C_c = d_{30}^2 / d_{60} d_{10} = 0.75$,不处于 $1\sim3$ 之间,为级配不连续。由于 $C_u < 5$ 且 $C_c < 1$ 同时满足,表明 20m 含泥粉细砂级配不良且不连续。

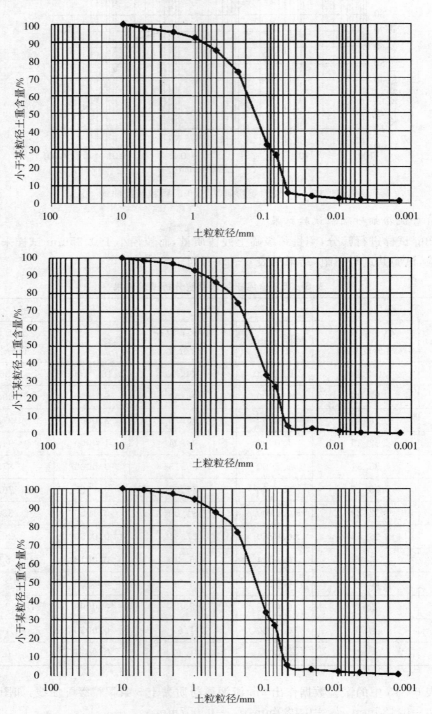

图 6-50 含泥粉细砂(20m)颗粒级配曲线

6.4.10 淤泥质粉质黏土和含泥粉细砂渗透试验

由于9m淤泥质粉质黏土渗透系数性较小,试验采用变水头方法进行,共进行2组试验,每组又有3组读数,选取结果较好的1组进行温度校正并作为最终结果。试验结果表明:9m淤泥质粉质黏土渗透系数范围为 $1.26 \times 10^{-7} \sim 1.03 \times 10^{-6}$(cm/s),最终取值为 3.11×10^{-7}(cm/s),即 0.027(cm/d)。

20m洗泥含泥粉细砂渗透系数采用常水头试验方法进行测定,共进行了3组试验。每组试验中,将溢水管口依次置于试样高度上1/3,中部和下1/3处,每次放置后选取适当的时间 t,并测出时间 t 内渗出水流体积 v,计算并进行温度校正可得到渗透系数。试验结果表明,20m 含泥粉细砂洗泥后渗透系数为 $0.008812 \sim 0.014205$(cm/s),最终取值 0.010048cm/s,即1.037cm/d。

表6-16 淤泥质粉质黏土(9m)渗透试验结果

	开始时间	结束时间	开始水头 (cm)	结束水头 (cm)	此温度下渗透系数(cm/s)	20℃渗透系数 k_{20}(cm/s)	平均值 (cm/s)
	17:00	10:35	168.08	165.00	3.08×10^{-7}	2.63×10^{-7}	
	10:35	13:00	165.00	164.80	1.47×10^{-7}	1.26×10^{-7}	
	13:00	15:55	164.80	164.36	2.69×10^{-7}	2.30×10^{-7}	
	15:58	17:25	171.63	171.24	4.60×10^{-7}	3.93×10^{-7}	
	17:25	19:00	171.24	170.84	4.33×10^{-7}	3.70×10^{-7}	
	19:00	21:54	170.84	170.32	3.08×10^{-7}	2.63×10^{-7}	3.11×10^{-7}
	21:54	8:13	170.32	168.50	3.05×10^{-7}	2.61×10^{-7}	
	8:13	11:03	168.50	167.90	3.69×10^{-7}	3.15×10^{-7}	
	11:03	16:55	167.90	166.87	3.07×10^{-7}	2.63×10^{-7}	
	16:55	20:05	166.87	166.38	1.67×10^{-7}	1.43×10^{-7}	
	20:05	10:29	168.76	166.56	2.67×10^{-7}	2.28×10^{-7}	
	10:29	15:20	166.56	163.74	1.03×10^{-6}	8.82×10^{-7}	
平均值 (cm/d)							0.027

表6-17 含泥粉细砂(洗泥20m)渗透试验结果

溢水口位置	时间 t(s)	水力坡度 (cm)	渗透水量 (cm³)	20℃渗透系数 k_{20}(cm/s)	平均值 (cm/s)
试样上1/3处	120	1.4	11.8	0.008355	0.007978
	120	1.4	11	0.007789	
	120	1.4	11	0.007789	
	300	1.4	26.2	0.007421	0.007430
	300	1.4	26.3	0.007449	
	300	1.4	26.2	0.007421	

（续表）

溢水口位置	时间 t(s)	水力坡度 (cm)	渗透水量 (cm³)	20℃渗透系数 k_{20}(cm/s)	平均值 (cm/s)
试样1/2处	60.4	3.2	18	0.011078	0.011177
	60.4	3.25	18.1	0.010969	
	60.7	3.3	18.1	0.010749	
	120.4	3.175	34.8	0.010829	0.010809
	120.4	3.175	34.8	0.010829	
	120.4	3.225	34.6	0.010600	
试样下1/3处	30.5	4.655	14	0.011730	0.011978
	30	4.705	14.1	0.011883	
	30.6	4.755	14.6	0.011936	
	60.4	4.655	27.1	0.011466	0.011330
	60.7	4.705	26.8	0.011163	
	60.7	4.755	26.7	0.011004	
平均值(cm/s)					0.010048
平均值(cm/d)					1.037

6.4.11 试验小结

对和悦洲崩岸发生地点进行现场勘察、取样，并对原状土样分别进行矿物组成分析、直接剪切试验、含水率试验、含泥比试验、密度试验、液塑限试验、颗粒分析试验、三轴剪切试验、渗透试验，结果归纳如下：

（1）对9m淤泥质粉质黏土，X衍射荧光光谱测试结果显示，其主要成分为二氧化硅，含量约60%，其次为三氧化二铝，含量约20%，钙、镁、钾氧化物占了10%，其余的成分为其他金属和非金属的氧化物。

20m含泥粉细砂，由原子吸收光谱测试得到其化学成分中二氧化硅含量约为79%，三氧化二铝含量约为9%，钙、镁、钾、钠氧化物占到7.5%。

（2）直剪试验结果显示：6.5m淤泥质粉质黏土黏聚力14.4kPa，内摩擦角为12.89°；9m淤泥质粉质黏土黏聚力19.64kPa，内摩擦角为16.73°；20m原状含泥粉质土黏聚力9.97kPa，内摩擦角为38.42°；20m洗泥后淤泥质粉质黏土黏聚力5.09kPa，内摩擦角为37.34°。

（3）6.5m淤泥质粉质黏土含水率为38.39%；9m淤泥质粉质黏土含水率为40.47%。含泥比的测量只针对含泥粉细砂(20m)进行，20m含泥粉细砂的含泥比为29.36%。

（4）洗泥后含泥粉细砂密度2.501g·cm⁻³；未洗泥含泥粉细砂密度2.643g·cm⁻³。

（5）9m淤泥质粉质黏土的塑限为16.80%，液限为37.5%，20m含泥粉细砂的塑限为7.3%，液限为26.5%。

(6)9m 淤泥质粉质黏土同时满足 $C_u>5$ 且 $C_c=1\sim3$，表明 9m 的淤泥质粉质黏土级配良好且连续。而 20m 含泥粉细砂 $C_u<5$ 且 $C_c<1$ 同时满足，表明 20m 的含泥粉细砂级配不良且不连续。

(7)不固结不排水三轴试验结果显示：9m 淤泥质粉质黏土黏聚力为 15.29kPa，内摩擦角为 16.23°；20m 含泥粉细砂黏聚力为 7.54kPa，内摩擦角为 39.36°。

(8)9m 淤泥质粉质黏土在 20℃时的渗透系数为 0.027(cm/d)；20m 含泥粉细砂洗泥后在 20℃时的渗透系数为 1.037(cm/d)。

6.5　本章小结

(1)通过崩岸室内模型试验观测，发现在水流冲刷作用下，土体不断被运移带走，水位以下坡体首先破坏变形；在设计水位(20cm)的水流作用下，下层坡体不断向后推移，局部形成涡流，对坡脚的冲刷加大，坡体表现为越来越不稳定；随之坡面出现裂缝并迅速发育，坡体被破坏。

(2)结合试验现象，将试验过程分为五个工况：渗流──水位上升──冲刷至下坡破坏──整体崩塌──稳定。对坡内土压力及孔隙水压力进行逐工况分析，发现坡体崩塌是受土压力与水压力耦合变化影响的。孔隙水压力逐渐升高至稳定状态，且受到坡前水位的变化而变化；坡体土压力在未破坏前不发生变化，在即将破坏前，土压力均有短暂上升期，随之发生突降(即坡体崩塌)。

(3)通过对江调圩、秋江圩等六个崩岸区近 20 测次近岸水下地形变化分析，可知崩岸发生前普遍存在近岸岸坡冲刷、深槽下切、岸坡变陡的过程，特别是近岸深槽的冲刷下切，是发生窝崩的重要前兆。崩岸段近岸局部陡坡一般为 1∶2～1∶3，部分崩岸段局部陡坡小于 1∶2，崩岸持续发生。

(4)对和悦洲崩岸段土体进行取样及室内试验，该段土层为二元结构，上层为淤泥质粉质黏土，下层为粉细砂，对采集土样分别做了土的矿物组成试验、直接剪切试验、含水率试验、含泥比试验、密度试验、液塑限试验、颗粒分析试验、三轴剪切试验、渗透试验，获取了长江典型崩岸段土体力学性质。

7 崩岸数值模拟与软件开发

7.1 边坡临界滑动场理论及其数值模拟

边坡临界滑动场(GCSF)方法是将极限平衡条分法与动态规划法的最优性原理相结合,通过数值方法计算出任意状态点的最大剩余推力及最危险的滑动方向,按照最大剩余推力为 0 的原则,最终逼近出一簇任意形状临界滑动面的计算方法,是近年来发展的一种新的边坡稳定性计算方法。

边坡临界滑动场在理论上是由无数个危险滑动面组成的,边坡体内任一点都有可能位于某个危险滑面上,且沿该滑面上方土体对垂直面上的推力达到最大。另外,过任一点向上的危险滑面只有一个,即使有两条路径产生几乎相等的最大推力,也只需选取其中一条。这样,危险滑动场中的危险滑动面是互不交叉的,那么对应任一点只存在一个滑动方向与过该点的危险滑面相切,这个方向称为危险滑动方向。如果边坡体有一定数量且均匀广泛分布的危险滑动方向,危险滑动场的形态就可以在整体上得到控制。临界滑动场数值模拟的基本点就是试图确定边坡体众多离散点的危险滑动方向,这些方向矢量构成边坡危险滑动方向场,然后在这个场的基础上整理出边坡危险滑动场或临界滑动场。

如图 7-1 所示,将边坡体可能的滑动范围圈定起来,并将其划分成若干固定的垂直条块,为了便于编程,所有条块取同一宽度 b。沿条块界面(有时简称条块线)设定离散点,离散点垂直方向间距为 d,所有条块线底端均补设一个离散点。对于第 i 条块线上第 j 个离散点的编号为 (i,j),条宽 b 与离散点间距 d 的选定取决于计算精度与计算费用的综合考虑。根据我们的经验,对于一般工程问题,b 的大小可使条块总数 n 在 $30\sim50$ 之间,而比值 d/b 可取为 0.25。将边坡分成入口段与出口段,任何滑面的入口一定位于入口段,而出口必在出口段,当然这种划分根据实际需要随意变动。在入口段,由于岩土介质的不抗拉特性,条块间不允许有负推力即拉力存在,如果出现负推力可设张裂缝予以消除,推力置为零。而在出口段,为了使滑面能延伸到边坡表面,允许负推力的存在(负的推力意味着滑面的实际安全系数大于设定安全系数)。出口段条间负推力尽管违背了岩土不抗拉特性,但并没有导致条块底面出现拉力,因而最终负剩余推力仍可作为滑面稳定性程度的一个标志。每个离散点均对应有一个危险滑动方向与最大推力,下面将根据推力最大原理逐条逐点求出所有离散点的危险滑动方向及其最大推力。

选取典型条块 (k) 作分析对象,如图 7-2 所示,任意状态点剩余推力 P_k 计算公式如下:

$$p_k = \frac{1}{\cos(\alpha_k - \theta_k - \varphi'_k)}\big[\cos(\alpha_k - \theta_{k-1} - \varphi'_k)p_{k-1}$$

$$+ \sin(\alpha_k - \varphi'_k)W_k + \cos(\alpha_k - \varphi'_k)K_c W_k$$

$$+ \sin(\alpha_k - w_k - \varphi'_k)Q_k + \sin\varphi'_k U_k - c'_k l_k \cos\varphi'_k\big] \tag{7-1}$$

式中：P_k、P_{k-1} 为条块间最大剩余推力；θ_k、θ_{k-1} 为最大剩余推力与水平方向倾角；Z_k、Z_{k-1} 为条块间最大剩余推力作用点高度；W_k 为条块重量；$K_c W_k$ 为地震力，K_c 为地震影响系数；φ'_k 和 c'_k 分别为极限平衡状态时调用的内摩擦角和凝聚力；Q_k 为坡面外力；U_k 为条底水压力合力；N_k' 为条底有效正应力合力；l_k 为条块底边长度；α_k 为条块底面倾角；h_k 为条块高度；b_k 为条宽。

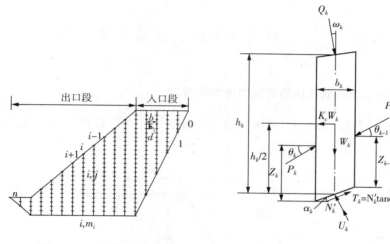

图 7-1 边坡体的离散   图 7-2 条块受力示意图

离散点的危险滑动方向的求解是从入口段到出口段、从上到下按顺序进行的。不失一般性，以第 (i,j) 离散点为例说明如何确定危险滑动方向。假定该点以前所有离散点的危险滑动方向以及最大剩余推力均已求出。如图 7-3 所示，试取 (i,j) 点的滑动方向与水平面夹角为 $\alpha_{i,j}$，滑面与 i-1 条块线相交于 C 点，设 C 点位于 i-1 条块线上两个离散点 A 和 B 之间。根据前面假设，对应 A 点与 B 点的最大推力 P_A（分量：X_A, Y_A）与 P_B（分量：X_B, Y_B）已求出，那么 C 点的最大推力 P_C（分量：X_C, Y_C）可由线性插值求出。

实际操作时，可先以 5°的间隔在上下限内进行全范围的搜索，比较得出最大的推力及近似的危险滑动方向；再在此方向周围以 1°间隔加密搜索，最终的危险滑动方向最大误差小于 0.5°，完全满足高精度确定危险滑动面的要求。依次将所有离散点的危险滑动方向求出后，便生成边坡危险滑动方向场，如图 7-4 所示。由危险滑动方向场可很容易追踪出任一出口的危险滑动面。从出口点出发，顺着该点的危险滑动方向向坡体后方追踪交于相邻条块线上，一般来说交点并不恰好穿过离散点，交点的危险滑动方向可根据相邻两离散点的危险滑动方向的斜率进行线性插值获取。再沿着插值得到的危险滑动方向继续追踪危险滑动面，直到坡顶张裂缝区为止，便形成一个完整的危险滑动面。以此类推，得到所有出口的危险滑动面,形成最终的危险滑动场。

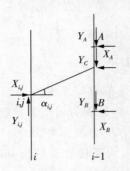 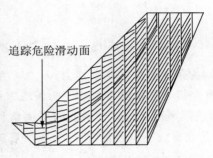

图 7-3　条间推力的线性插值　　　　图 7-4　边坡危险滑动方向场示意图

7.2　水流冲刷过程中的边坡临界滑动场

7.2.1　岸坡的横向后退侵蚀距离及河床冲刷深度

汛期经过水流一定时间的冲刷,河床冲深 ΔZ,河岸后退 ΔW,侵蚀后河岸剖面如图 7-5 所示。

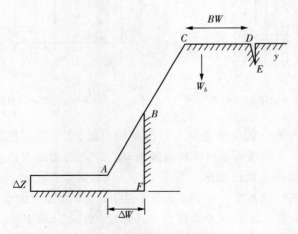

图 7-5　侵蚀后河岸剖面

国内外已有很多模型考虑河岸横向后退侵蚀过程,主要有以下三类方法:经验方法、极值假说方法和水动力学-土力学方法。鉴于经验方法和极值假说方法存在很多缺陷,本节对于河岸横向侵蚀后退距离及河床冲刷深度采用水沙冲淤软件计算或根据实际探测获取。

7.2.2　岸坡外水压力及岸坡内孔隙水压力的处理

岸坡外水体的处理参照我国土石坝设计规范中的"置换法"。对于岸坡外有水的情况(图 7-6),经处理可看成一个无水的情况。如图 7-7 所示,将水位延伸至与滑弧面相交后,作如下处理。

将水位延伸至与滑弧面相交后作如下处理：

(1)水位延长线以下土体采用实际重减同体积水重(W_a-W_w)，本书只考虑土体饱和时的情况，此数值即浮重度。

(2)水位延长线以上滑面底部孔隙水压按实际孔隙水压计算，水位延长线以下滑面底部的实际孔隙水压被置换成超孔隙水压力 u_e：

$$u_e = u - \gamma_w z \tag{7-2}$$

式中：u_e 为超孔隙水压力；u 为实际孔隙水压力；γ_w 为水的重度；z 为滑面底部到水位线的垂直距离。

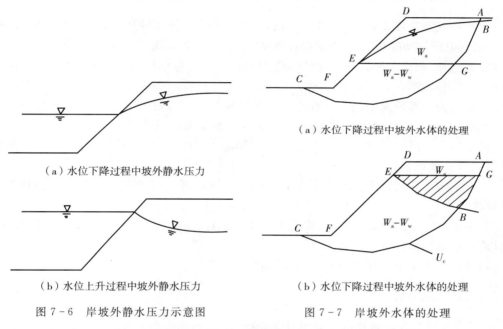

（a）水位下降过程中坡外静水压力 （a）水位下降过程中坡外水体的处理

（b）水位上升过程中坡外静水压力 （b）水位下降过程中坡外水体的处理

图 7-6 岸坡外静水压力示意图 图 7-7 岸坡外水体的处理

7.2.3 水流冲刷过程中的边坡临界滑动场数值模拟方法注意事项

本方法是基于朱大勇的边坡临界滑动场法，但朱大勇在建立边坡临界滑动场时并未考虑坡外水位变化的情况，随后沈银斌提出了水位变化过程中的边坡临界滑动场，但都只适用于常规边坡。而本方法不仅可考虑坡外水位变化及岸坡内非稳定渗流对岸坡稳定性的影响，而且可考虑水流对岸坡的侧蚀及河床的冲深对岸坡稳定性的影响，适用于水流冲刷过程中的特殊边坡(图 7-7)。因此，在进行崩岸数值模拟时要注意以下几点：

(1)汛期经过水流一定时间的冲刷，河床冲深 ΔZ，河岸后退 ΔW，此时河岸形状如图 7-5 所示。随着水流的继续冲刷，河床高程会继续下降，岸坡不断侵蚀后退，导致岸坡变高变陡，直到岸坡最小安全系数 $f_s < 1$ 时失稳崩塌。

(2)圈定计算范围、划分计算网格时，由于岸坡崩塌时滑面出口可能在坡脚以外或者坡脚以上范围内，因此 BF 段须设置滑面出口，且 BF 段两端应分别单独平均划分竖直条块线，使得 BF 段位于边坡所离散的竖直条块线上。

(3)通过渗流有限元计算得到汛期、汛后水位变化过程中岸坡浸润线位置。

(4)在河岸岸坡坡顶均设置张拉裂缝,使张拉裂缝自动纳入极限平衡理论体系,张拉裂缝取值公式如下:

$$z_c = 2c' / [\gamma \tan(45° - \varphi'/2)] \qquad (7-3)$$

式中:γ 为坡顶附近介质容量;c' 为折减后的凝聚力,即 $c' = c/F_s$;φ' 为折减后的内摩擦角,即 $\varphi' = \arctan(\tan\varphi/F_s)$。

(5)本方法采用朱大勇改进的 Morgenstern-Price 法,因此按力平衡搜出最危险滑面后要记录滑面两端点的位置。

7.2.4 水流冲刷过程中的边坡临界滑动场数值模拟方法计算步骤

(1)计算或测量河岸横向后退距离及河床冲深,确定水流侵蚀后的岸坡形状,圈定河岸岸坡可能崩塌范围,在坡脚以上垂直段左右两端平均划分垂直条块,并沿条块线设定离散点。

(2)非饱和-非稳定渗流有限元计算得到水位变化过程中岸坡内孔隙水压力场,提取浸润线坐标值,导入本方法计算程序中。

(3)初设安全系数及条间力函数的形状系数为 F_{s0} 和 λ_0,取 $F_{s0} = 1$,$\lambda_0 = 0$,计算所有离散点的最危险滑动方向及剩余推力,追踪对应最大剩余推力的最危险滑动面。

(4)选取上步滑动面并记录端点位置,按 Morgenstern-Price 法计算安全系数 F_{s1} 和条间力函数的形状系数 λ_1。

(5)以上步计算所得 F_{s1}、λ_1 为设定值,重复(3)、(4)两步,直至前后两次安全系数差值小于预设值。

(6)选定下一个出口,当岸坡出口在坡脚以上垂直段时,状态点即出口点,重复(2)至(4)步,计算对应的局部临界滑动面。

(7)重复以上 6 个步骤,直至最危险滑面的安全系数小于 1。

7.2.5 算例分析

1. 黏性陡岸崩岸数值模拟及崩塌模式分析

长江一条较大支流,全长约 1500km,河宽 500~1000m,河道坡降 $J = 1/10000$,岸坡土体组成复杂。汛期流量为 19200m³/s,水流流速 $U = 4$m/s,平均水深为 4m。枯水期流量为 12.5m³/s,枯水期河宽 300~500m,平均水深仅 0.4m,河床泥沙粒径为 0.5mm,颗粒密度 $\rho_s = 2650$ kg/m³,孔隙率为 0.25。河岸土壤参数范围为 16.85kN/m³ $< \gamma <$ 20.06kN/m³,4.1kPa$< c <$ 35kPa,10°$< \varphi <$ 36.8°。本节分别以均质黏土、均质粉土岸坡为例来说明岸坡崩塌机制与破坏形态,岸坡物理力学参数见表 7-1 所列。

表 7-1 岸坡物理力学参数

土类	重度 /(kN·m⁻³)	黏聚力 /kPa	内摩擦角 /(°)	饱和渗透系数 /m·s⁻¹
黏土	19	20	10	5×10⁻⁸
粉土	19	5	25	5×10⁻⁷

　　为了研究汛期水流冲刷及大范围水位变化条件下河岸的稳定性,取枯水期岸坡外最低水位高程为 5.4m,平均水深 0.4m,水位在 120d 内从 5.4m 高程上升到最高水位 9m 高程,达到最高水位后保持 25d,然后汛期末水位从第 145d 开始在 120d 内下降至 5.4m 高程,以模拟江河天然条件下每年经历一次汛期和枯水期的实际情况,水位变化如图 7-8 所示。

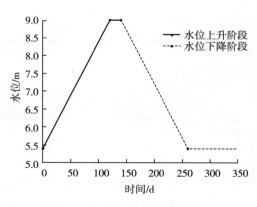

图 7-8　水位变化

　　岸坡内渗流随坡外水位变化而变化,属第一类渗流边界条件。非稳定渗流分析采用理正软件计算,体积含水率与孔隙压力的关系如图 7-9(a)所示,渗透系数与孔隙水压力的关系,如图 7-9(b)所示。

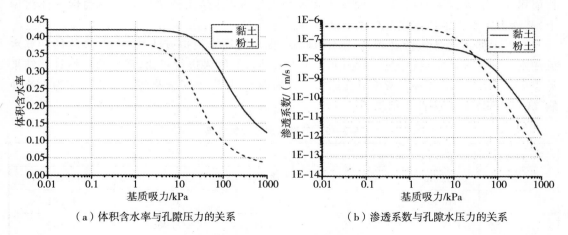

（a）体积含水率与孔隙压力的关系　　　　　（b）渗透系数与孔隙水压力的关系

图 7-9　黏土、粉土的土—水特征曲线

　　水流侵蚀前岸坡剖面如图 7-10 所示。为计算方便,假设水位达到汛期最高水位 9m 高程时(实际水深为 4m),河床泥沙颗粒与岸坡泥沙颗粒同时达到临界启动应力,则河床及水下坡体同时受到水流冲刷。当水位开始上升后 134 天时(水流对河床及岸坡连续冲刷 14 天),河床下降深度 $\Delta Z = 0.56m$,河岸后退距离 $\Delta W = 0.658m$,江河水位上升过程中坡内浸润线的变化如图 7-11 所示,水流冲刷 14d 后边坡临界滑动场如图 7-12 所示。

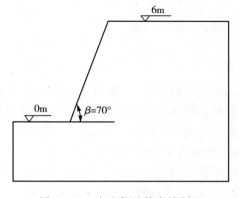

图 7-10　水流侵蚀前岸坡剖面

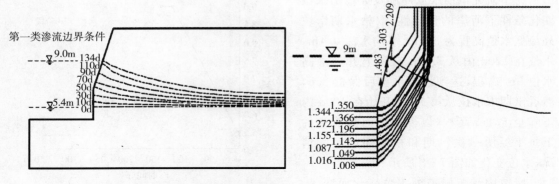

图 7-11　江河水位上升过程中坡内浸润线的变化　　图 7-12　水流冲刷 14d 后边坡临界滑动场

　　水流冲刷 14d 后,最小安全系数 $F_s=1.008$,坡体处于临界稳定状态,随着水流继续冲刷,岸坡会突然崩塌。坡度较陡的黏性河岸趋近于平面崩塌,且滑动面通过坡脚。此类崩岸按崩塌模式分类属平面崩塌,一般发生在坡角大于 60°且存在较深拉裂缝的黏性土体河岸上,其动力一般为沿岸流或迎岸流淘刷岸脚。

　　为了说明本书方法的合理性,采用 Darby 提出的崩岸模拟方法及 SLOPE 软件计算水流冲刷 10~15d 后岸坡稳定性情况,并与本书方法计算结果进行对比,河岸稳定性计算结果见表 7-2 所列。本书暂不考虑负孔隙水压力的影响,只作为安全储备。图 7-13 为水流冲刷 14d 后 SLOPE/W 计算结果。

表 7-2　河岸稳定性计算结果

参数			计算方法		
$\Delta t/d$	$\Delta Z/m$	$\Delta W/m$	本文方法	Darby 方法	SLOPE 软件
10	0.40	0.470	1.070	1.111	1.081
11	0.44	0.517	1.034	1.096	1.053
12	0.48	0.564	1.021	1.072	1.041
13	0.52	0.611	1.019	1.053	1.026
14	0.56	0.658	1.008	1.039	1.010
15	0.60	0.705	0.987	1.016	0.998

　　表 7-2 结果显示,随着水流对河床及水下坡体的冲刷,岸坡变高变陡,安全系数越来越小,岸坡从稳定状态到临界状态,再到失稳状态。SLOPE 计算结果与本书方法计算结果相近,误差控制在 2% 以内。表 7-2 还显示 Darby 等提出的崩岸模拟方法计算的安全系数较本书方法计算的安全系数为 3.83%~7.80%,计算结果偏大主要由以下假定引起:(1)坡角大于 60°的黏性岸坡崩塌沿平面破坏;(2)张拉裂缝深度为河岸崩塌临界高度的一半。夏军强指出,Darby 等提出的崩岸模拟方法对天然河道的模拟结果实测值仍存在一定的误差。张幸农等也认为,当土体结构存在垂向分层时,尤其出现软弱层时,会左右滑动面的实际形状。因此,在进行崩岸数值模拟时,若首先假设陡岸沿平面崩塌会使计算结果产生一定误

差。且 Darby 等提出的崩岸模拟方法都是在提前假定张拉裂缝深度的前提下来进行崩岸模拟，张拉裂缝深度取值的不同会得到不同的计算结果。除此之外，Darby 等假定岸坡内浸润线与岸滩表面平行，这与河岸内浸润线实际变化情况并不相符，这是因为当江河水位在汛期或汛期后变化较快时，因受到岸坡土质的影响，岸坡内水位会随之变化并滞后于江河水位的变化（图 7-11）。

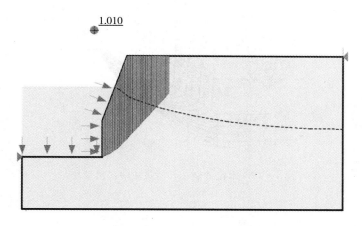

图 7-13　水流冲刷 14d 后 SLOPE/W 计算结果

　　以上分析表明，Osman、Darby 等提出的崩岸模拟方法过于简化，同时该方法也不适用于坡度较缓及土体结构复杂的岸坡。而临界滑动场方法是建立在极限平衡理论与最优性原理相结合的基础之上，适用于土体结构复杂的边坡，本书方法可搜索出任意形状的临界滑动面，且可考虑江河水位变化及岸坡内的非稳定渗流过程。本书方法对张拉裂缝的取值参照岸坡土体的物理力学性质，水流冲刷过程中得到的岸坡安全系数和滑动面也更为合理，更具可靠性、安全性。

　　2. 粉土岸坡崩岸数值模拟及崩塌模式分析

　　水流侵蚀前岸坡几何模型如图 7-14 所示。与上例相同，假定当汛期水位达到 9m 高程时，河床及河岸同时受到水流冲刷。当水位上升后 145d 时（水流对河床及岸坡已连续冲刷 25d），河床下降深度 $\Delta Z=1.0\mathrm{m}$，河岸后退距离 $\Delta W=2.35\mathrm{m}$，江河水位下降过程中坡内浸润线的变化如图 7-15 所示。

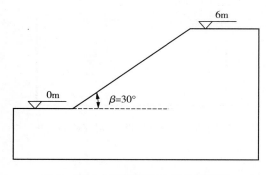

图 7-14　水流侵蚀前岸坡几何模型

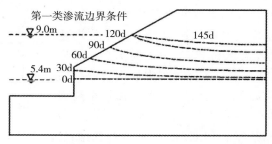

图 7-15　江河水位下降过程中坡内浸润线的变化

　　由于 Darby 等提出的崩岸模拟方法只适用于坡度大于 60°的陡岸，并不适用于本书的岸坡，因此为进一步说明本书方法的合理性，利用 SLOPE/W 软件（采用 Morgenster-Price 法条间力假设）自动搜索任意形状滑面得到的计算结果与本书方法计算结果进行对比，图 7-16、图 7-17 分别为水流冲刷 25d 后边坡临界滑动场及 SLOPE/W 计算结果。

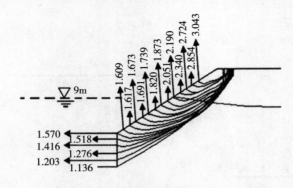

图 7-16　水流冲刷 25d 后边坡临界滑动场

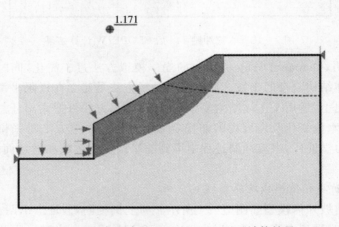

图 7-17　水流冲刷 25d 后 SLOPE/W 计算结果

　　从图 7-16、图 7-17 可以看出，本书方法计算结果较 SLOPE/W 软件计算结果更小，且水流冲刷 25d 后，两种方法计算的岸坡安全系数均大于 1，岸坡未发生崩塌。145d 后江河水位迅速下落，当水位迅速下降至 7.2m 高程时，江河水位下降过程中坡内浸润线的变化如图 7-18 所示，此时岸坡全局临界滑动场如图 7-19 所示，图 7-20 为相同条件下 SLOPE/W 软件计算结果。

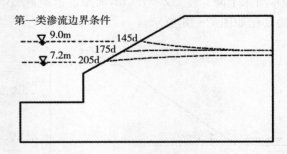

图 7-18　江河水位下降过程中坡内浸润线的变化

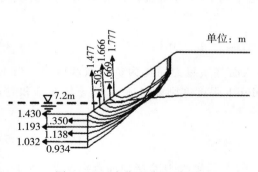

图 7-19　水位下降至 7.2m
高程时边坡临界滑动场

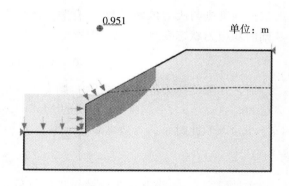

图 7-20　水位下降至 7.2m
高程时 SLOPE/W 计算结果

从图 7-19、图 7-20 中可见,本书方法安全系数计算结果与 SLOPE/W 软件计算结果较相近,但本书方法计算结果更小,对崩岸有更强的预测能力。两种方法都显示,水位骤降至 7.2m 高程时岸坡会发生局部崩塌,这是由于汛期后江河高低水位的突变会使岸坡不适应而导致崩岸的发生,汛期后水位骤降,平衡岸坡饱和土体的侧向水压力迅速减小,临空面排水时间又太短,导致孔隙水压力来不及消散,且坡内水位滞后于坡外水位,产生指向坡外的渗流,不利于岸坡的稳定,不利因素的综合作用使岸坡失去稳定而发生崩塌。此类崩岸按崩塌模式分类属于圆弧滑动崩塌,特点是河岸崩塌强度大,使坡脚以上土体隆起形成大规模滑坡,崩塌后出现完整的弧形河岸线。

目前所采用的江河岸坡崩岸模拟方法,都假定坡角大于 60°的陡坡沿平面崩塌,对于坡角小于 60°的缓坡大部分采用瑞典圆弧条分法来分析岸坡的稳定性,但如图 7-18 所示,粉土岸坡崩塌时滑动面并非圆弧状。相关研究也表明圆弧滑动崩塌沿某一圆弧面或包含对数螺线面和平截面的复合面形成。因此,通常所用的瑞典圆弧条分法、基于 bishop 法的圆弧法等方法所计算的安全系数并非最小安全系数,搜索出的滑面也并非最危险滑面,尤其在土层抗剪强度相差很大的情况下。而本书方法可在水流冲刷导致岸坡形状不断改变的情况下搜索出任意形状的临界滑动面,安全系数计算结果也更为合理。且由图 7-12、图 7-19 看出,坡度较缓的粉土岸坡与上例坡度较陡的黏土岸坡破坏形态并不相同,因此崩岸的类型与河岸土体物质组成及河岸的坡度密切相关。

7.3　非饱和-非稳定渗流条件下的边坡临界滑动场

7.3.1　非饱和土抗剪强度理论

进行非饱和岸坡稳定性分析,Mohr-Coulomb 准则已不再适用,所以首先必须建立起非饱和土的抗剪强度理论。本书采用 Fredlund 等提出的非饱和土抗剪强度理论。Fredlund 等认为,非饱和土的抗剪强度由有效黏聚力 c' 和净法向应力 $(\sigma - u_a)$ 引起的强度以及基质吸力 $(u_a - u_w)$ 引起的强度所组成,$(\sigma - u_a)$ 引起的强度与有效内摩擦角 φ' 有关,$(u_a - u_w)$ 引起的抗剪强度则与吸力内摩擦角 φ^b 有关。本书方法采用 Fredlund 提出的以有效应力分量为基础的双应力状态变量公式：

$$\tau_f = c' + (\sigma - u_a)\tan\varphi' + ((u_a - u_w))\tan\varphi^b \tag{7-4}$$

通常孔隙气压力等于大气压力，则有 $u_a = 0$，从而基质吸力简化为负孔隙水压力。当土体饱和时，$(u_a - u_w) = 0$，$c' = c$，传统的 Mohr-Coulomb 强度准则此时适用；当土体非饱和时，$(u_a - u_w) > 0$，此时总的有效黏聚力 c' 取值为

$$c' = c + ((u_a - u_w))\tan\varphi^b \tag{7-5}$$

大量研究表明，当基质吸力超过进气值后，φ^b 随着基质吸力的增加而逐渐减小，为了便于计算，本书假定吸力内摩擦角 φ^b 为常数。

7.3.2 非饱和土抗剪强度理论

对于坡外水体的处理，采用的是土石坝设计规范规定的置换法，但对坡外水压力采用置换的方法只适用于饱和土渗流岸坡稳定分析，并未考虑基质吸力对岸坡稳定性的影响，因此，置换法并不适用于非饱和临水边坡。而本书将岸坡外水体以水压力的形式直接加在坡面上，其大小为 $\gamma_w h$，如图 7-21 所示。

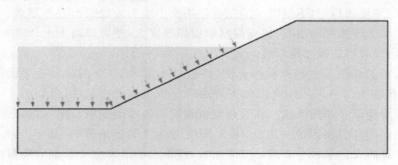

图 7-21 坡外静水压力示意图

7.3.3 非饱和-非稳定条件下边坡临界滑动场计算步骤

与常规边坡临界滑动场法不同，本书首先采用渗流分析软件进行非饱和-非稳定渗流有限元计算岸坡外水位变化过程中坡内的孔隙水压力场，然后在本书方法计算程序中编写孔隙水压力提取模块，把孔隙水压力计算结果导入本书方法计算程序。当条块底部位于非饱和区域时，采用 Fredlund 提出的非饱和土抗剪强度理论，把基质吸力引起的抗剪强度作为黏聚力的一部分。改进后水位变化过程中的边坡临界滑动场法具体计算步骤如下：

（1）对不同时刻的江河水位，进行非饱和-非稳态渗流有限元计算，将计算结果导入本书方法计算程序。

（2）圈定计算范围，划分垂直条块并设定离散点。

（3）初设安全系数 F_{s0} 及条间力函数形状系数和 λ_0，取 $F_{s0} = 1$，$\lambda_0 = 0$。提取每一个状态点试算滑面底部的孔隙水压力，判断试算滑面是否位于非饱和区。若在非饱和区，则用式（7

－5)计算总的有效黏聚力;若在饱和区,适用传统的 Mohr-Coulomb 强度准则。计算所有状态点的最危险滑动方向和最大剩余推力值,追踪出相应出口的最危险滑面。

(4)采用步骤(3)中处理饱和土与非饱和土抗剪强度的方法,用 Morgenster-Price 法计算上一步最危险滑面的安全系数 F_{s1} 和条间力函数形状系数 λ_1。

(5)将步骤(5)求出的 F_{s1}、λ_1 取代步骤(3)中的 F_{s0} 和 λ_0,重新计算所有状态点的最危险滑动方向和最大剩余推力值,追踪出相应出口的最危险滑面。重复步骤(4)、(5),直至相邻两次计算的安全系数 F_s 值小于给定的精度。

(6)选定下一出口,初始的 F_{s0} 和 λ_0 值可选择上一出口所对应的计算值,以减少迭代次数,重复步骤(3)~(6),计算出对应的局部临界滑动面。所有出口计算完毕时得到岸坡全局临界滑动场。

7.3.4　非饱和-非稳定渗流岸坡稳定分析

非饱和-非稳定渗流过程实际上是由岸坡土体的非饱和渗流过程与水位变化引起的非稳定渗流过程相结合,其物理本质是岸坡外静水压力与孔隙水压力交替变化和相互作用的过程。非饱和-非稳定渗流过程与岸坡土体的土—水特征曲线、水渗透性函数、水位高程及水位下降速率等参数有关。本书首先以典型均质黏土岸坡及软弱夹层的非均质黏土岸坡为例,将本书方法计算结

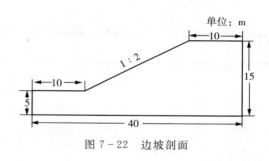

图 7-22　边坡剖面

果与加拿大商业软件 Geostudio 的 SLOPE/W 计算结果进行对比分析,来验证本书方法的合理性,然后运用本书方法讨论黏土、粉土岸坡在不同水位升降速率下岸坡稳定性变化趋势及基质吸力对岸坡稳定性的影响。

边坡剖面如图 7-22 所示,岸坡物理力学参数见表 7-3 所列。由 SEEP/W 模块给出的典型粉土、黏土、均质砂的体积含水率与孔隙压力关系如图 7-23(a)所示,并根据 Fredlund 提出的计算方法结合表 7-3 饱和渗透系数可得水渗透性函数,如图 7-23(b)所示。

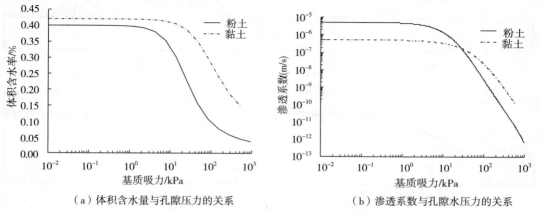

(a)体积含水量与孔隙压力的关系　　(b)渗透系数与孔隙水压力的关系

图 7-23　黏土、粉土的土—水特征曲线

表 7-3 岸坡物理力学参数

土类	重度 /kN·m^{-3}	黏聚力 /kPa	内摩擦角 /(°)	饱和渗透系数 /m·s^{-1}	吸力内摩擦角 /(°)
黏土	20.2	10	20	5.4×10^{-7}	20
粉土	20.2	5	30	5.4×10^{-6}	20

1. 水位变化过程中坡内浸润线的确定

水位上升过程中，岸坡外初始水位为 5m，坡内浸润线与坡外水位齐平，水位以 0.1m/d 速度上升至 12m 高程，至坡内外水位齐平后，水位又以 0.1m/d 速度下降至 5m 高程，坡外水位变化速率为 0.1m/d 时坡内浸润线的变化如图 7-24 所示。图 7-25 给出了坡外水位变化速率为 1m/d 时坡内浸润线的变化。

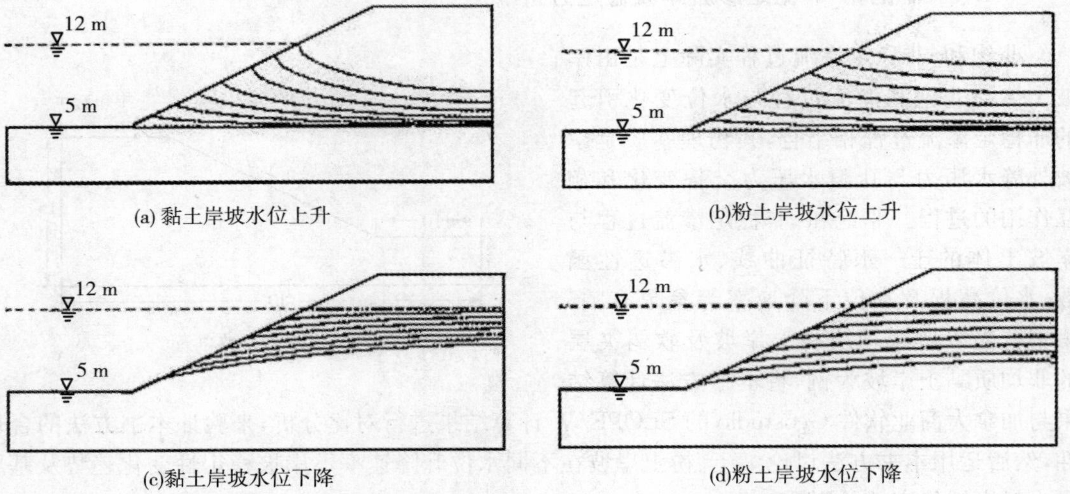
12 m
5 m
(a) 黏土岸坡水位上升
12 m
5 m
(b)粉土岸坡水位上升
12 m
5 m
(c)黏土岸坡水位下降
12 m
5 m
(d)粉土岸坡水位下降

图 7-24 坡外水位变化速率为 0.1m/d 时坡内浸润线的变化

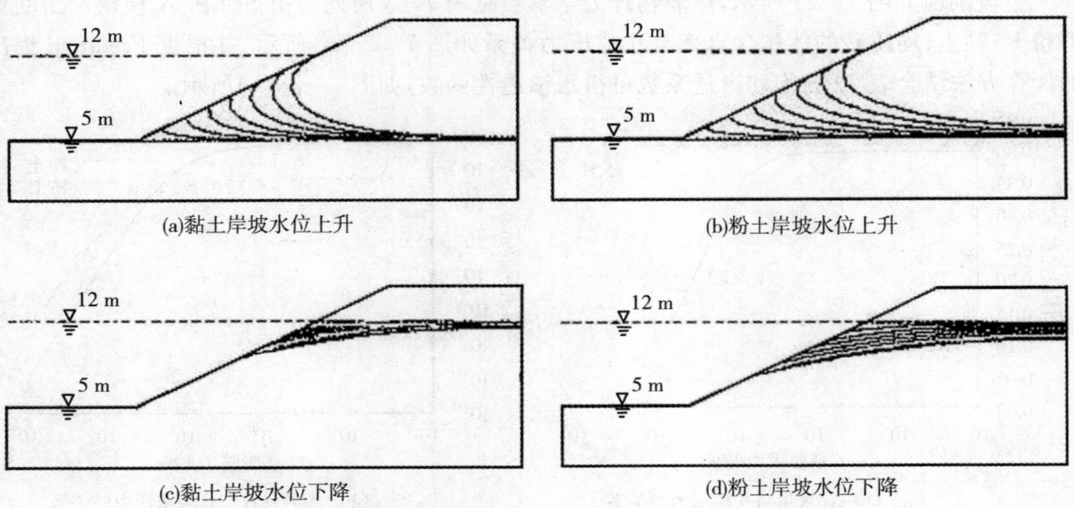
12 m
5 m
(a)黏土岸坡水位上升
12 m
5 m
(b)粉土岸坡水位上升
12 m
5 m
(c)黏土岸坡水位下降
12 m
5 m
(d)粉土岸坡水位下降

图 7-25 坡外水位变化速率为 1m/d 时坡内浸润线的变化

如图 7-24、图 7-25 所示,通过对比坡外水位升降过程中不同土质岸坡内的浸润线变化可以看出,水位上升或下降同一时刻不同土质岸坡浸润线位置差别较大。总体来看,坡外水位变化过程中坡内水位变化滞后于坡外水位,且当渗透系数相同时,坡外水位变化越快,滞后现象越明显,而当渗透系数不同时,由于黏土岸坡饱和渗透系数较粉土岸坡小,因此,在坡外水位变化速率相同时,黏土岸坡坡内水位下降较粉土岸坡更滞后于坡外水位。

2. 均质黏土岸坡水位变化过程中稳定性计算结果对比分析及验证

为考察非饱和-非稳定渗流过程中边坡临界滑动场程序的可靠性,运用本书方法、改进前方法及加拿大商业软件 Geostudio 的 SLOPE/W 模块分别进行计算,得到最小安全系数随水位升降的关系,如图 7-26 所示。

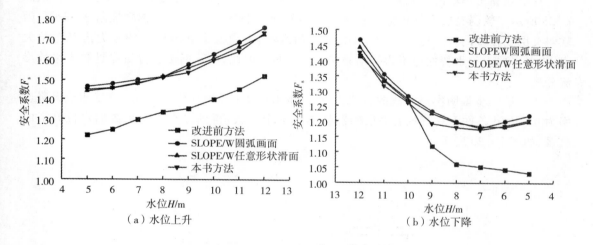

图 7-26　水位升降过程中岸坡稳定性变化曲线

从图 7-26 可以看出,SLOPE/W(采用 Morgenster-Price 法条间力假设)自动搜索任意形状滑面计算得到的安全系数与本方法计算的安全系数甚为接近,误差控制在 1%左右,由此说明本方法进行水位变化过程中非饱和-非稳定渗流岸坡稳定分析是可行的。且由图可知,SLOPE/W(采用 Morgenster-Price 法条间力假设)自动搜索圆弧滑面计算得到的安全系数稍稍偏大,表明软件自动搜索的圆弧滑面并非最危险滑面。相关研究也表明,若仅考虑水位升降作用影响,库区土质边坡呈典型渐进牵引破坏模式,该失稳模式下的滑面呈折线形态,并非单一的圆弧滑面。本书方法的特点即是不必提前假设滑面形状,能搜索任意形状的最危险滑动面,并可将潜在破坏范围同时显示出来。图 7-27 分别为库水位上升、下降至8m 时边坡临界滑动场。

除此之外,坡外水位上升时改进前水位变化过程中边坡临界滑动场法计算的安全系数较小,与本书方法及 SLOPE/W 计算结果相差 1%~20%。由此表明,水位变化过程中基质吸力对岸坡稳定性影响较大。由图 7-27(b)可见,在坡内水位较低时基质吸力影响尤为突出。

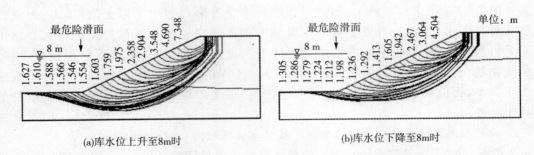

图 7-27   库水位上升、下降至 8m 时边坡临界滑动场

3. 非均质黏土岸坡水位变化过程中稳定性计算结果对比分析及验证

在上述黏土岸坡的基础上,距坡顶 12~13m 处存在一层厚度为 1m 的软弱夹层,如图 7-28 所示。软弱夹层力学指标重复 $\gamma=20.2kN/m^3$,黏聚力 $c=0kPa$,内摩擦角 $\varphi=10°$。因软弱夹层土在坡内外最低水位以下,处于饱和区域,无须考虑软弱层土的吸力内摩擦角大小,软弱夹层土—水特性亦不影响本算例渗流分析。因此,本算例渗流分析参见黏土岸坡渗流分析。

为了进一步说明本书方法的有效性,运用本书方法和 SLOPE/W 法,计算了水位升降速率为 0.1m/d 条件下具有软弱夹层的黏性岸坡安全系数,得到最小安全系数随水位升降的关系,如图 7-29 所示。

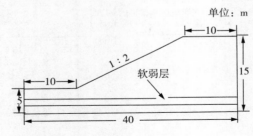

图 7-28   边坡剖面图

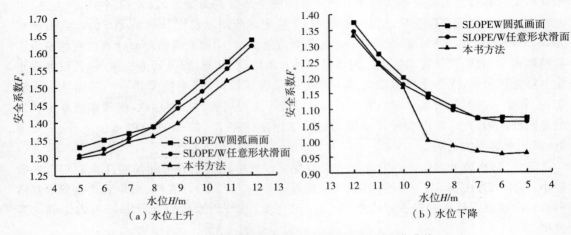

(a) 水位上升   (b) 水位下降

图 7-29   水位升降过程中非均质岸坡稳定性变化曲线

由图 7-26、图 7-29 比较可得出:(1)存在软弱夹层的黏性岸坡在水位升降过程中安全系数仍然随水位上升而增大,随水位下降先减小后增大,但并不明显,SLOPE/W 自动搜索圆弧滑面计算的最危险水位仍在 7m 处,而本书方法及 SLOPE/W 自动搜索任意形状滑面计算的最危险水位在 6m 处,因软弱夹层的存在而发生了变化;(2)在水位变化过程中,有软弱夹层的非均质黏性岸坡安全系数明显小于相同水位的均质黏性岸坡;(3)存在软弱夹层的黏性岸坡在水位下降过程中不同方法计算结果差异更为明显,这是由于本书中方法搜索的滑面沿软弱夹层滑出,在软弱夹层中滑面长度较长,滑面底部所受总的孔隙水压力较大,更不利于岸坡的稳定。

图 7-30(a)、图 7-30(b)分别为水位上升、下降至 10m 高程时的边坡临界滑动场,最危险滑面光滑连续,但非圆弧滑面。由图可知,临界滑动场中危险滑面分布是不均匀的,岸坡上部土体不受软弱层的影响,滑面分布如在均质黏性岸坡中,而岸坡下部滑面急剧偏向软弱夹层,这预示了坐落在软弱层上的边坡,在水位变化的过程中滑体存在着潜在整体滑动机制。

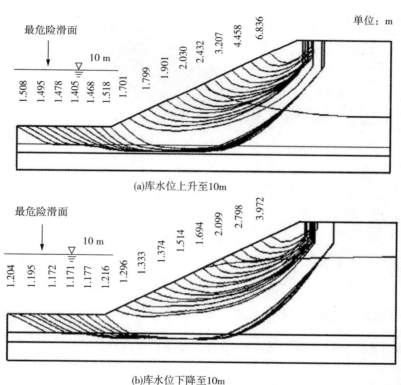

(a)库水位上升至10m

(b)库水位下降至10m

图 7-30　水位上升、下降至 10m 时边坡临界滑动场(GCSF)

图 7-31(a)、图 7-31(b)分别为库水位上升、下降至 10m 高程时 SLOPE/W(采用 Morgenster-Price 法条间力假设)自动搜索任意形状滑面得到的计算结果。从图中可看出,滑体也将呈整体坐落在软弱层上,但该软件自动搜索功能搜索出的任意形状滑面并不能像本书方法一样明显反映出软弱层对滑面的影响,且无法显示出岸坡真实的临界滑动面位置

及潜在破坏范围。由此可知,本书方法在水位变化过程中非饱和-非稳定渗流条件下进行非均质岸坡稳定性计算时,在搜索滑面方面更有优势,计算结果也更可靠。

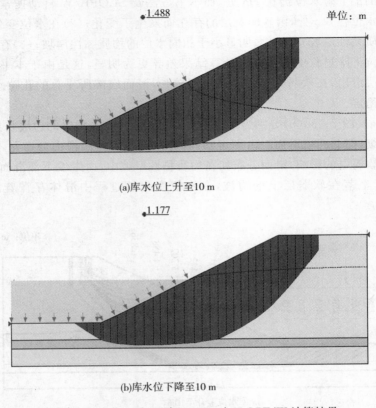

图 7-31　水位上升、下降至 10 m 时 SLOPE/W 计算结果

7.4　强降雨条件下具有张裂缝边坡临界滑动场

7.4.1　降雨入渗过程中具有张裂缝边坡边界条件

本书方法首先进行降雨条件下饱和-非饱和渗流有限元计算,获得不同降雨时刻的瞬态孔隙水压力场,而后将孔隙水压力值导入具有张裂缝边坡临界滑动场法计算程序。

当降雨强度小于土壤表面入渗能力时(第二类边界条件),降雨直接入渗土体中,入渗速率为降雨强度,土体裂隙中不存在积水,可直接采用无张裂缝的边坡非饱和入渗模型。当降雨强度大于土壤表面入渗能力时(第一类边界条件),多余的水在地表形成积水,此时认为雨水充满竖向张裂缝,渗流场由地表与张裂缝的两个侧面共同入渗。由于入渗边界的显著改变,相应非饱和渗流场也发生明显的变化,所以在研究第一类边界条件下的降雨入渗问题时必须考虑竖向张裂缝的影响。

在降雨入渗分析中对张裂缝有两种处理方式:一是将张裂缝两侧视为边界,数值计算时重新调整网格的局部范围,把张裂缝从所研究的空间去除,引入边界条件,就可以考虑张裂缝对入渗过程的影响。二是采用等效渗透系数法,按不考虑裂缝进行整个区域的离散化划分,裂缝单独视为一薄层单元,裂缝的渗透性等效为薄层的渗透性,在计算中给其很大的渗透系数。因有限元方法能够考虑复杂边界条件,本书采用第一种方法的处理方式求解。

7.4.2 张裂缝的处理

一般情况下,对于具有张裂缝的边坡,根据以往的研究,通常假定张裂缝是直立的,如图 7-32 所示。z 为张裂缝深度,P_w 为张裂缝充水状态下静水压力。

在搜索具有张裂缝边坡危险滑动面时,按边坡临界滑动场基本方法圈定计算范围,划分垂直条块并设定离散点。对于张裂缝的处理,将计算范围平均划分条块线后在张裂缝所在位置增加条块线,如图 7-33 所示。原第 $i+1$ 条条块线在张裂缝所在位置强制增加一条条块线后,张裂缝所处的条块线变为第 $i+1$ 条条块线,而原第 $i+1$ 条条块线自动变为第 $i+2$ 条条块线。

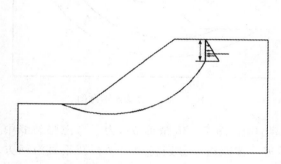

图 7-32 具有张裂缝边坡的示意图

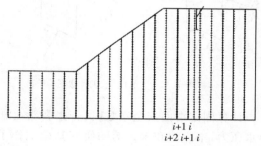

图 7-33 边坡体的离散

当张裂缝充水时,如图 7-33 所示,张裂缝所在第 $i+1$ 条条块线及第 $i+2$ 条条块线上的状态点在计算最不利推力时会受到静水压力的作用,受力示意图如图 7-34 所示,第 $i+1$、$i+2$ 条块线上状态点剩余推力 P_k^{i+1},P_k^{i+2} 分别为

$$
\begin{aligned}
p_k^{i+1} = \frac{1}{\cos(\alpha_k - \theta_k - \varphi'_k)} \big[&\cos(\alpha_k - \theta_{k-1} - \varphi'_k) p_{k-1} \\
&+ \sin(\alpha_k - \varphi'_k) W_k + \cos(\alpha_k - \varphi'_k) k_c W_k \\
&- \cos(\alpha_k - \varphi'_k) P_w + \sin\varphi'_k U_k - \cos\varphi'_k c'_k l_k \big]
\end{aligned} \tag{7-6}
$$

$$
\begin{aligned}
p_k^{i+2} = \frac{1}{\cos(\alpha_k - \theta_k - \varphi'_k)} \big[&\cos(\alpha_k - \theta_{k-1} - \varphi'_k) p_{k-1} \\
&+ \sin(\alpha_k - \varphi'_k) W_k + \cos(\alpha_k - \varphi'_k) k_c W_k \\
&+ \cos(\alpha_k - \varphi'_k) P_w + \sin\varphi'_k U_k - \cos\varphi'_k c'_k l_k \big]
\end{aligned} \tag{7-7}
$$

式中:P_w 为张裂缝充水状态下静水压力。

研究表明,对于任意形状滑面,只有采用严格条分法才能给出最合理的安全系数。本书首先采用 CSF 法确定基于力平衡条分法(简化 Janbu 法)的临界滑动面位置,然后按严格法

（朱大勇改进的 Morgenster-Price 法）重新计算安全系数,再按新得到的安全系数重新确定基于力平衡条分法的临界滑动面位置,而后继续用严格法计算新的安全系数,直至力平衡与严格法所得的安全系数几乎一致。

同样的,张裂缝充水状态下在用非严格法搜索出滑动面位置后,若张裂缝处于滑动体外部(图 7 - 35 滑动面 a),既有张裂缝中静水压力则不予考虑,此时滑面 a 的张裂缝是计算过程中用于消除负推力所设的张裂缝;若搜索出的滑动面上缘正好在既有张裂缝所在位置(图 7 - 35 滑动面 b),则需考虑张裂缝中静水压力的作用;若既有张裂缝在搜索出的滑动面内部(图 7 - 35 滑动面 c),则需考虑张裂缝中静水压力的作用,但此时滑面 c 的张裂缝是计算过程中用于消除负推力所设的张裂缝。

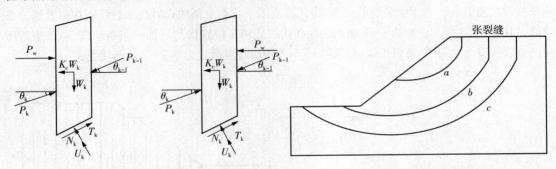

图 7 - 34 条块受力示意图   图 7 - 35 滑动面示意图

计算固定滑面安全系数时,若张裂缝在滑动体内(图 7 - 35 滑面 b),为了考虑张裂缝中静水压力,本方法在朱大勇的研究基础上作了进一步改进。分别将力沿平行及垂直滑面方向进行分解,可得

$$
\left.
\begin{aligned}
&(N'_k \tan\varphi'_k + c'_k b_k \sec\alpha_k)/F_s = \\
&(W_k + \lambda f_{k-1}E_{k-1} - \lambda f_k E_k)\sin\alpha_k - (-K_c W_k + E_k - E_{k-1} - P_w)\cos\alpha_k \\
&N'_k = (W_k + \lambda f_{k-1}E_{k-1} - \lambda f_k E_k)\cos\alpha_k + (-K_c W_k + E_k - E_{k-1} - P_w)\sin\alpha_k - U_k
\end{aligned}
\right\}
$$

$$(7-8)$$

将式(7-8)中第二式代入式(7-8)中第一式得:

$$E_k \Phi_k = \psi_{k-1} E_{k-1} \Phi_{k-1} + F_s T_k - R_k \tag{7-9}$$

式中:

$$
\left.
\begin{aligned}
\Phi_k &= (\sin\alpha_k - \lambda f_k \cos\alpha_k)\tan\varphi'_k \\
&\quad + (\cos\alpha_k + \lambda f_k \sin\alpha_k)F_s \\
\Phi_{k-1} &= (\sin\alpha_{k-1} - \lambda f_{k-1}\cos\alpha_{k-1})\tan\varphi'_{k-1} \\
&\quad + (\cos\alpha_{k-1} + \lambda f_{k-1}\sin\alpha_{k-1})F_s \\
\psi_{k-1} &= \frac{(\sin\alpha_k - \lambda f_{k-1}\cos\alpha_k)\tan\varphi'_k + (\cos\alpha_k + \lambda f_{k-1}\sin\alpha_k)F_s}{\Phi_{k-1}}
\end{aligned}
\right\}
$$

$$(7-10)$$

除条间力之外条块上所有力所提供的抗剪力之和 R_k 及下滑力之和 T_k 计算公式为：

$$R_k = [W_k\cos\alpha_k - K_c W_k\sin\alpha_k$$
$$- P_w\sin\alpha_k - U_k]\tan\varphi'_k + c'_k l_k \tag{7-11}$$

$$T_k = W_k\sin\alpha_k + K_c W_k\cos\alpha_k + P_w\cos\alpha_k \tag{7-12}$$

而当条块底面在非饱和区域时，R_k 为：

$$R_k = [W_k\cos\alpha_k - K_c W_k\sin\alpha_k - P_w\sin\alpha_k]\tan\varphi'_k + c'_k l_k \tag{7-13}$$

当滑动面上缘在张裂缝位置时，端部条件为 $E_0 = P_w$，$E_n = 0$，而其他情况端部条件为 $E_0 = P_w$，$E_n = 0$ 再由式（7-9）推导安全系数 F_s 表达式为

$$F_s = \frac{\sum_{k=1}^{n-1}\left(R_k\prod_{j=k}^{n-1}\psi_j\right) + R_n + \psi_0\Phi_0 E_0\prod_{k=1}^{n-1}\psi_j}{\sum_{k=1}^{n-1}\left(T_k\prod_{j=k}^{n-1}\psi_j\right) + T_n} \tag{7-14}$$

式中：$\psi_0\Phi_0 = \sin\alpha_1\tan\varphi'_1 + \cos\alpha_1 F_s$

如图7-2、图7-34所示，现考虑第 k 个条块的力矩平衡，对条块基底中心取力矩，且设条间力矩 $M_k = E_k z_k$，得：

$$M_k = M_{k-1} - \lambda\frac{b_k}{2}(f_{k-1}E_{k-1} - f_k E_k)$$
$$+ \frac{b_k}{2}(E_k + E_{k-1})\tan\alpha_k + K_c W_k\frac{h_k}{2} - P_{wk}h'_k \tag{7-15}$$

式中：h'_k 为张裂缝充水状态下静水压力合力中心到条块底面中心点的竖直距离。

同样当滑动面上缘在张裂缝所在位置时有端部条件 $M_0 = P_{wk}h'_k$ 及 $M_n = 0$，而不在张裂缝所在位置时端部条件 $M_0 = 0$ 及 $M_n = 0$，根据力矩平衡方程可以解出比例系数 λ：

$$\lambda = \frac{\sum_{k=1}^{n}[b_k(E_k + E_{k-1})\tan\alpha_k + K_c W_k h_k + 2P_w{}_k h'_k]}{\sum_{k=1}^{n}[b_k(f_k E_k + f_{k-1}E_{k-1})]} \tag{7-16}$$

7.4.3　降雨条件下具有张裂缝的边坡临界滑动场计算步骤

降雨条件下，具有张裂缝的边坡的全局临界滑动场具体计算步骤如下。

（1）确定计算范围，平均划分条块并设置状态点，在张裂缝所在位置增加条块线，并设置状态点，且在张裂缝下端点强制设置状态点。

（2）将具有张裂缝边坡在不同降雨时刻饱和-非饱和渗流有限元计算结果导入本方法所编制的降雨条件下具有张裂缝边坡临界滑动场计算程序。

（3）给定初始值 $F_{s0} = 1$，$\lambda_0 = 0$。提取所有状态点试算滑面底部中点处的孔隙水压力值，并计算其合力值，判断试算滑面是否位于饱和区，若位于非饱和区，则用式（7-16）计算有效

黏聚力。计算出所有状态点的危险滑动方向和最不利推力,当计算裂缝所在条块线的状态点时,需考虑裂缝中静水压力的作用,追踪出坡面预定出口的危险滑面。

(4)采用步骤(3)中处理非饱和土抗剪强度的原理,用 Morgenster-Price 法计算上一步最危险滑面的安全系数 F_{s1} 和条间力函数的形状系数 λ_1,若张裂缝在滑动体内,需考虑充水时静水压力的作用。

(5)以步骤(4)求出的 F_{s1},λ_1 计算出所有状态点的危险滑动方向和最不利推力,追踪出预定出口的危险滑面。重复步骤(4)、(5),直到相邻两次安全系数 F_s 差值小于给定的精度值。

(6)选定下一个出口,初始的 F_{s0} 和 λ_0 值可以选择上一出口的局部临界滑动面对应的值,以减少迭代次数,重复步骤(3)~(6),计算出对应的局部临界滑动面。

7.4.4 算例分析

1. 计算模型及边界条件

本节以典型均质黏土边坡为例,如图 7-36 所示,土体重度 $\gamma=18.5\text{kN/m}^3$,$c'=25\text{kPa}$,$\varphi'=15°$,剪切摩擦角 $\varphi^b=20°$,渗透系数 $k_s=1\times10^{-6}\text{ m/s}$(即 86.4mm/d),典型黏土的土—水特征曲线及渗透性函数曲线分别如图 7-36 所示。关于张裂缝深度,参照统计资料,取近似值 $h_c=4\text{m}$。

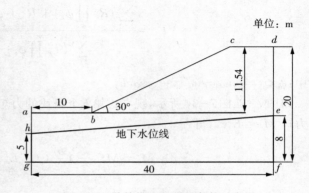

图 7-36 计算模型与边界条件示意图

降雨条件下进行渗流分析时,边界条件如下:ab、bc、cd 为降雨入渗边界,当降雨强度小于土壤表面入渗能力时,按流量边界处理,入渗速率取为降雨强度,边界条件为第二类边界条件;当降雨强度大于土壤表面入渗能力时,入渗的速率就等于土壤的入渗能力,边界条件转换为第一类边界条件;ef、gh 为水头边界;ah、de、fg 为不透水边界。

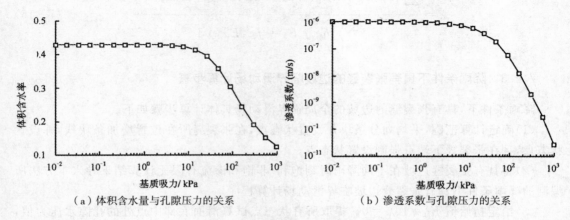

(a)体积含水量与孔隙压力的关系   (b)渗透系数与孔隙压力的关系

图 7-37 土体的土—水特征曲线

2. 计算方案

为使分析结果更具工程实用价值,根据三峡库区实测降雨资料进行降雨条件下具有张裂缝边坡稳定性分析。三峡库区降雨在 6—8 月最为集中,且最大月平均降雨量约为173mm/d。计算时根据三峡库区实测资料模拟一场大规模降雨,降雨持时为 16d,其中 1～10d 为中雨,11～13d 为暴雨,13～16d 为大暴雨,且中雨、暴雨、大暴雨的降雨强度分别为25mm/d、60mm/d、172mm/d。

渗流场计算时,考虑以下两种工况:(1)无张裂缝边坡;(2)具有张裂缝边坡。为计算方便,张裂缝位置设在距离坡肩 2.5m 处。

3. 降雨条件下有无张裂缝边坡稳定性计算结果分析与讨论

经过渗流计算,两种工况在 16d 持续降雨条件下浸润线变化,如图 7-38 所示。从图中可知,随着降雨的持续进行,浸润线上升,坡体渐渐趋于饱和。但当边坡具有张裂缝时,在强降雨过程中,雨水首先沿张裂缝进入坡体,在相同的降雨时间内,浸润线变化明显快于无张裂缝边坡,坡体更快趋于饱和。

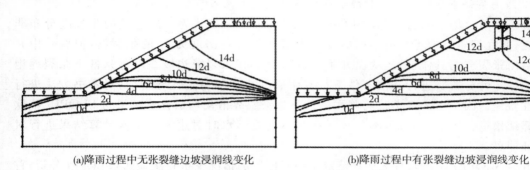

(a)降雨过程中无张裂缝边坡浸润线变化　　　(b)降雨过程中有张裂缝边坡浸润线变化

图 7-38　降雨过程中浸润线变化

为了进一步验证本书方法的合理性,在工况一下,将本书方法计算结果与 SLOPE/W 软件利用 M-P 法搜索任意形状滑面计算结果进行比较,比较结果如图 7-39 所示。从图中可以看出,SLOPE/W 软件搜索任意形状滑面与本书方法搜索的任意形状滑面所计算的安全系数甚为接近,误差控制在 1% 以内。

为研究具有张裂缝边坡与无张裂缝边坡在强降雨条件下的稳定性变化情况,对两种边坡瞬态稳定性进行了计算,计算时暂不考虑张裂缝中静水压力的作用,安全系数与降雨持续时间的关系如图 7-40 所示。

可以看出,降雨过程中,随着雨水入渗,边坡内部基质吸力降低,强度减小,且条块底部孔隙水压力合力增大,从而导致边坡稳定安全系数逐渐下降。由图 7-40 还可看出,在降雨入渗过程中具有张裂缝边坡安全系数较无张裂缝边坡下降得更快。这是由于雨水沿张裂缝垂直入渗,具有张裂缝边坡入渗量更大,饱和区域增加得更快,尤其是在刚经过两天暴雨后(降雨持续进行 12d 末),入渗量突然增大,两者安全系数差距也突然增大,差距接近 0.1,但随着降雨持续进行,边坡体渐渐饱和,安全系数又逐渐趋于相同。

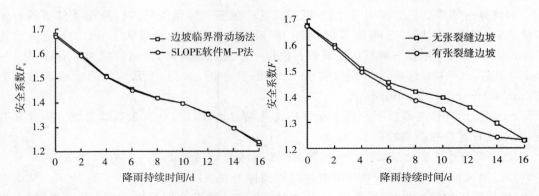

图 7-39 降雨过程中边坡稳定性变化曲线   图 7-40 安全系数与降雨持续时间的关系

4. 降雨条件下张裂缝饱水时静水压力对边坡稳定性影响

由于目前市场上的软件,如 SLOPE/W、Geo5v19 等都认为土质边坡的张裂缝分布非常广泛,其在搜索过的每个滑动面后缘都考虑作用有一深度为 h_c 的张裂缝,但软件中并不能给出张裂缝的具体位置,从而并不能进行对具有张裂缝边坡在降雨条件下张裂缝饱水时的稳定性分析。进行降雨条件下具有张裂缝边坡的稳定性分析前,对本书方法进行合理性验证。因 7.4.4.3 节已将降雨条件下边坡临界滑动场法计算结果与 SLOPE/W 软件计算结果进行了对比验证,本节只需在张裂缝充满水时对边坡稳定性计算结果进行对比验证即可。

由于 SLOPE/W 等软件无法在给定张裂缝位置的情况下进行土质边坡稳定性分析,首先用 SLOPE/W 软件 M-P 法(自动搜索任意形状滑面)计算出张裂缝具体位置,计算结果如图 7-41 所示,根据软件结果信息显示,张裂缝位置距离坡肩 2.436m。本方法在计算时平均划分条块线,通过对 SLOPE/W 软件计算的张裂缝具体位置强制增加条块线来考虑张裂缝中静水压力的作用,具有张裂缝边坡的最危险滑动面及全局临界滑动场分别如图 7-42、图 7-43 所示。

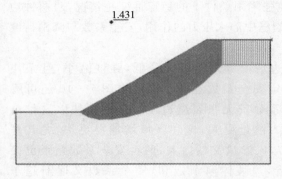

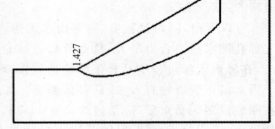

图 7-41 SLOPE/W 软件计算结果   图 7-42 具有张裂缝边坡的最危险滑面

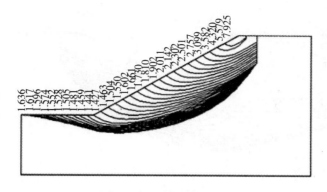

图 7-43　具有张裂缝边坡的全局临界滑动场

由图 7-41、图 7-42 可知,SLOPE/W 软件(M-P 法)自动搜索出的任意形状滑面及计算所得的安全系数与本方法得到的滑面及安全系数都甚为接近,且安全系数误差在 0.3% 左右,由此本方法计算结果是合理的。由图 7-43 可知,在假定不考虑入渗的情况下,张裂缝充满水时静水压力对滑动面搜索结果有较大影响,所有局部临界滑动面的上滑点都在张裂缝所在位置。

本书计算方案中前 13d 的降雨强度分别为 25mm/d、60.48mm/d,都小于边坡土体的渗透系数,此时理论上降雨全部入渗,张裂缝中无积水,而从第 14d 开始,降雨强度达到 172.8mm/d,远远大于边坡土体入渗速率,此时可认为第 14d 末起张裂缝即处于饱水状态。为了研究张裂缝中静水压力对边坡稳定性的影响程度,本书假定从降雨第 1d 末起张裂缝就已处于饱水状态。降雨过程中忽略与考虑张

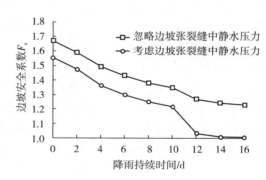

图 7-44　边坡安全系数与降雨持续时间的关系

裂缝饱水状态时静水压力两种工况下的边坡安全系数如图 7-44 所示,第 16d 末两种工况下的边坡全局临界滑动场如图 7-45 所示。

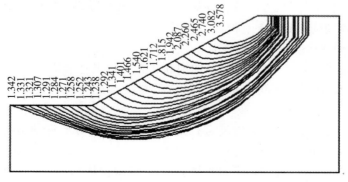

(a)张裂缝无积水时

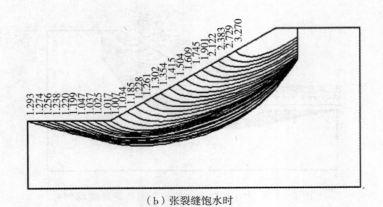

(b) 张裂缝饱水时

图 7 - 45　张裂缝无积水和饱水时边坡全局临界滑动场

由图 7 - 44 可知,在同一降雨持续时间,考虑张裂缝中静水压力时的边坡安全系数小于不考虑张裂缝中静水压力时的边坡安全系数,说明张裂缝中静水压力对边坡稳定性不利;降雨 10d 以内的张裂缝中静水压力对边坡稳定性的影响要小于 10d 以后,这是由于坡体内基质吸力提供了一定的抗剪强度,一定程度上抵消了张裂缝中静水压力对边坡稳定的不利作用,而当降雨 10d 后,随着降雨继续进行,边坡体内基质吸力继续减小,坡体慢慢趋于饱和,基质吸力对抗剪强度的贡献逐渐消失,以至于静水压力对边坡的不利作用显现的更加明显,尤其在降雨持续到 16d 时,坡体饱和,如图 7 - 45 所示。静水压力的不利作用对安全系数的影响达到 12.3%。因此,研究降雨条件下具有张裂缝边坡稳定性时,当张裂缝中存在积水时,考虑张裂缝中静水压力对边坡稳定的不利作用具有一定的工程价值。

由图 7 - 45 可以看出,当降雨强度较大,边坡张裂缝中充满水时,张裂缝中静水压力对搜索滑动面也有一定的影响。由图 7 - 45(b) 的边坡全局临界滑动场可看出,当考虑张裂缝中静水压力时,所有局部临界滑动面的上滑点都在张裂缝所在位置。这是因为如图 7 - 32、图 7 - 33 所示,在计算 $i+2$ 条块线上张裂缝所在范围状态点最不利推力时,张裂缝中静水压力不但增大了张裂缝所在范围状态点的最不利推力,还增大了这些状态点最危险滑动方向的角度,而在计算 $i+1$(图 7 - 33)条块线上张裂缝所在范围状态点最不利推力时,张裂缝中的静水压力不但减小了张裂缝所在范围状态点的最不利推力,还减小了这些状态点最危险滑动方向的角度,所以只要张裂缝位置在影响边坡稳定范围内,自动搜索滑动面时,危险滑动面的上缘都会自动搜索到最不利滑动方向所在位置。

5. 张裂缝中水位对边坡稳定性影响

为研究强降雨条件下,边坡在饱和及非饱和状态下张裂缝水位对边坡稳定性的影响,分别采用降雨 10d 及 16d 时的孔隙水压力场。张裂缝水位变化时的安全系数如图 7 - 46 所示。

随着张裂缝水位的上升,无论边坡是否处于饱和状态计算所得的最小安全系数都逐渐减小,说明张裂缝水位的上升对边坡的稳定性影响较大;当边坡处于非饱和状态时,安全系数变化曲线相对较光滑,当边坡处于饱和状态,张裂缝水位从 2.5m 上升到 3m 时,安全系数会急剧变小,且当边坡处于饱和状态时,张裂缝中水压力对边坡稳定性影响更大,安全系数变化范围也较非饱和时更大。这是由于在张裂缝水位上升时，对边坡稳定的不利作用增大，而对于降雨10d时的非饱和边坡，基质吸力对抗剪强度做出了一定的贡献，在一定程度上抵消了张裂缝中静水压力对边坡稳定的不利作用。

6. 张裂缝位置对边坡稳定性影响

从上节可知，在强降雨条件下具有张裂缝边坡在张裂缝处于饱水状态时对边坡稳定性影响较大，为研究张裂缝最不利位置及其不同位置对边坡稳定

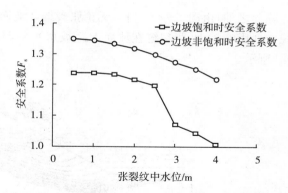

图7-46 张裂缝水位变化时的安全系数

性的影响，本节同样根据降雨16d后的孔隙水压力场(坡体已达饱和状态)，计算得到的安全系数，如图7-47所示。图中，张裂缝位置0m处表示坡肩位置，即图7-36中的 c 点，c 点右边距 c 点的水平距离为正，反之为负。从图7-47可以看出，当降雨条件下边坡体饱和时，张裂缝最不利位置在坡顶距坡肩2m处，此时边坡稳定安全系数最小，张裂缝在最不利位置时的边坡全局临界滑动场如图7-48所示。

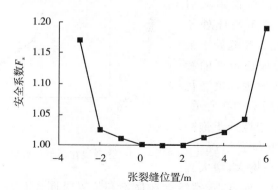

图7-47 张裂缝位置变化时的安全系数

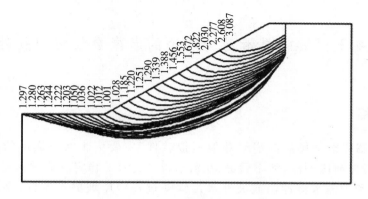

图7-48 张裂缝在最不利位置时的边坡全局临界滑动场

除此之外,由图 7-48 可得,无论张裂缝在坡面或是坡顶位置,距坡肩越近,张裂缝对边坡稳定性影响越大,张裂缝在坡面上距坡肩水平距离为 1m 时的边坡全局临界滑动场如图 7-49 所示。

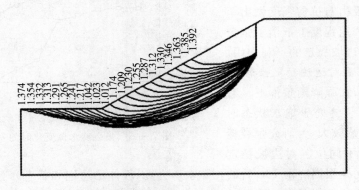

图 7-49　张裂缝在坡面上时的边坡全局临界滑动场

7. 张裂缝深度对边坡稳定性影响

从上节 7.4.4.6 可知,边坡体饱和时,张裂缝最不利位置在坡顶距坡肩 2m 处。本节在降雨条件下坡体处于饱和状态时,进一步研究张裂缝处于最不利位置时其深度对边坡稳定性的影响,张裂缝在最不利位置时随深度变化的安全系数计算结果如图 7-50 所示。由图可知,当降雨过程中边坡处于饱和状态时,张裂缝在最不利位置情况下,安全系数随深度先减小后增大,增大到

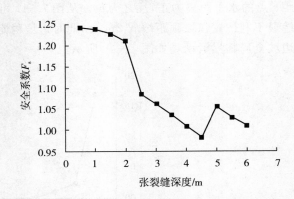

图 7-50　张裂缝在最不利位置时随深度变化的安全系数

一定程度时继而减小,总体而言,张裂缝处在最不利位置时同样存在一个最不利深度,这个深度大约在坡高的 2/5 处。

7.5　基于边坡临界滑动场理论的崩岸数值模拟软件开发

7.5.1　目标

"基于边坡临界滑动场法的崩岸数值模拟软件"主要用于河道崩岸的预测及数值模拟。该程序可考虑河床冲深、河岸后退、江河水位变化及非稳定渗流过程对河岸稳定性的影响,最终分析和预测水流冲刷或坡外水位骤降过程中岸坡的稳定性,揭示岸坡崩塌的机理。

7.5.2　功能

1. 计算数据输入功能

通过 Visual Studio 2013 平台编制了图形用户界面(图 7 - 51),软件计算所需的基本数据输入可通过 txt 文档进行导入(图 7 - 52),具体包含以下部分。

(1)边坡剖面输入参数:上坡面点控制点坐标、坡底面控制点坐标、地层线控制点坐标;

(2)地层参数:土体重度、黏聚力、内摩擦角;

(3)浸润线输入参数:坡外水位及坡内水位控制点坐标;

(4)外荷载输入参数:外荷载大小及外荷载位置控制点坐标;

(5)其他参数:分界点坐标、条块数、图形放大倍数。

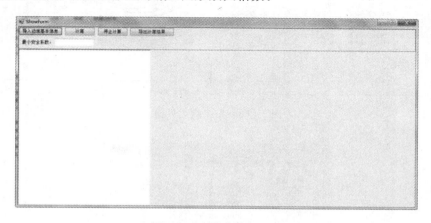

图 7 - 51　图形用户界面

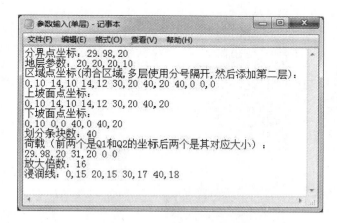

图 7 - 52　参数输入文档

2. 计算结果输出功能

在图形用户界面上点击按钮"计算",计算结果如图 7 - 53 所示。图 7 - 54 左边栏显示全局临界滑动场所有滑面出口点坐标及其相应滑动面的安全系数,同时所有滑面出口点坐标及其相应滑动面的安全系数也可通过 txt 文件导出,导出结果如图 7 - 54 所示。

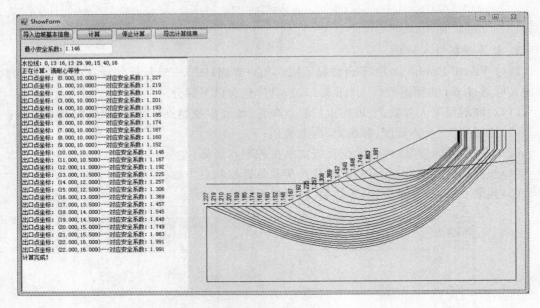

图 7 - 53 结果输出界面

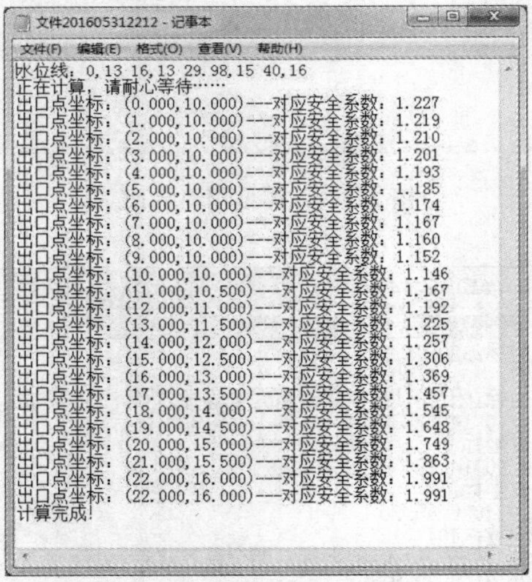

图 7 - 54 结果导出文件

7.5.3 性能

1. 输入输出数据标准

基本参数,如边坡剖面输入参数、地层参数、浸润线等的输入通过 txt 文件导入,全局临界滑动场各滑动面出口坐标及相应滑动面安全系数等输出数据同样通过 txt 导出。

2. 时间特性

由于程序的开发基于 Windows7 32 位操作系统,程序的计算耗时根据划分的条块数及边坡土层的复杂程度不同而存在差异,划分的条块数越多或边坡土层越复杂计算耗时将越长,正常情况下计算耗时一般为 1 分钟左右。

3. 灵活性

本程序对计算机外设的依赖性较小,可在中文或英文 Windows 7 及以上版本的操作系统下直接运行。

7.5.4　运行环境

1. 硬件

CPU:1G 以上;

内存:1G 以上;

硬盘:1G 以上。

2. 软件

操作系统:Windows 7、Windows 8 等 32 位 Windows 操作系统。

7.5.5　软件算例

以 7.5.2 节岸坡为例,当洪水来临时,坡外水位上涨,且岸坡受到水流冲刷,河床冲深,河岸后退,水流冲刷后岸坡坡面如图 7-55 所示,将输入参数导入计算界面后,如图 7-56 所示,结果输出界面、结果导出文件如图 7-57、图 7-58 所示。

从 7.5.2 节图 7-53 及图 7-54 可看出,在水流冲刷前临界滑动面出口坐标为(10,10),相应的安全系数为 1.146。洪水期水位升高,浸润线相应上升,河床冲深,河岸后退,此时冲刷后岸坡全局临界滑动场计算结果如图 7-57 所示,导出结果如图 7-58 所示,此时临界滑动面出口坐标为(16,10),相应的临界滑动面安全系数为 0.965,此时岸坡已不稳定,随时会发生崩岸现象。

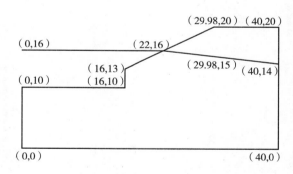

图 7-55　水流冲刷后岸坡坡面

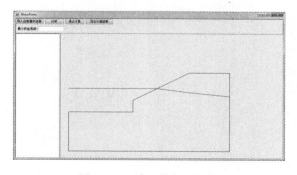

图 7-56　读入数据后界面

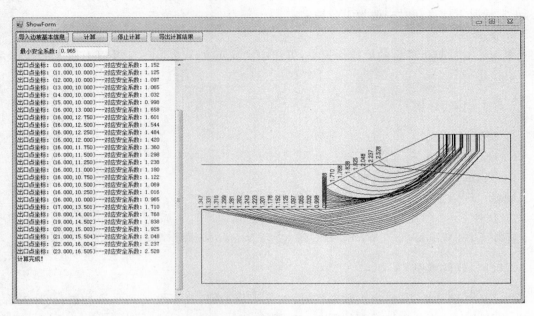

图 7-57　结果输出界面

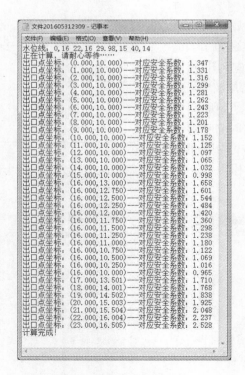

图 7-58　结果导出文件

7.6　典型崩岸段岸坡稳定分析

7.6.1　计算断面及参数

　　本次计算选取项目组进行监测的典型岸坡,根据安徽省河道管理局提供的和悦洲地形图可得,监测断面几何形状如图 7-59 所示。根据和悦洲岩土体的室内试验资料,并通过工程类比及参数反演分析,综合得到计算参数,见表 7-4 所列。

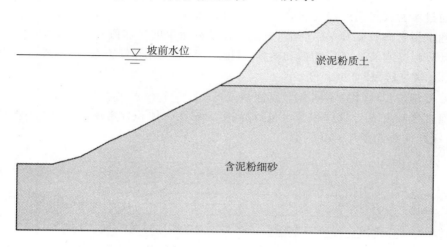

图 7-59　监测断面几何形状

表 7-4　土体物理力学参数

部　位	天然重度 γ (kN · m⁻³)	饱和重度 γ (kN · m⁻³)	黏聚力 c(kPa)	内摩擦角 φ(°)	饱和渗透系数 k(m/d)
淤泥质粉质黏土	19.1	21.2	15	15.3	0.027
含泥粉细砂	18.8	19.7	6	35.7	0.1037

　　库水位下降过程中,滑坡土体从饱和状态逐渐向非饱和状态过渡,故需采用非饱和渗流分析方法对该滑坡渗流场进行分析。根据非饱和渗流理论,非饱和渗流分析需要确定土体的土—水特征曲线(SWCC)、非饱和渗透系数等相关参数。

　　土—水特征曲线描述了非饱和土基质吸力与含水量的关系。通过试验方法直接测定堆积体滑坡土体的土—水特征曲线是比较困难的,因此很多学者通过间接方法推测土-水特征曲线,如经验公式方法、物理经验模型、分型几何法等。

　　孔郁斐等利用均匀土柱模型的毛细管理论推导出特定粒径颗粒堆积物中毛细水上升高度,据此构造出由土体级配曲线近似确定土—水特征曲线的物理经验模型,给出了土—水特征曲线的预测公式(见式(7-17)、式(7-18)和式(7-19)),并证明该模型是可行的,由于该方法简单易行,故本书采用该方法预测土—水特征曲线。

$$S = P(d) \tag{7-17}$$

$$d = 6\sigma R_{ou} / [(1+e)\gamma_w h] \tag{7-18}$$

$$\ln R_{ou} = a\ln(h) + b \tag{7-19}$$

式中:S 为饱和度,$P(d)$ 为级配函数,d 为粒径,σ 为水的表面张力系数,γ_w 为水的重度,e 为孔隙比,R_{ou} 为修正系数,h 为吸力水头,a、b 为拟合参数,利用非饱和土数据库 UNSODA 中 406 种土样的测量数据对参数 a、b 进行分析,分析结果显示 a、b 与级配和孔隙比无关,可能受土的矿物组成影响较大。

确定颗粒堆积体土—水特征曲线主要步骤包括:

(1)通过实验获得土的级配曲线 $P(d)$ 和孔隙比 e;

(2)确定拟合参数 a 和 b 的取值,根据统计结果给出的平均值 $a=0.4397$,$b=4.4950$;

(3)计算吸力水头 h 对应的饱和度 S:根据式(7-18)计算修正系数,由式(7-19)得到相应的 d,由式(7-17)计算饱和度 S;

(4)重复第(3)步,计算不同 h 对应饱和度 S;

(5)通过饱和度 S 计算体积含水量,得到吸力水头—体积含水量曲线,即 SWCC 曲线。

颗粒级配曲线如图 7-60 所示。

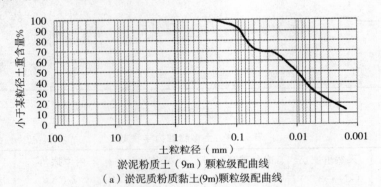

（a）淤泥质粉质黏土(9m)颗粒级配曲线

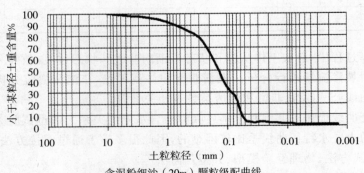

（b）含泥粉细沙(20m)颗粒级配曲线

图 7-60　颗粒级配曲线

　　根据上述步骤确定的土—水特征曲线（图 7-61）和试验所得饱和渗透系数，尝试通过Fredlund&Xing 函数模型预测获得滑体土的渗透函数曲线（图 7-62）。

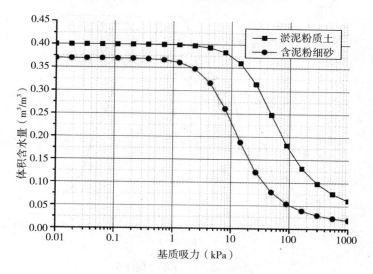

图 7-61　监测断面土水特征曲线

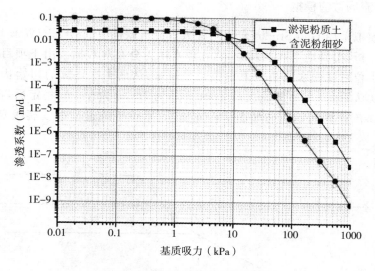

图 7-62　监测断面渗透函数曲线

7.6.2　计算工况

　　由于丰水期高水位时受到水流冲刷，上部岸坡变陡，此时在库水位下降期对岸坡的稳定性最为不利。由大通水文站的监测数据可知，2008—2015 年水位落差最大的年份在 2010 年，2010 年水位变化如图 7-63 所示。根据 2010 年的监测数据可知长江水位下降是从河漫滩前丰水期水位 14.56m 降至枯水期水位 5.36m，月平均最快下降速度大约为 0.1m/d。因此，结合大通水文站的数据及课题组在监测断面丰水期测得的最高水位（16m），综合确定计算工况为:江水位以 0.1m/d 的下降速度从 16m 下降至 7m。

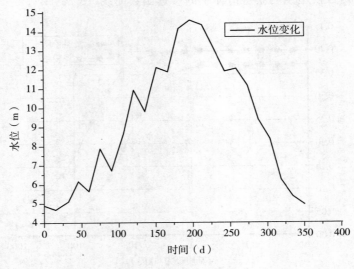

图 7 - 63　2010 年水位变化

7.6.3　渗流场数值模拟

本次渗流模拟采用 Geo-Studio 岩土工程数值分析软件中的 SEEP/W 模块,对监测断面进行瞬态渗流分析,得到地下水位线分布、孔隙水压力分布等数据。由于项目组在现场采集数据时发现高水位时江面水位与地下水位几乎持平,从而本次计算的初始状态为丰水期水位为 16m 时,以 0.1m/d 的下降速度从 16m 下降至 7m,下降至 7m 稳定后,再进行 90 天的渗流场计算。渗流计算初始状态如图 7 - 64 所示,水位下降过程中浸润线变化如图 7 - 65 所示。

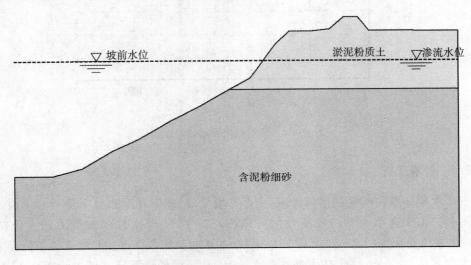

图 7 - 64　渗流计算初始状态

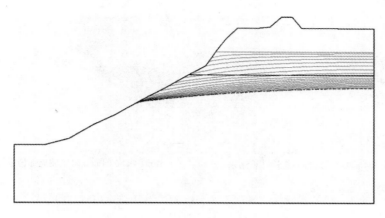

图 7-65　水位下降过程中浸润线变化

7.6.4 监测断面稳定性计算

根据项目组的调查走访,发现和悦洲是崩岸多发地,但基本都是河漫滩前沿的局部坍塌,并未见较深的整体滑动。因此,本次对监测断面的稳定性计算首先从局部进行,然后再进行监测断面的整体稳定分析。在进行稳定性计算时,采用自行开发的崩岸数值模拟软件进行计算,软件采用的方法是 7.3 节所述的非饱和-非稳定边坡临界滑动场计算方法。

1. 监测断面局部稳定性计算

在进行局部稳定分析时,从初始状态开始,江水位每下降 2m 进行一次局部稳定性计算。由于岸坡局部崩塌常见于河漫滩前沿,因此采用 7.3 节方法计算时,将出入口分界点设置在河漫滩前沿,如图 7-66 中绿色十字光标所示。

如图 7-66 所示,在初始状态时局部稳定性最小安全系数为 1.185。随着江水位的下降,坡内浸润线也随之下降,此时局部稳定性最小安全系数先大幅减小,然后略微增大,但都小于规范规定的 1.10,处于欠稳定状态。此时若再受到高水位、高强度的水流冲刷,岸坡极易发生局部崩塌。

此类局部性崩岸的发生主要是由于汛期河岸受到水流一定的冲刷,岸坡稳定性降低,汛期后水位快速回落,平衡岸坡饱和土体的侧向静水压力迅速减小,坡内水位的滞后性导致孔隙水压力来不及消散,同时又产生指向坡外的渗透压力,不利于岸坡稳定。这些不利因素的综合作用最终促使此类崩岸的发生。

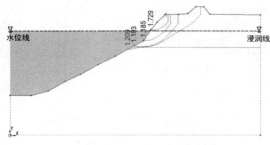

（a）初始状态下岸坡局部稳定性计算结果

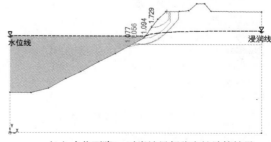

（b）水位下降2m时岸坡局部稳定性计算结果

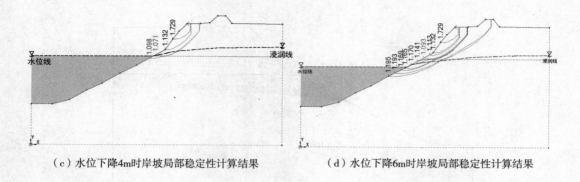

（c）水位下降4m时岸坡局部稳定性计算结果　　　　（d）水位下降6m时岸坡局部稳定性计算结果

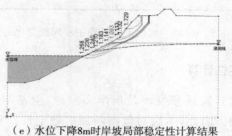

（e）水位下降8m时岸坡局部稳定性计算结果

图7-66　水位下降过程中典型岸坡局部稳定性计算结果

2. 监测断面整体稳定性计算

在进行整体稳定分析时，从初始状态开始，与上节相同，长江水位每下降2m进行一次整体稳定性计算。由于岸坡整体崩塌并不常见，一旦发生往往滑动面较深，崩塌体积较大，因此采用非饱和-非稳定边坡临界滑动场方法时，将出入口分界点设置在堤防内侧，如图7-67中十字光标所示。

如图7-67所示，在初始状态时整体稳定性最小安全系数为1.549。随着江水位的不断下降，坡内浸润线也随之下降，此时整体稳定性最小安全系数也不断减小，从初始状态的1.549下降到1.145，由此可知水位骤降对岸坡整体稳定性安全系数影响较大。但计算所得的安全系数都大于规范规定的1.10，处于稳定状态。项目组得到的监测数据也显示，监测断面整体是稳定的。

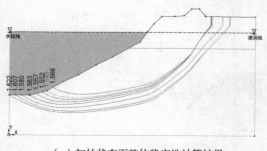

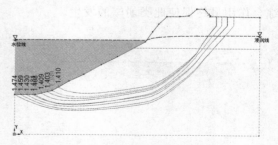

（a）初始状态下整体稳定性计算结果　　　　（b）水位下降2m时整体稳定性计算结果

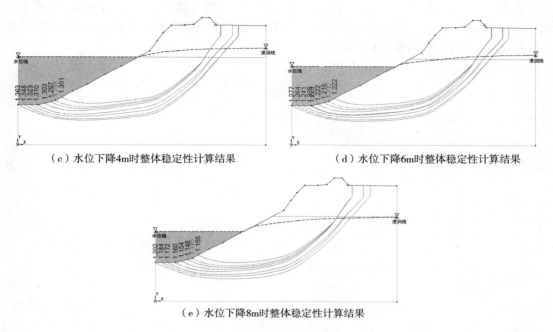

（c）水位下降4m时整体稳定性计算结果   （d）水位下降6m时整体稳定性计算结果

（e）水位下降8m时整体稳定性计算结果

图 7-67 水位下降过程中典型岸坡整体稳定性计算结果

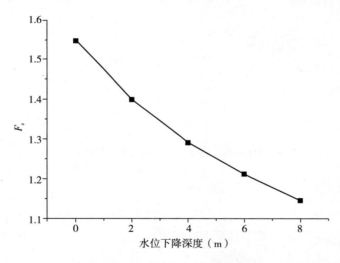

图 7-68 水位下降过程中岸坡整体稳定安全系数变化曲线

3. 水流冲刷过程中岸坡局部稳定性计算

从上节可知,河漫滩局部稳定最小安全系数 $F_s > 1.0$,但丰水期高水位时水流动力较大,水流冲刷率较高,淤泥质粉质黏土层若继续受到冲刷,随时会造成局部崩塌。淤泥质粉质黏土层凹坡所在转折点处是水流极易冲刷处,若继续冲刷变陡,局部安全系数将不断减小,直至崩塌。本次主要计算淤泥质粉质黏土层岸坡继续受水流侵蚀后退多少距离发生崩塌。岸坡受水流冲刷后退过程中局部稳定性计算结果如图 7-69 所示。

由图 7-69 可知,当岸坡受水流侵蚀后退过程中,岸坡变陡,安全系数不断减小,直至侵蚀后退 0.8m 时,淤泥质粉质黏土层会发生局部崩塌。若来年丰水期水流冲刷强度较大,需采取措施加固防护,以防发生局部崩岸。

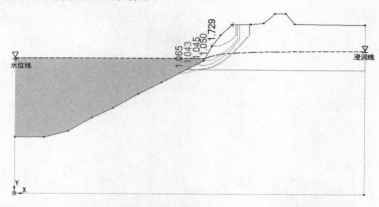

（a）岸坡侵蚀后退0.4m时局部稳定性计算结果

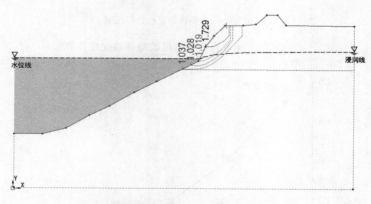

（b）岸坡侵蚀后退0.6m时局部稳定性计算结果

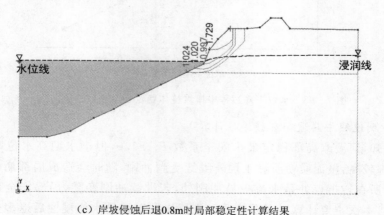

（c）岸坡侵蚀后退0.8m时局部稳定性计算结果

图 7-69　岸坡受水流侵蚀后退过程中局部稳定性计算结果

7.6.5　皖江河段典型断面稳定性计算

1. 江调圩 JD76 断面稳定性计算

本次稳定性计算参照监测断面首先从局部进行,然后再进行监测断面的整体稳定分析。在进行局部稳定分析时,从初始状态开始,江水位每下降 2m 进行一次局部稳定性计算。由于岸坡局部崩塌常见于河漫滩前沿,因此采用本书方法计算时,将出入口分界点设置在河漫滩前沿。

如图 7-70 所示,在初始状态时局部稳定性最小安全系数为 1.103。随着江水位的下降,坡内浸润线也随之下降,此时局部稳定性最小安全系数先大幅减小,而后略微增大,但水位下降后局部稳定最小安全系数都小于规范规定的 1.10,处于欠稳定状态。此时若再受到高水位、高强度水流冲刷,岸坡极易发生局部崩塌。除此之外,如图 7-70 所示,随着水位下降局部最危险滑面也会发生变化,局部最危险滑面的出口会随水位下降而降低,这也是安全系数随水位先下降而后略微增大的原因。

此类局部性崩岸的发生主要是由于汛期河岸受到水流一定的冲刷,岸坡稳定性降低,汛后水位快速回落,平衡岸坡饱和土体的侧向静水压力迅速减小,坡内水位的滞后性导致孔隙水压力来不及消散,同时又产生指向坡外的渗透压力,不利于岸坡稳定,这些不利因素的综合作用最终促使此类崩岸的发生。

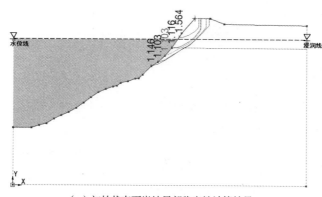

(a) 初始状态下岸坡局部稳定性计算结果

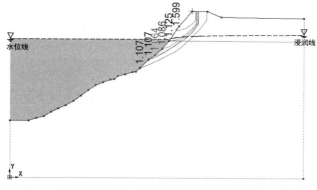

(b) 水位下降2m时岸坡局部稳定性计算结果

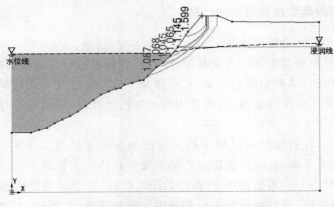

（c）水位下降4m时岸坡局部稳定性计算结果

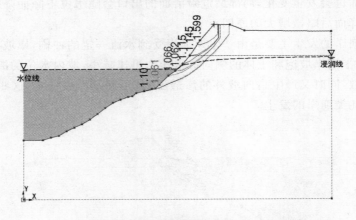

（d）水位下降6m时岸坡局部稳定性计算结果

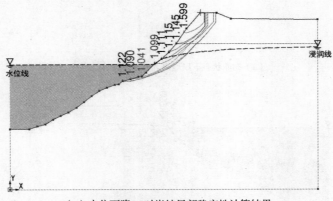

（e）水位下降8m时岸坡局部稳定性计算结果

图 7-70　水位下降过程中岸坡局部稳定性计算结果

如图 7-71 所示,初始状态整体稳定最小安全系数为 1.549。随江水位的不断下降,坡内浸润线也随之下降,此时整体稳定性最小安全系数也不断减小,从初始状态的 1.549 下降到 1.312(图 7-71),由此可知水位骤降对岸坡整体稳定性安全系数影响较大。但计算所得的安全系数都远远大于规范规定的 1.10,处于稳定状态。

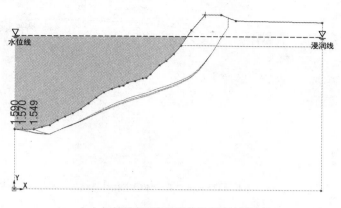

(a)初始状态下岸坡整体稳定性计算结果

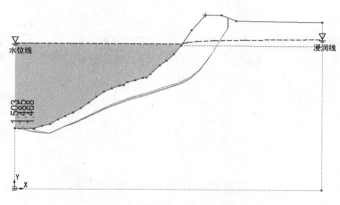

(b)水位下降2m时岸坡整体稳定性计算结果

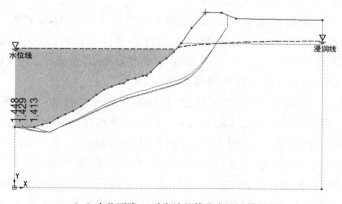

(c)水位下降4m时岸坡整体稳定性计算结果

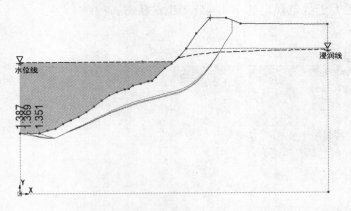

（d）水位下降6m时岸坡整体稳定性计算结果

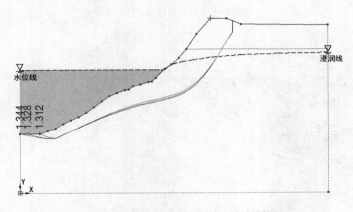

（e）水位下降8m时岸坡整体稳定性计算结果

图 7-71　水位下降过程中岸坡整体稳定性计算结果

2. 长沙洲 GSZ-CS42 断面稳定性计算

长沙洲 GSZ-CS42 岸坡坡度相对较缓，河漫滩附近不易发生局部崩塌，因此本次计算对此断面同时进行整体及局部的稳定性分析。在进行稳定性分析时，从初始状态开始，江水位每下降 2m 进行一次稳定性计算。由于岸坡局部或整体崩塌常见于河漫滩，因此采用本书方法计算时，将出入口分界点设置在河漫滩前沿。

如图 7-72 所示，在初始状态时局部稳定性最小安全系数为 1.280。随着江水位的下降，坡内浸润线也随之下降，此时最小安全系数也随水位下降而减小，但水位下降 4m后最小安全系数都小于规范规定的 1.10，处于欠稳定状态。此时若再受到高水位、高强度水流对坡脚进行长时间的冲刷，将使得河床下降及河岸后退，使得坡脚范围局部变陡，岸坡极易发生整体崩塌。除此之外，随着水位下降局部最危险滑面也会发生变化，局部最危险滑面的出口会随水位下降而降低，这也是安全系数随水位先下降而后略微增大的原因。

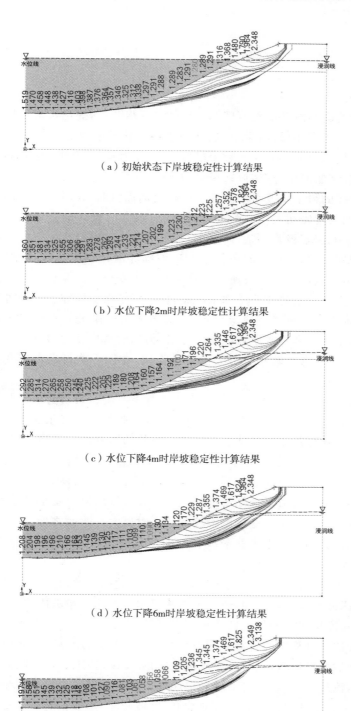

（a）初始状态下岸坡稳定性计算结果

（b）水位下降2m时岸坡稳定性计算结果

（c）水位下降4m时岸坡稳定性计算结果

（d）水位下降6m时岸坡稳定性计算结果

（e）水位下降8m时岸坡稳定性计算结果

图 7 - 72　水位下降过程中岸坡稳定性计算结果

7.7 本章小结

(1)将常规边坡临界滑动场数值模拟方法作进一步改进,提出水流冲刷过程中的边坡临界滑动场,可以考虑河床冲深、河岸后退、江河水位变化及非稳定渗流过程对河岸稳定性的影响,可用于河道崩岸及河道演变的数值模拟,拓宽了其应用范围。该法同时适用于水流冲刷后坡度较陡及较缓的河岸,且坡度较陡的黏土岸坡受水流冲刷失去稳定后崩塌趋近于平面破坏,而坡度较缓的粉土岸坡受水流冲刷失稳后崩塌沿曲面破坏,崩岸的类型与河岸土体物质组成及河岸的坡度密切相关。除此之外,江河水位的骤降也会导致岸坡发生整体或局部崩塌。崩岸的影响因素极其复杂,需要更全面、更深入地进行研究。

(2)提出了非饱和-非稳定渗流条件下的边坡临界滑动场方法,不但继承了常规边坡临界滑动场法的突出优点,能准确、快速地计算岸坡最小安全系数及任意形状危险滑动面的位置,而且更适用于土性复杂的非均质邻水岸坡,且计算结果更可靠。对坡外水压力采用置换的方法只适用于饱和土渗流岸坡稳定分析,而该节方法将岸坡外水体以水压力的形式直接加在坡面上,适用于非饱和临水岸坡稳定性分析,得出的水位变化过程中岸坡安全系数变化趋势更为合理。且只有考虑基质吸力的变化及作用,才能正确得出水位变化过程中岸坡稳定性变化规律和实质。

(3)对边坡临界滑动场作出改进,提出降雨条件下具有张裂缝边坡临界滑动场。通过算例分析可知,降雨条件下边坡张裂缝处在饱水状态时,张裂缝中静水压力对边坡稳定的不利作用较大,尤其当边坡体处于饱和状态时对安全系数的影响甚至达到12.3%,可见降雨条件下边坡稳定性计算中应考虑张裂缝中静水压力的不利影响。且张裂缝中静水压力对滑动面的搜索也具有一定影响,所有局部临界滑动面的上滑点都在张裂缝所在位置。同时随着张裂缝中水位的上升,无论边坡是否处于饱和状态计算所得的最小安全系数都逐渐减小,且当边坡处于饱和状态时,安全系数变化范围较非饱和时更大。除此之外,降雨条件下张裂缝位置对边坡稳定性有较大影响,无论张裂缝在坡面或是坡顶位置,距坡肩越近,张裂缝对边坡稳定性的影响越大。

(4)根据研究成果,形成了基于边坡临界滑动场法的崩岸数值模拟软件。不但可考虑水流冲刷引起的河床冲深及河岸侧蚀,也可考虑河道水位变化及岸坡内非稳定渗流过程,更利于分析江河岸坡及库岸边坡的稳定性及预测崩岸的发生。

(5)监测断面的局部稳定性计算结果显示,随着江水位的下降,局部稳定性最小安全系数先大幅减小,而后略微增大,但都小于规范规定的1.10,处于欠稳定状态。此时若再受到高水位、高强度水流冲刷,岸坡极易发生局部崩塌。此类局部性崩岸的发生从河流动力学的角度来看主要是由于汛期河岸受到水流的冲刷,岸坡变陡,岸坡稳定性降低,从而发生崩塌。此外从水文地质条件的角度来看,汛后水位快速回落,平衡岸坡饱和土体的侧向静水压力迅速减小,坡内水位的滞后性导致孔隙水压力来不及消散,同时又产生指向坡外的渗透压力,不利于岸坡稳定,这些不利因素的综合作用最终导致此类崩岸的发生。

8 崩岸监视监测与预警技术研究

8.1 崩岸段近景摄影监视技术研究

8.1.1 概述

1. 研究目的及意义

以铜陵市大通镇和悦洲的边坡监测为例,通过该区域实际监测,将传统监测技术与近景摄影监测技术结合起来分析比较,研究总结近景摄影边坡监测技术方法,从而为皖江城市带长江河势变化与洲滩综合利用边坡滑坡变形监测工作提供经验和一些新的监测技术方法,以供参考。

边坡、滑坡变形监测是皖江城市带长江河势变化与洲滩综合利用必不可少的重要环节。自然灾害预警直接关系到城市建设的安全与人民的切身利益。然而,近年来由滑坡引发的事故屡见不鲜,为此,安徽省长江河道管理局高度重视对边坡的监测及安全预警。

为了克服常规边坡监测的不足,在当前以 3S 技术为代表的现代测绘新技术基础上,人们开始研究一些新的边坡监测技术,如近景摄影测量监测技术。随着数码相机的不断更新与换代,数字图像处理技术以及摄影测量理论的持续完善,近景摄影测量技术在边坡监测中的应用开始受到更多的重视。特别是单反数码相机的出现,大大降低了数字近景摄影测量的入门门槛,为边坡监测提供了新的方法。运用近景摄影测量技术对边坡上的测点进行拍摄,利用测量机器人测出测点的坐标,然后通过软件生成边坡的三维表面模型,同时在合适的距离下拍摄危险的目标,提高了作业者的安全系数。正是这些优点使得近景摄影测量技术比较适用于边坡监测。目前将近景摄影测量技术和常规的全站仪测量技术结合起来进行边坡滑坡监测,是一种有效且实用的监测方法,克服了常规点测量数据量小、数据代表性差等缺点,尤其针对一些有安全隐患区域的监测,利用这种技术进行监测是非常合适,也是十分必要的。

2. 研究内容

本书的研究内容主要是利用数字摄影测量技术对铜陵市大通镇和悦洲的边坡进行监测,着重探索近景摄影监测控制点与监测点的布设、数据处理模型优化以及非量测数码相机的检校等内容。

(1)近景摄影控制点布设方案的优化与设计

控制点的数量和在模型空间中的分布取决于被测目标的预期精度、算法和目标的复杂程度,本书主要是利用近景摄影技术进行边坡滑坡变形监测,其监测精度要求非常高,监测精度往往要求满足 0.5~1mm 这样高的精度要求,这对于近景摄影控制点的布设就显得尤为重要。除了采用常规的方法,如采用共线方程的单模型的相对定向时最少须有五个连接点,其模型的绝对定向最少须有三个控制点,一般情况要求控制点在整个目标范围内均匀分布;在 DLT 算法中必须在物空间至少布设六个均匀分布的点,且不在一个平面上。在此基础上,我们考虑增加大量的像控点,同时引入相对控制,利用多余的控制(包括控制点和相对控制)加强近景摄影测量网的强度,从而提高模型解算的约束条件,实现高精度定位的目标。

(2)系统误差校正模型设计与分析

在近景摄影测量中,影响其定位精度的主要影响因素有:

① 相机的检校,利用数字近景摄影测量进行高精度边坡监测,最基础的也是最重要的一个环节就是非量测数码相机的检校,以恢复摄影系统光束的正常形状为目的,获取相机的内方位参数和畸变系数。通过数码相机检校获取的数据主要有:相片主点坐标(x_0,y_0)的测定,主距 f 的测定,镜头的径向畸变系数 k_1、k_2 和偏心畸变系数 p_1、p_2 的测定。

② 像点坐标改正的残余误差,即缺少足够的精度描述某些影响的数学模型,这些影响包括物镜的径向和切向畸变,数码相机像元 x、y 方向长度不等引起比例尺不一误差 ds,像元 x、y 方向排列不垂直引起的不正交性误差等,这些都会引起像点坐标存在微小的系统误差。

③ 摄影测量的几何图形,如摄影机焦距、基距比 B/H 以及摄影机轴的变会角等都影响模型坐标的精度。

④ 控制点的数量、控制方式以及它们的分布。

由于边坡监测精度要求非常高,为了实现高精度近景摄影变形监测,就必须考虑上述影响因素,消除或减弱他们的影响,如针对我们试图建立相应的系统误差校正模型——像片变形,可考虑建立下述模型,如式(8-1):

$$\begin{cases} x'=a_1+a_2x+a_3y+a_4xy \\ y'=b_1+b_2x+b_3y+b_4xy \end{cases} \tag{8-1}$$

针对物镜的径向和切向畸变,可考虑建立下述校正模型,如式(8-2):

$$\Delta r=k_1r+k_2r^3+k_3r^5+k_4r^7+\cdots \tag{8-2}$$

利用铜陵市大通镇和悦洲的边坡监测实际采集的数据,最后可得到具体像点坐标校正模型,如式(8-3):

$$\begin{cases} \Delta x=(x-x_0)(k_1r^2+k_2r^4+k_3r^6+\cdots) \\ \Delta y=(y-y_0)(k_1r^2+k_2r^4+k_3r^6+\cdots) \end{cases} \tag{8-3}$$

(3)近景摄影数据处理模型设计与分析

为了获得高精度的监测结果,建立准确的近景摄影数据处理模型非常重要,考虑到相机内外方位元素的解算以及数码相机比例尺不一造成的误差和不正交性误差,分析研究基于近景摄影测量的直接线性变换法,建立像点的"坐标仪坐标"和相应物点的物方空间坐标直

接的线性关系的解法,进而建立边坡监测近景摄影测量模型,其模型如式(8-4):

$$
\begin{cases}
x+v_x+\Delta x+\dfrac{l_1 X+l_2 Y+l_3+l_4}{l_9 X+l_{10} Y+l_{11} Z+1}=0 \\[3mm]
y+v_y+\Delta y+\dfrac{l_5 X+l_6 Y+l_7 Z+l_8}{l_9 X+l_{10} Y+l_{11} Z+1}=0
\end{cases}
\tag{8-4}
$$

8.1.2　近景摄影相机检校

利用数字近景摄影测量进行高精度边坡监测,最基础也是最重要的一个环节就是非量测数码相机的检校,本实验采用的是佳能 5D Mark Ⅲ 相机。

表 8-1　佳能 5D Mark Ⅲ 相机相关参数

佳能 5D Mark Ⅲ	
发布日期:2012 年 03 月	图像分辨率:L(大):约 2210 万像素(5760×3840)
机身特性:全面幅数码单反	M(中):约 980 万像素(3840×2560)
操作方式:全手动操作	S1(小 1):约 550 万像素(2880×1920)
传感器类型:CMOS	S2(小 2):约 250 万像素(1920×1280)
传感器尺寸:36×24mm	S3(小 3)约 35 万像素(720×480)
传感器描述:自动,手动,添加除尘数据	RAW:约 2210 万像素(5760×3840)
最大像素数:2340 万	M-RAW:约 1050 万像素(3960×2640)
有效像素:2230 万	S-RAW:约 550 万像素(2880×1920)
影响处理器:DIGIC 5+	高清摄像:全高清(1080)
最高分辨率:5760×3840	

1. 二维 DLT 非量测相机检校

二维 DLT 非量测相机检校所使用的二维控制场为 A3 页面大小的电脑屏幕圆点阵,圆点的大小和间距可以根据需要调整,如图 8-1 所示。对该二维控制场拍摄了全空间 25 幅影像,如图 8-2 所示,用来解算相机的内方位元素。具体步骤如下:

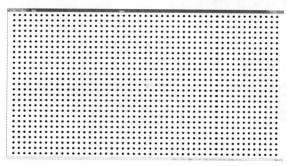

图 8-1　二维控制场

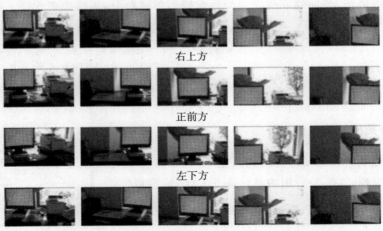

右上方

正前方

左下方

右下方

图 8-2　拍摄格网影像

（1）设置空间格网，根据需要设置格网大小和间距，并导出格网信息。

（2）拍摄格网 25 幅影像。

（3）加载格网影像，格网内定向如图 8-3 所示。

（4）数码相机检校解算，如图 8-4 所示。

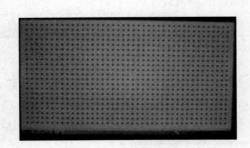

图 8-3　格网内定向　　　　　　　　图 8-4　数码相机检校解算

（5）转换相机检校文件，相机检校结果如图 8-5 所示。

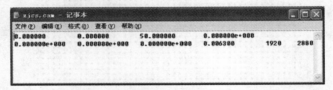

图 8-5　相机检校结果

采取二维 DLT 方法进行非量测相机的检校,能够达到快速提取非量测相机内方位元素的目的,为安全生产提高了效率。但是,在实际的应用过程中,二维控制场的全空间影像的拍摄是一个技术关键点,同时也是技术难点。

2. 基于相关系数的改进光束法平差相机检校

相关系数是衡量两个随机变量之间线性相关程度的指标,线性相关给出两个变量之间的指标,该系数的采用为后面筛选同类目标提供了一个参考量,再基于统计判别理论就可以对众多目标进行筛选,获得诸如同名点等同类目标。相关系数理论由卡尔·皮尔森(Karl Pearson)在 19 世纪 80 年代提出,现已广泛地应用于科学的各个领域。相关系数取值范围为 $[-1,1]$,$r>0$ 表示正相关,$r<0$ 表示负相关,$|r|$ 表示了变量之间相关程度的高低。特殊地,$r=1$ 称为完全正相关,$r=-1$ 称为完全负相关,$r=0$ 称为不相关。通常 $|r|$ 大于 0.8 时,认为两个变量有很强的线性相关性。

影像匹配的相关系数算法是用来判断左右两张影像的相似度的。一对同名像点 $g(x,y)$ 与 $g'(x',y')$ 的相关系数定义式如式(8-5)所示:

$$\rho(p,q)=\frac{C(p,q)}{\sqrt{C_{gg}C_{g'g'}(p,q)}} \tag{8-5}$$

式中:$C(p,q)$ 为 $g(x,y)$ 点和 $g'(x',y')$ 点的协方差;

C_{gg} 为 $g(x,y)$ 的方差;

$C_{g'g'}$ 为 $g'(x',y')$ 的方差。

求两幅影像之间相关系数公式如式(8-6)所示。

$$\rho(x,y)=\frac{\frac{1}{m\times n}\sum_{i=1}^{m}\sum_{j=1}^{n}g_{i,j}\times g'_{i,j}-\overline{g_{x,y}}\times\overline{g'_{x,y}}}{\sqrt{\left[\frac{1}{m\times n}\sum_{i=1}^{m}\sum_{j=1}^{n}g_{i,j}^{2}-\overline{g_{x,y}}^{2}\right]\left[\frac{1}{m\times n}\sum_{i=1}^{m}\sum_{j=1}^{n}(g'_{i,j})^{2}-\overline{g'_{x,y}}^{2}\right]}}$$
$$\tag{8-6}$$

式中:$\overline{g_{x,y}}$ 和 $\overline{g'_{x,y}}$ 分别表示两幅图像的灰度均值。

由公式可以看出,相关系数衡量值是标准化的协方差函数,它是灰度线性变换的固定量,当目标影像的灰度与搜索影像的灰度之间存在线性畸变时,也能较好地筛选出同名点。

利用光束法平差求解出的相机参数,包括相机内外方位元素和相机的各种畸变参数,可以对所拍摄影像进行畸变校正。利用摄影测量的所检校的相机在焦距不变的前提下拍摄电脑上的一张标准照片,当利用光束法所求解的相机内方位元素及畸变参数正确或误差较小时,这时利用畸变参数对相片进行校正后得到的照片,应与原有的标准照片的相关系数达到最大值,即接近于 1。若所计算出的相关系数不为 1,则利用光束法对所求参数进行迭代处理,直到相关系数达到 1 或不再有明显变化。这种方法叫作利用相关系数的改进的光束法平差,即 Bundle Method Improved By Correlation Coefficient,简称 BMCC 法。

BMCC 法的计算过程为:

(1)获取已知数据。从摄影资料中查取影像控制点的空间坐标。

(2)对像点坐标进行测量,改正系统误差从而求得准确的像点坐标。

（3）利用直接线性变换确定未知数的初始值。

（4）利用光束法逐点组成误差方程并列出法方程。

（5）解求内外方位元素及各种畸变参数的改正数，进而计算内外方位元素及各种畸变参数。

（6）用相机拍摄电脑上一张标准照片，利用所解求出的畸变参数对所拍相片进行修正。

（7）求解修正后照片与标准照片的相关系数，若相关系数小于所规定的阈值，则利用新的参数作为初始值重新计算观测方程系数，直到相关系数接近1，迭代结束。

BMCC 法流程如图 8 - 6 所示。

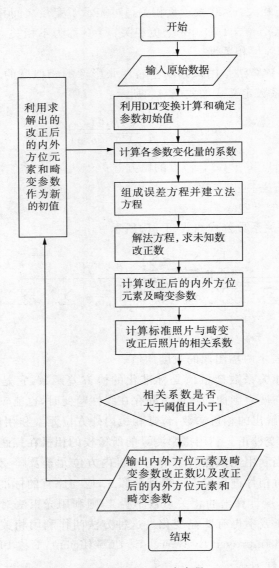

图 8 - 6　BMCC 法流程

为了能够更好地验证 BMCC 相机检校方法的实用性，用 BMCC 方法所求得的相机畸变参数代入成熟的近景摄影测量数据处理系统 Lensphoto,代替系统本身的相机检校而形成的相机参数文件,如图 8-7 所示,对同一个近景摄影测量实验进行不加入控制点的自检校平差,自检校平差结果显示用 BMCC 法的相机检校数据所实验得到的中误差要小于系统本身的相机检校方法所得的中误差,如图 8-8 所示,实验表明,BMCC 法相机检校是可行的,所求得的相机参数精度比较令人满意。

图 8-7　导入相关系数法所得相机参数　　　　图 8-8　两种检校方法精度比较

8.1.3　近景摄影控制点布设方案的优化与设计

在建立非量测用摄影机所摄像片与目标物间的数学关系中,即求解外方位元素时,控制点起着至关重要的桥梁作用,通过分析研究我们发现不论是控制点的布设还是数量都将直接影响到目标物物方坐标的解算精度,而控制点大小和控制的分布对于摄影测量精度也会产生较大的影响。

1. 控制点标志大小

通过实验室实验我们发现,当控制点为 13 个像素时,影像匹配情况最好,可以认为此时控制点求解的精度最高。因此,控制点不能过大,也不能过小。过大,精度不高,难以自动确定标志中心位置,会影响其他特征点的匹配;过小,在拍照阶段容易模糊,且在后期数据处理阶段难以识别。

图 8-9　控制点标志

现场实际实验时,由于人工标志的大小与摄影距离、摄影主距等因素有关。摄影距离越大或摄影主距越小,人工标志就越大。正直摄影情况下,圆形人工标志在影像上的构象应是像素的 2 倍。而在交向摄影情况下,平面型人工标志严格说来应考虑透视变形的影响,可以做成椭圆形使其构象恰好成圆形。边坡监测点点位标识究竟制作成多大比较合适,这将是关系解算结果精度的影响因素之一。由已知的规范可知,控制牌的尺寸要控制在影像上至少占 10 个像素为佳,即控制牌的尺寸≥GSD×10;GSD 的值则可由表达式(8-7)计算获得:

$$像素大小/焦距＝地面分辨率(GSD)/拍摄距离 \qquad (8-7)$$

由于本案例中边坡监测的拍摄距离为 18m 左右,佳能 5D Mark Ⅲ 相机的像素为

0.0063,所使用的镜头为 50mm 的标准定焦镜头。所以,GSD＝0.0063×18000/50,约为 2.27mm。因此,控制牌的尺寸大于 2.7cm 为最佳。

2. 控制点网形分布研究

在近景摄影测量过程中,要有一定数量的控制点作为近景摄影模型解算的控制基础,即在确立非量测相机所摄的像片与目标物体之间的数学关系中,控制点是必不可少的。在实际解算过程中,既需要了解控制点的三维坐标,同时还要确保有足够的数量和在所拍摄相片上的控制点的分布来满足数据处理时的需要。控制点在所拍摄相片上的布局、数量都将影响近景摄影测量成果的精度。

为了评定控制点布设方案的精度,这里可通过物方坐标的解算精度即物方点位中误差来衡量。利用直接线性变换算法,可以建立像点坐标(x,y)与物方坐标(X,Y,Z)之间的数学关系,如式(8-8)所示。

$$\begin{cases} x+k_1(x-x_0)r^2=\dfrac{L_1X+L_2Y+L_3Z+L_4}{L_9X+L_{10}Y+L_{11}Z+1} \\[2mm] y+k_1(y-y_0)r^2=\dfrac{L_5X+L_6Y+L_7Z+L_8}{L_9X+L_{10}Y+L_{11}Z+1} \end{cases} \tag{8-8}$$

根据式(8-8)可以列出关于未知参数$L_i(i=1,\cdots,11)$和k_1的误差方程式,如式(8-9)所示:

$$V=ML+W \tag{8-9}$$

误差矩阵的形式如式(8-10)所示:

$$V=\begin{bmatrix} v_x \\ v_y \end{bmatrix} \tag{8-10}$$

未知参数矩阵形式如式(8-11)所示:

$$L=\begin{bmatrix} L_1 & L_2 & L_3 & L_4 & L_5 & L_6 & L_7 & L_8 & L_9 & L_{10} & L_{11} & L_{12} & k_1 \end{bmatrix}^T \tag{8-11}$$

系数矩阵M如式(8-12):

$$M=-\frac{1}{A}\begin{bmatrix} X & Y & Z & 1 & 0 & 0 & 0 & 0 & xX & xY & xZ & A & (x-x_0)r^2 \\ 0 & 0 & 0 & 0 & X & Y & Z & 1 & yX & yY & yZ & A & (y-y_0)r^2 \end{bmatrix} \tag{8-12}$$

W和A的形式分别见式(8-13)和(8-14):

$$W=-\frac{1}{A}\begin{bmatrix} x \\ y \end{bmatrix} \tag{8-13}$$

$$A=L_9X+L_{10}Y+L_{11}Z+1 \tag{8-14}$$

由式(8-10)至式(8-14)可以看出式(8-9)中共有 12 个未知参数,因此需要 6 个以上已知的控制点,才能完成未知数参数的平差计算。

在解求出未知参数 L 的系数以后,根据上式列出关于未知点的物方坐标(X,Y,Z)解算的误差方程式,如式$(8-15)$所示。

$$V = NS + Q \qquad (8-15)$$

式$(8-15)$就是根据量测的未知点的像点坐标逐点地解算未知点对应的物方坐标(X,Y,Z)的过程。

为了比较实验结果,需量测所有测量点的像点坐标和物方坐标(X,Y,Z)。在选择若干分布良好、特征明显的标志点作为控制点后,则将其他的标志点均视为未知点。解算出未知点的物方坐标解算值(X,Y,Z)后,与其量测值(X,Y,Z)量相比较,如式$(8-16)$所示。

$$\left. \begin{aligned} m_x &= \frac{1}{n} \sum_{}^{n} |X_{算} - Y_{量}| \\ m_y &= \frac{1}{n} \sum_{}^{n} |Y_{算} - Y_{量}| \\ m_z &= \frac{1}{n} \sum_{}^{n} |Z_{算} - Z_{量}| \end{aligned} \right\} \qquad (8-16)$$

式中:n 为未知点总数。再根据式$(8-17)$,便可求解未知点物方坐标的解算精度,计算出的 m 可以表示控制点分布对直接线性变换法解算精度的影响大小。

$$m = \sqrt{m_X^2 + m_Y^2 + m_Z^2} \qquad (8-17)$$

方案一选取 11 个控制点,分别为点 1、2、3、4、5、6、7、8、9、10、11,其网型如图 $8-10(a)$、图 $8-10(b)$所示。

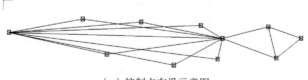

（a）控制点布设示意图

（b）控制点布设现场实景图

图 $8-10$ 近景摄影测量实验控制点布设方案一

方案二选取 10 个控制点,分别为点 1、2、3、4、5、6、7、8、10、11,如图 8-11(a)、图 8-11 (b)所示。

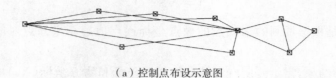

（a）控制点布设示意图

（b）控制点布设现场实景图

图 8-11　近景摄影测量实验控制点布设方案二

方案三选取 8 个控制点,分别为点 1、3、5、6、7、8、10、11,如图 8-12(a)、(b)所示。

（a）控制点布设示意图

（b）控制点布设现场实景图

图 8-12　近景摄影测量实验控制点布设方案三

在近景摄影测量影像获取的过程中,本实验的拍摄距离为 18m,采用平行正直拍摄方式,相邻照片重叠度达到60%以上。共拍摄8张照片,利用近景摄影测量软件Lensphoto对所拍摄照片进行处理。以方案三为例,其处理过程如下:

(1)新建工程,完成相机参数的导入;

(2)选取种子点,进行影像的自动匹配;

(3)进行光束法自检校平差;

(4)引入方案三的8个控制点,分别为1、3、5、6、7、8、10、11,进行控制点加权平差;

(5)获得最后的中误差m。

表8-2为不同的控制点选取方案所得到的中误差,从表中可以看出,优化后的方案精度有所提升。

表8-2　不同控制点分布方案

编号	方案一	方案二	方案三
数量	11	10	8
选取的控制点点号	1、2、3、4、5、6、7、8、9、10、11	1、2、3、4、5、6、7、8、10、11	1、3、5、6、7、8、10、11
m(mm)	0.846	0.839	1.165

为了进一步验证该成果的可靠性,将检查点的全站仪测量坐标与各方案的摄影测量方法所得到的检查点实际坐标求差值,并进行对比。检查点就是位于图像所示的棱镜中心,共有四个,其中两个位于边坡顶部,分别为C01、C02;另外两个位于边坡底部,分别为C03、C04,全站仪所测得的坐标见表8-3所列。

表8-3　检查点坐标(全站仪获取)

点号	X	Y	Z
C01	975.1730	998.7288	49.9881
C02	978.8562	997.8837	50.3580
C03	981.9471	1011.3961	47.0546
C04	993.3562	1009.1900	47.3524

由表8-4可以看出,全站仪测量坐标结果和近景摄影测量系统中的中误差解算结果基本一致,说明不同控制点布设方案的确对点位精度产生影响。

表8-4　坐标对比情况

差值	方案一	方案二	方案三
ΔX(mm)	0.723	0.221	0.394
ΔY(mm)	1.085	0.724	0.627
ΔZ(mm)	1.019	1.021	1.178

在方案一中有十一个控制点呈不在一条直线上的网状分布;方案二有十个控制点,亦呈

不在一条直线上的网状分布；方案三有八个控制点，亦呈不在一条直线上的网状分布，通过实验比对可知，方案二的精度最高，方案一比方案三高。

8.1.4　算法改进

为了满足高精度变形监测的需要，根据变形特点，对传统的数据处理方法进行了改进，即基于直接线性变换的光束平差法。

直接线性变换（DLT，Direct Linear Transformation）算法既不需要在像片上的框标，也不需要有摄影机内外方位元素参数的起始近似值。而是建立坐标仪坐标与物方空间坐标直接关系式的算法。计算中，因不需要内方位元素值与外方位元素的起始近似值，故特别适用于非量测摄影机所摄像片或影像的摄影测量处理，现在直接线性变换算法已成为近景摄影测量处理的重要组成部分。

实际像点的共线方程通常由此可建立像点坐标和物点的空间坐标之间的关系（共线方程式），定义如公式（8-18），变换公式为（8-19）：

$$x-x_0+\Delta x=-f\frac{a_1(X-X_s)+b_1(Y-Y_s)+c_1(Z-Z_s)}{a_3(X-X_s)+b_3(Y-Y_s)+c_3(Z-Z_s)}$$

$$y-y_0+\Delta y=-f\frac{a_2(X-X_s)+b_2(Y-Y_s)+c_2(Z-Z_s)}{a_3(X-X_s)+b_3(Y-Y_s)+c_3(Z-Z_s)}$$

$$(8-18)$$

$$x+\frac{l_1X+l_2Y+l_3Z+l_4}{l_9X+l_{10}Y+l_{11}Z+1}=0$$
$$y+\frac{l_5X+l_6Y+l_7Z+l_8}{l_9X+l_{10}Y+l_{11}Z+1}=0$$

$$(8-19)$$

基于直接线性变换法数据处理基本原理，编写 DLT 程序迭代计算 L 系数和相机各指标值。直接建立像素坐标(x,y)和物方空间坐标(X,Y)的关系，不需要内外方位元素的初始值，大大节省了运算量。目前，已通过具体实验数据验证了程序的可行性。如图为改进的算法求解出的各种参数。利用这些参数，求出了影像数据中每一个观测点的坐标，与前期坐标对比可得到形变量。通过对现场数据的处理，求出周期为半个月的形变量，并将其与全站仪所测量的结果进行了比较。

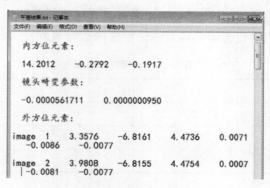

图 8-13　平差结果

8.1.5 精度估算与实验分析

在近景摄影数据处理基础上,为验证近景摄影监测技术能否满足毫米级监测精度要求,探测近景摄影变形监测精度,在实验室内建立变形监测实验场,如图 8-14 所示,用全站仪测出了全部的像控点位坐标,见表 8-5 所列。

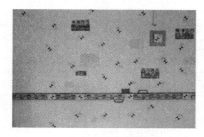 

（a）实验室布设　　　　　　　　　　　（b）和悦洲现场布设

图 8-14　变形实验

表 8-5　像控点坐标

点号	X(m)	Y(m)	Z(m)
P01	−3.757	1.160	2.064
P02	−3.738	0.274	2.086
P03	−3.726	−0.376	2.038
P04	−3.712	−0.904	1.971
P05	−3.749	0.832	1.588
P06	−3.736	0.139	1.641
P07	−3.702	−1.254	1.638
P08	−3.748	0.829	1.087
P09	−3.735	0.118	1.198
P10	−3.716	−0.585	1.112
P11	−3.707	−1.123	1.044
P12	−3.750	0.815	0.509
P13	−3.735	0.113	0.680
P14	−3.723	−0.502	0.799
P15	−3.709	−0.845	0.632
P16	−3.703	−0.547	1.705
P17	−3.748	0.767	1.899
P18	−3.739	0.404	1.732

（续表）

点号	X(m)	Y(m)	Z(m)
P19	−3.729	−0.069	1.812
P20	−3.712	−0.855	1.588
P21	−3.745	0.535	1.350
P22	−3.732	−0.048	1.387
P23	−3.725	−0.280	1.413
P24	−3.715	−0.661	1.409
P25	−3.711	−0.869	1.299
P26	−3.731	−0.212	1.118
P27	−3.740	0.495	0.663
P28	−3.726	−0.250	0.673

用高精度全站仪测出尺子变形前后的坐标,见表 8−6 所列,作为近景摄影测量精度的评判基础。

表 8−6　变形监测坐标(全站仪)

	变形前(m)			变形后(m)		
C01	−3.716	0.806	0.942	−3.711	0.806	0.941
C02	−3.706	0.433	0.946	−3.704	0.434	0.945
C03	−3.698	−0.205	0.949	−3.690	−0.205	0.948
C04	−3.681	−0.915	0.952	−3.674	−0.914	0.952

选取实验场中的 P1、P3、P5、P9、P25、P12、P13、P15、P8 作为像控点,利用近景摄影测量方法得到尺子变形前后的坐标见表 8−7 所列。

表 8−7　变形监测坐标(近景摄影)

点号	变形前(m)			变形后(m)		
	X	Y	Z	X	Y	Z
C01	−3.71535	0.805384	0.94069	−3.7103	0.806954	0.938348
C02	−3.70565	0.432382	0.944692	−3.70383	0.434953	0.942298
C03	−3.69816	−0.20562	0.947697	−3.6904	−0.20404	0.945306
C04	−3.68173	−0.91562	0.950703	−3.6738	−0.91304	0.949516

在变形监测工作中,最关心的是每次形变体的形变量,将近景摄影测量所得形变量与全站仪测得的形变量进行对比,见表 8−8 所列。

表 8-8　形变量对比

点名	全站仪形变量（mm）			近景摄影测量方法形变量（mm）			全站仪形变量与近景摄影测量方法形变量之差（mm）		
	ΔX	ΔY	ΔZ	ΔX	ΔY	ΔZ	X 形变量差	Y 形变量差	Z 形变量差
C01	5	0	−1	5.05	1.57	−2.34	0.05	1.57	−1.34
C02	2	1	−1	1.82	2.57	−2.39	−0.18	1.57	−1.39
C03	8	0	−1	7.76	1.58	−2.39	−0.24	1.58	−1.39
C04	7	1	0	7.94	2.58	−1.19	0.94	1.58	−1.19

　　测量结果与像控点的精度有很大的关系，可以通过提高像控点的精度来提高实际监测精度。由表格可以看出，近景摄影测量在 X 方向，即拍摄方向上精度较好，能够满足监测需要。Y 方向和 Z 方向相差大于 1mm，虽然可以用在较精密的变形监测上，但是由于测量的偶然性，存在一定的不确定性。

8.1.6　实例验证

1. 地表监测点布置方案

　　在确定和悦洲崩岸地表监测点布置方案的基础上，于 2015 年 6 月进行了现场点位布置，地表监测基准点和监测点布设如图 8-15(a)、图 8-15(b)所示。

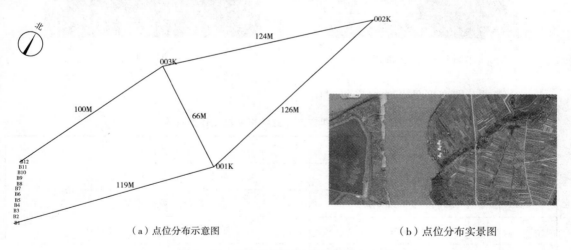

　　　（a）点位分布示意图　　　　　　　　　　（b）点位分布实景图

图 8-15　地表监测基准点和监测点布设

　　控制点布设在离监测点 100m 以外的稳定区域，基准网由控制点 001K、002K 和 003K 组成，B1、B2、B3…B12 为监测点。

2. 数据采集

　　在前期理论分析与实验计算的基础上，目前针对和悦洲边坡滑坡近景摄影变形测量进行了以下几方面工作。

（1）建立外观监测基准点和监测点

表 8 - 9　基准点坐标

控制点	X 方向（m）	Y 方向（m）	Z 方向（m）
001K	1009.2987	1113.5051	47.7069
002K	1096.5465	1205.1305	51.5340
003K	1068.7178	1084.0376	47.5637

图 8 - 16　基准点

图 8 - 17　监测点

（2）完成七期变形外业数据采集工作

表 8 - 10　七期变形外业数据采集工作统计表

序号	日期	备注
1	2015 年 6 月 21 日	外业数据采集，B12 点被破坏
2	2015 年 7 月 1 日	外业数据采集
3	2015 年 9 月 22 日	外业数据采集，B10 点被破坏
4	2015 年 10 月 20 日	外业数据采集
5	2015 年 11 月 23 日	外业数据采集
6	2015 年 12 月 20 日	外业数据采集，B11 点被破坏
7	2016 年 1 月 7 日	外业数据采集
8	2016 年 12 月 7 日	外业数据采集

图 8-18　工程测量外业观测

（3）完成近景摄影测量数据外业采集工作

图 8-19　近景摄影测量外业数据采集

3. 数据报表与数据分析

表 8-11　2015 年 6 月 21 日数据报表

点号	X 方向（m）	Y 方向（m）	Z 方向（m）
B1	975.1730	998.7288	49.9881
B2	978.8562	997.8837	50.3580
B3	982.1523	998.2539	50.4694
B4	985.5232	998.4612	50.5250
B5	988.8382	998.5770	50.5279
B6	992.1576	998.6698	50.4877
B7	995.4342	998.9182	50.4451

（续表）

点号	X 方向(m)	Y 方向(m)	Z 方向(m)
B8	998.6526	999.6323	50.2273
B9	1001.8867	1000.0236	50.0358
B10	1005.1057	1000.4576	49.8468
B11	1008.3795	1000.9773	49.4243
B12	被破坏		
C1	981.9471	1011.3961	47.0546
C2	993.3562	1009.1900	47.3524
C3	991.5774	1015.3290	47.0396
C4	984.4440	1020.6479	46.9997

表 8 - 12 2015 年 7 月 1 日数据报表

点号	X 方向(m)	Y 方向(m)	Z 方向(m)
B1	975.1697	998.7297	49.9879
B2	978.8532	997.8853	50.3554
B3	982.1478	998.2523	50.4678
B4	985.5187	998.4617	50.5238
B5	988.8338	998.5771	50.5264
B6	992.1528	998.6712	50.4864
B7	995.4304	998.9193	50.4441
B8	998.6478	999.6338	50.2255
B9	1001.8828	1000.0239	50.0373
B10	1005.1003	1000.4562	49.8454
B11	1008.3735	1000.9784	49.4241
B12	被破坏		
C1	981.9432	1011.3958	47.0549
C2	993.3512	1009.1883	47.3526
C3	991.5703	1015.3302	47.0404
C4	984.4396	1020.6504	46.9988

表 8-13 2015 年 9 月 22 日数据报表

点号	X 方向（m）	Y 方向（m）	Z 方向（m）
B1	975.1656	998.7313	49.9876
B2	978.8499	997.8878	50.3532
B3	982.1349	998.2505	50.4666
B4	985.5143	998.4621	50.5218
B5	988.8297	998.5776	50.5258
B6	992.1463	998.6727	50.4855
B7	995.4251	998.9204	50.4435
B8	998.6439	999.6351	50.2254
B9	1001.8766	1000.0242	50.0353
B10	被破坏		
B11	1008.3693	1000.9790	49.4240
B12	被破坏		
C1	981.9390	1011.3946	47.0548
C2	993.3448	1009.1847	47.3526
C3	991.5605	1015.3320	47.0413
C4	984.4307	1020.6520	46.9968

表 8-14 2015 年 10 月 20 日数据报表

点号	X 方向（m）	Y 方向（m）	Z 方向（m）
B1	975.1642	998.7301	49.9899
B2	978.8478	997.8874	50.3535
B3	982.1342	998.2489	50.4689
B4	985.5137	998.4608	50.5233
B5	988.8289	998.5768	50.5267
B6	992.1459	998.6707	50.4867
B7	995.4256	998.9199	50.4459
B8	998.6434	999.6329	50.2266
B9	1001.8762	1000.0235	50.0388
B10	被破坏		
B11	1008.3677	1000.9779	49.4230
B12	被破坏		

（续表）

点号	X 方向（m）	Y 方向（m）	Z 方向（m）
C1	981.9386	1011.3944	47.0547
C2	993.3442	1009.1839	47.3546
C3	991.5608	1015.3308	47.0419
C4	984.4311	1020.6506	46.9988

表 8-15　2015 年 11 月 23 日数据报表

点号	X 方向（m）	Y 方向（m）	Z 方向（m）
B1	975.1634	998.7313	49.9903
B2	978.8472	997.8869	50.3547
B3	982.1337	998.2475	50.4694
B4	985.5130	998.4597	50.5248
B5	988.8281	998.5760	50.5276
B6	992.1468	998.6701	50.4876
B7	995.4253	998.9178	50.4452
B8	998.6429	999.6331	50.2288
B9	1001.8758	1000.0228	50.0390
B11	1008.3658	1000.9784	49.4249
C1	981.9387	1011.3938	47.0557
C2	993.3437	1009.1827	47.3564
C3	991.5604	1015.3300	47.0432
C4	984.4320	1020.6497	46.9982

表 8-16　2015 年 12 月 20 日数据报表

点号	X 方向（m）	Y 方向（m）	Z 方向（m）
B1	975.1625	998.7301	49.9912
B2	978.8464	997.8866	50.3557
B3	982.1326	998.2468	50.4692
B4	985.5124	998.4588	50.5257
B5	988.8280	998.5754	50.5283
B6	992.1465	998.6696	50.4870
B7	995.4244	998.9167	50.4465
B8	998.6426	999.6327	50.2297

（续表）

点号	X 方向（m）	Y 方向（m）	Z 方向（m）
B9	1001.8762	1000.0218	50.0384
B10	被破坏		
B11	被破坏		
B12	被破坏		
C1	981.9381	1011.3944	47.0549
C2	993.3431	1009.1814	47.3569
C3	991.5609	1015.3288	47.0438
C4	984.4327	1020.6486	46.9996

表 8-17　2016 年 1 月 7 日数据报表

点号	X 方向（m）	Y 方向（m）	Z 方向（m）
B1	975.1617	998.7288	49.9920
B2	978.8458	997.8877	50.3566
B3	982.1316	998.2458	50.4702
B4	985.5121	998.4578	50.5254
B5	988.8275	998.5742	50.5289
B6	992.1464	998.6685	50.4884
B7	995.4248	998.9159	50.4461
B8	998.6421	999.6322	50.2291
B9	1001.8754	1000.0211	50.0388
B10	被破坏		
B11	被破坏		
B12	被破坏		
C1	981.9384	1011.3940	47.0546
C2	993.3433	1009.1807	47.3577
C3	991.5611	1015.3279	47.0448
C4	984.4323	1020.6473	47.0004

表 8-18　2016 年 12 月 7 日数据报表

点号	X 方向（m）	Y 方向（m）	Z 方向（m）
B1	被破坏		
B2	被破坏		

(续表)

点号	X 方向（m）	Y 方向（m）	Z 方向（m）
B3	被破坏		
B4	985.5194	998.4446	50.4818
B5	988.8357	998.567	50.48725
B6	992.1552	998.6633	50.4466
B7	995.4332	998.9021	50.4003
B8	被破坏		
B9	被破坏		
B10	被破坏		
B11	被破坏		
B12	被破坏		
XB1	982.599	998.3165	50.17513
XB2	998.6182	999.5997	50.08353
XB3	1001.908	999.9929	50.00293
XB4	1005.09	1000.711	49.65315
XB5	1008.335	1001.18	49.28843
XB6	1013.194	1001.547	48.75205
C1	981.9464	1011.398	47.01815
C2	993.3501	1009.178	47.32335
C3	991.5616	1015.334	47.0122
C4	984.4409	1020.656	46.97025

表 8-19　第一次变形量

点号	X 方向（mm）	Y 方向（mm）	Z 方向（mm）
B1	−3.32	0.95	−0.22
B2	−3.02	1.60	−2.63
B3	−4.45	−1.55	−1.52
B4	−4.43	0.53	−1.22
B5	−4.36	0.11	−1.50
B6	−4.77	1.43	−1.28
B7	−3.82	1.05	−0.94
B8	−4.77	1.49	−1.74

（续表）

点号	X 方向（mm）	Y 方向（mm）	Z 方向（mm）
B9	−3.93	0.35	1.48
B10	−5.35	−1.40	−1.42
B11	−6.05	1.08	−0.15
C1	−3.85	−0.22	0.35
C2	−5.03	−1.67	0.18
C3	−7.10	1.24	0.75
C4	−4.36	2.50	−0.92

表 8 - 20　第二次变形量

点号	X 方向（mm）	Y 方向（mm）	Z 方向（mm）
B1	−4.13	1.55	−0.33
B2	−3.35	2.52	−2.18
B3	−12.90	−1.80	−1.25
B4	−4.49	0.43	−1.96
B5	−4.20	0.46	−0.60
B6	−6.53	1.44	−0.85
B7	−5.33	1.15	−0.66
B8	−3.96	1.24	−0.08
B9	−6.22	0.30	−2.00
B11	−4.15	0.62	−0.13
C1	−4.20	−1.26	−0.13
C2	−6.33	−3.58	−0.03
C3	−9.82	1.76	0.90
C4	−8.92	1.65	−1.96

表 8 - 21　第三次变形量

点号	X 方向（mm）	Y 方向（mm）	Z 方向（mm）
B1	−1.36	−1.11	2.35
B2	−2.01	−0.46	0.25
B3	−0.75	−1.60	2.32
B4	−0.50	−1.37	1.49
B5	−0.71	−0.76	0.94

（续表）

点号	X 方向（mm）	Y 方向（mm）	Z 方向（mm）
B6	−0.36	−1.93	1.22
B7	0.57	−0.54	2.39
B8	−0.50	−2.10	1.15
B9	−0.39	−0.70	3.45
B11	−1.65	−1.14	−1.02
C1	−0.43	−0.22	−0.12
C2	−0.64	−0.87	2.00
C3	0.30	−1.24	0.61
C4	0.41	−1.40	1.92

表 8-22 第四次变形量

点号	X 方向（mm）	Y 方向（mm）	Z 方向（mm）
B1	−0.83	1.14	0.42
B2	−0.65	−0.42	1.18
B3	−0.47	−1.41	0.48
B4	−0.76	−1.08	1.45
B5	−0.79	−0.79	0.86
B6	0.85	−0.61	0.84
B7	−0.28	−2.03	−0.68
B8	−0.47	0.15	2.18
B9	−0.40	−0.75	0.21
B11	−1.88	0.53	1.97
C1	0.09	−0.60	1.07
C2	−0.53	−1.20	1.85
C3	−0.40	−0.77	1.30
C4	0.84	−0.89	−0.59

表 8-23 第五次变形量

点号	X 方向（mm）	Y 方向（mm）	Z 方向（mm）
B1	−0.90	−1.21	0.89
B2	−0.76	−0.36	1.02
B3	−1.12	−0.64	−0.22

（续表）

点号	X 方向（mm）	Y 方向（mm）	Z 方向（mm）
B4	−0.55	−0.84	0.92
B5	−0.17	−0.67	0.66
B6	−0.25	−0.57	−0.61
B7	−0.95	−1.10	1.30
B8	−0.33	−0.44	0.92
B9	0.40	−0.99	−0.57
C1	−0.51	0.62	−0.87
C2	−0.51	−1.28	0.52
C3	0.56	−1.23	0.60
C4	0.77	−1.15	1.41

表 8 - 24　第六次变形量

点号	X 方向（mm）	Y 方向（mm）	Z 方向（mm）
B1	−0.78	−1.32	0.76
B2	−0.63	1.07	0.90
B3	−0.99	−1.09	1.07
B4	−0.36	−1.04	−0.31
B5	−0.50	−1.18	0.60
B6	−0.11	−1.05	1.44
B7	0.35	−0.83	−0.44
B8	−0.48	−0.51	−0.60
B9	−0.83	−0.71	0.41
C1	0.28	−0.42	−0.28
C2	0.13	−0.70	0.73
C3	0.16	−0.83	1.05
C4	−0.45	−1.25	0.86

表 8 - 25　第七次变形量

点号	X 方向（mm）	Y 方向（mm）
B4	7.3	−13.2
B5	8.2	−7.2
B6	8.8	−5.2

（续表）

点号	X 方向（mm）	Y 方向（mm）
B7	8.4	−13.8
C1	8.0	4.0
C2	6.8	−2.7
C3	0.5	6.1
C4	8.6	8.7

表 8 − 26　累计变形量

点号	顺河流方向（mm）	垂直河流方向（mm）	竖直方向（mm）
B1	0.0	−11.32	3.88
B2	3.95	−10.42	−1.45
B3	−8.1	−20.67	0.87
B4	−3.8	−16.57	−0.31
B5	−2.52	−10.03	0.60
B6	−2.38	−6.48	1.44
B7	−1.05	−16.1	−0.44
B8	−0.18	−10.5	1.83
B9	−2.5	−11.38	2.97
B11	1.7	−10.2	−0.28

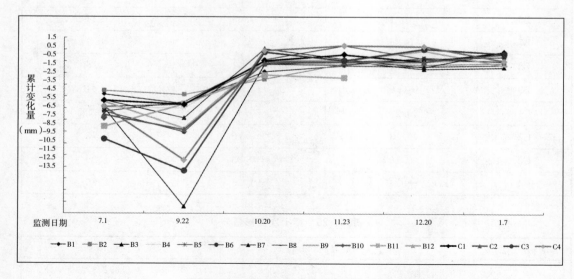

图 8 − 20　和悦洲变形监测变化曲线图

通过对长达一年半的监测数据进行统计分析，可知铜陵市大通镇和悦洲边坡在前两期

（2015 年 6 月 21 日和 2015 年 7 月 1 日）变形相对较大，最大变形量达到了－12.90mm，这主要是因为这段时间属于该区域的汛期，长江水位变化较大，因此边坡受水位变化影响较大，到了后期，如通过 2015 年 9 月 22 日、2015 年 10 月 20 日、2015 年 11 月 23 日、2015 年 12 月 20 日、2016 年 1 月 7 日几期观测数据来看，变形不大，最大变形量也就 1.88mm，监测点变形量大部分时间均在亚毫米以内，变形速率较小，均在 0.03mm/d 左右，变形情况并不是很明显，综合这 5 期监测数据，变形点变形速率均在 0.03mm/d 左右，根据《建筑变形测量规程》（JGJ 8—2007），一般工程若变形速率小于 0.01～0.04mm/d，可认为已经进入稳定阶段。这说明在枯水期铜陵市大通镇和悦洲边坡是稳定的，而 2016 年 12 月 7 日监测数据显示变形量达到了近 1cm。这主要是因为在 2016 年汛期，长江水位过高，铜陵市大通镇和悦洲发生了严重洪涝灾害，导致监测区域所有监测点均被洪水所淹没，因此监测点自身的稳定性也受到了本次洪水影响，监测的结果不能完全反映出铜陵市大通镇和悦洲边坡自身的变化情况，然而这也从另一个侧面反映了监测结果符合实际情况，采用这种监测方法是行之有效的。

8.2 崩岸内部监测方案与分析

8.2.1 监测目的及意义

内陆河流，尤其河流中下游的冲积性河段土质河岸，受自然和人为活动等因素影响，容易坍塌，在国内外河流中常有发生。河道岸坡失稳破坏，沿岸地区的建筑物及耕地等遭到破坏，邻近土地坍塌滑入江河中，坍塌的泥沙形成浅滩，恶化通航条件。为了避免此类事故发生，及时掌握其整体运行状态，须实施工程安全监测。工程安全监测主要是通过获取所监测对象的相关信息以及对监测数据的定性和定量分析，掌握监测对象实际状态及发展趋势，及时发现安全隐患并采取相应措施。具体作用体现在：

（1）实时及定期掌握被监测体的工作状态，评价其安全性。

（2）根据已测资料预测被监测体下一步或近期的工作状态，并给出安全预测评价。

（3）发现异常现象和可能存在的安全隐患，及时报警，并指导调整施工、运行、生产和维护，在出现不良后果之前采取补救措施，在出现险情时指导抢险救灾。

（4）以实测状态检验、提高现有的勘探、设计和施工水平，分析比较实测状态和设计计算结果，反演重要参数（如材料力学参数、初始应力场等），对在现有技术水平条件下的假设理论、计算方法和施工过程等进行校核，并对其中不完善的地方加以改善，从而提高工程建设水平及安全性。

8.2.2 内部监测方案

在 2014 年研究确定和悦洲崩岸监测系统方案的基础上，经过调研，确定仪器具体选型，签订设备采购合同，进行相应的监测设备采购。

5 月份，对现场进行了进一步调查，在典型河段选取监测位置。

经过现场的调查与反复比选，在典型河段选取了测孔位置。一共设置了四个测孔，其中

1#、3#、4#孔为人工测斜孔,孔深分别为 27m、30m、24m。2#孔为自动测斜孔,孔深为
30m。其中自动孔从下至上连接有 8 个自动测斜仪,对应 1#,2#,3#,4#…7#,8#监测
点。测孔布置如图 8-21 所示。

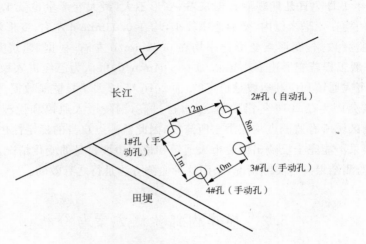

图 8-21 测孔布置

在钻完每个孔之后,分别对其设备进行了安装,确定了测斜方向。手动孔主要埋设有渗压
计,自动孔内埋设有渗压计和自动测斜仪。仪器埋设前后,都对其做了相关测试。在测斜仪与
渗压计安装完毕以后,完成了雨量计及自动采集系统的安装。该系统可以实时监测渗压及位
移并将数据无线传输给接收端。现场钻孔、安装、测试照片如图 8-22～图 8-27 所示。

图 8-22 钻孔

图 8-23 埋设测斜管

图 8-24 埋设测斜仪

图 8-25 雨量计及自动采集系统

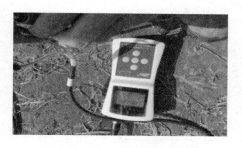
图8-26 测试仪器

图8-27 测孔位置

8.2.3 监测实施过程及数据初步分析

1. 监测数据获得情况

从2015年5月26日至2016年7月2日,利用测斜仪监测崩岸区岸坡的内部位移,用渗压计监测其内部孔隙的水压力,利用安装的雨量计测量降雨指标并记录。雨量、自动孔位移、各孔渗压数据分别按照每0.5小时、2小时、4小时监测一次的频率进行监测。定期去现场测量手动孔位移。

2. 监测数据分析

对采集到的崩岸监测数据做了初步处理与分析。图8-28、图8-29为人工观测孔位移数据,其位移以2015年11月3日监测数据为初值计算;图8-30、图8-31、图8-32为自动孔位移数据,其位移以2015年5月26日监测数据为初值计算。纵坐标位移数值减小,代表岸坡倾向长江。通过绘制曲线图,揭示位移、渗压等变化规律,部分监测数据时间曲线如以下各图所示。

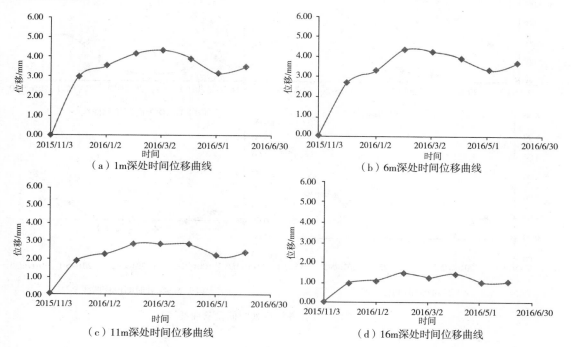

(a) 1m深处时间位移曲线

(b) 6m深处时间位移曲线

(c) 11m深处时间位移曲线

(d) 16m深处时间位移曲线

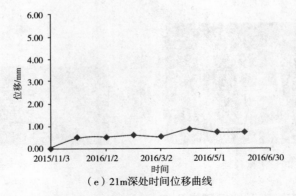

（e）21m深处时间位移曲线

图 8-28　1#孔各深度处时间位移曲线

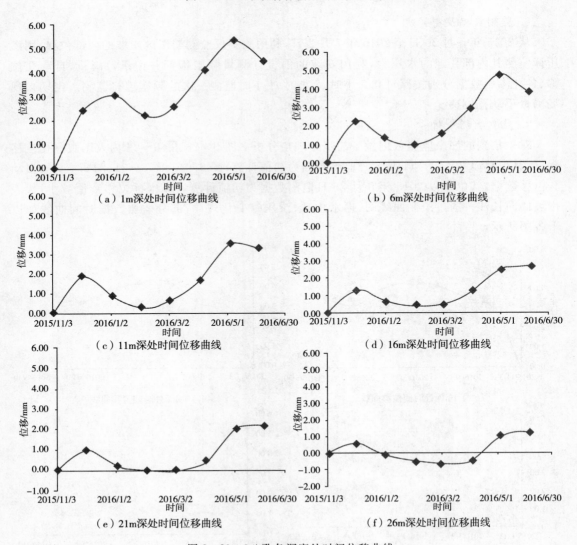

（a）1m深处时间位移曲线　　　　　（b）6m深处时间位移曲线

（c）11m深处时间位移曲线　　　　　（d）16m深处时间位移曲线

（e）21m深处时间位移曲线　　　　　（f）26m深处时间位移曲线

图 8-29　3#孔各深度处时间位移曲线

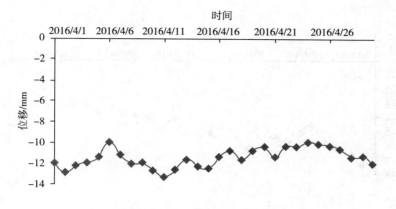

（a）位移时间曲线（2016.4.1—2016.4.30）

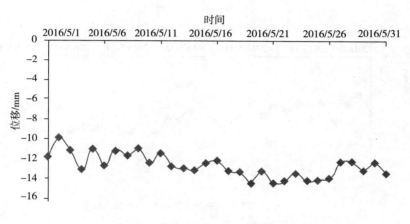

（b）位移时间曲线（2016.5.1—2016.5.31）

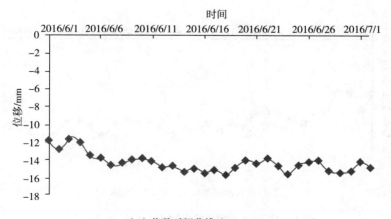

（c）位移时间曲线（2016.6.1—2016.7.2）

图 8-30　2＃孔测点 8 各时间段位移曲线

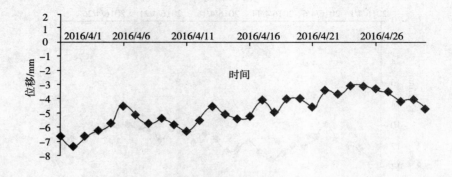

（a）位移时间曲线（2016.4.1—2016.4.30）

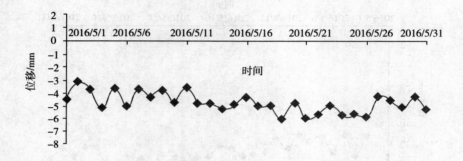

（b）位移时间曲线（2016.5.1—2016.5.31）

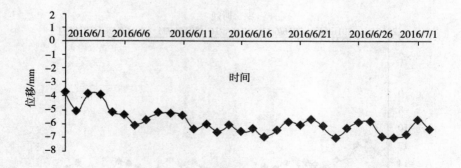

（c）位移时间曲线（2016.6.1—2016.7.2）

图 8-31　2#孔测点 7 各时间段位移曲线

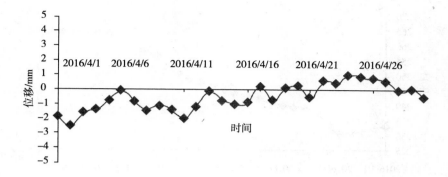

（a）位移时间曲线（2016.4.1—2016.4.30）

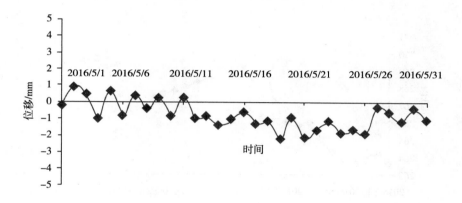

（b）位移时间曲线（2016.5.1—2016.5.31）

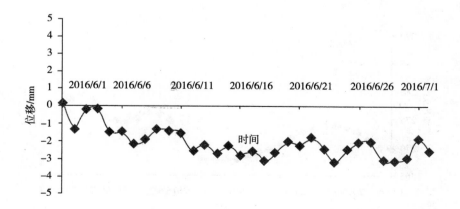

（c）位移时间曲线（2016.6.01—2016.7.2）

图 8-32　2#孔测点 6 各时间段位移曲线

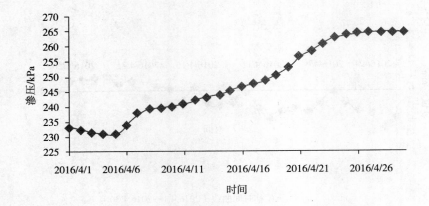

（a）渗压时间曲线（2016.4.1—2016.4.30）

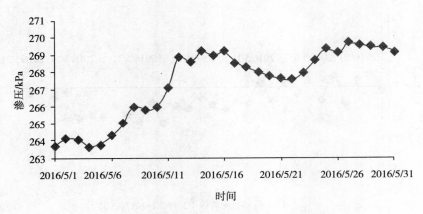

（b）渗压时间曲线（2016.5.1—2016.5.31）

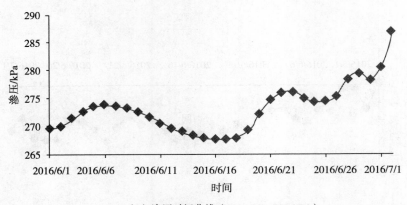

（c）渗压时间曲线（2016.6.1—2016.7.2）

图 8-33　2#孔各时间段渗压时间曲线

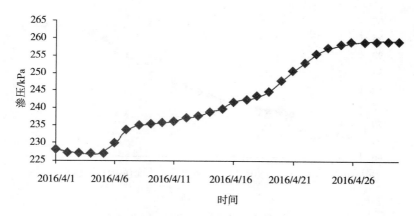

（a）渗压时间曲线（2016.4.1—2016.4.30）

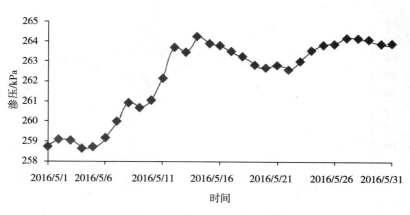

（b）渗压时间曲线（2016.5.1—2016.5.31）

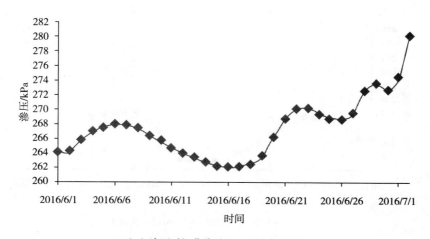

（c）渗压时间曲线（2016.6.1—2016.7.2）

图 8-34 3#孔各时间段渗压时间曲线

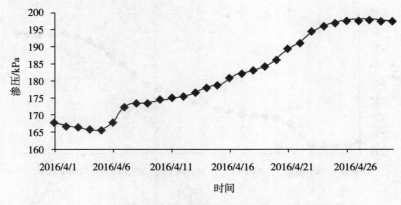

（a）渗压时间曲线（2016.4.1—2016.4.30）

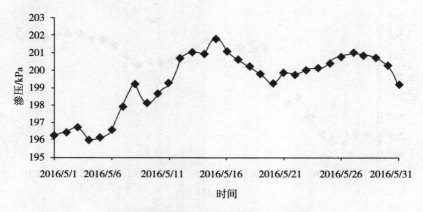

（b）渗压时间曲线（2016.5.1—2016.5.31）

（c）渗压时间曲线（2016.6.1—2016.7.2）

图 8-35   4#孔各时间段渗压时间曲线

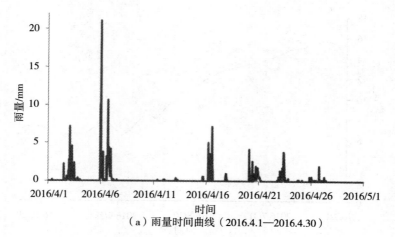

（a）雨量时间曲线（2016.4.1—2016.4.30）

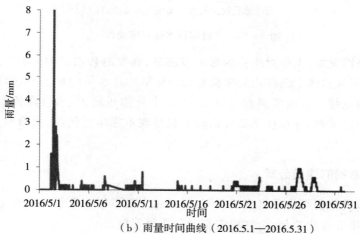

（b）雨量时间曲线（2016.5.1—2016.5.31）

图 8-36　各时间段雨量时间曲线

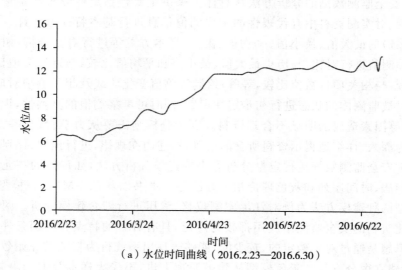

（a）水位时间曲线（2016.2.23—2016.6.30）

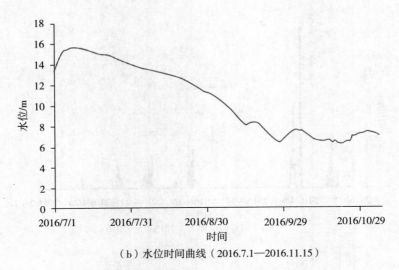

（b）水位时间曲线（2016.7.1—2016.11.15）

图 8-37　各时间段水位时间曲线

对监测数据分析发现,水位对位移的影响较明显,典型时段有:2015 年 7 月水位呈下降趋势,岸坡随水位下降总体上向江内发生位移;2016 年 4 月水位明显上升,岸坡总体上有较明显的倾向陆地的位移。渗压监测数据显示,水位上升渗压增大,水位降低渗压减小,同时降雨对渗压也有一定影响;和悦洲汛期降雨较多且呈现不规律变化,暴雨季节渗压随雨量有明显波动。

8.2.4　监测数据的建模分析

监测数据的建模分析是将采集到的数据,通过建立数学模型揭示其内部变化规律,从而预测江堤位移、渗压等变化趋势,为江堤安全运行提供保障。

1. 监测模型概述

工程中,安全监测数据的分析方法从总体上来讲主要包括定性分析和定量分析。定性分析通常包括:对实测资料中有代表性的主要测值信息进行基本特征值统计,例如,计算某时段(或某区域)的最大值、最小值、平均值、极差、样本方差等进行对比分析,如将新监测值与历史同条件测值进行对比,与历史最大值、最小值和平均值比较,与近期数值比较,与邻近测点数值比较,与相关项目数值比较,等等;绘制实测值变化曲线及相关测项对应曲线,并以这些为基础对被监测体的状态进行初步定性识别,同时可考察测值的真实性,识别由仪器失效、观测失误等因素造成的明显不合理资料。定量分析则需要从力学、数学等方面入手,从定量角度较为深入、详细地揭示资料所含的信息,描述内在规律,进行预测、评判和反演等。

对工程中安全监测数据进行定量分析有多种建模分析方法,如传统的一元线性回归及多元统计回归法、时间序列和灰色理论相关方法等。本书以灰色 GM(1,1)模型和 BP 人工神经网络模型两种建模方法为例对江堤实测位移、渗压进行综合建模分析。两种建模方法目前在水工建筑物的安全监测中应用都较为广泛,且有各自的特点和适用条件。灰色系统建模的基本思想是通过对不确定的、较少的、能够表现出系统行为特征的原始数据系列作生成变换,从而建立微分方程。灰色模型从建模原理上讲,不受大样本数据的限制,有的模型只需四个以上原始数据就可通过生成变换建模。这使得灰色模型具有很强的实用性。人工神经网络模型则是通过模仿神经系统信息传递的途径来建立相应的模型和算法,并利用现有数据对模型进行训练,训练完成之后的神经网络模型虽不是直接看到定量的关系表达式,但其计算功能相当于定量关系表达式,可以通过特定的输入来预测相应的输出。

2. 位移监测数学模型研究

目前,工程监测中数据的数学建模分析方法有很多种,为了适应不同监测项和不同监测数据特点,本书研究 BP 人工神经网络模型和灰色 GM(1,1)模型两种分析方法的基本理论以及其在江堤安全监测中的应用。

(1)BP 人工神经网络模型

① 生物神经元模型

神经系统的基本构造是神经元(神经细胞),它是处理人体内各部分之间相互信息传递的基本单元。据神经生物学家研究的结果表明,人的大脑一般有 $10^{10} \sim 10^{11}$ 个神经元。每个神经元都由一个细胞体、一个连接其他神经元的轴突和一些向外伸出的其他较短分支——树突组成。轴突的功能是将本神经元的输出信号(兴奋)传递给别的神经元。其末端的许多神经末梢使得兴奋可以同时传送给多个神经元。树突的功能是接受来自其他神经元的兴奋。神经元细胞体将接收到的所有信号进行简单的处理后由轴突输出。神经元的树突与另外的神经元的神经末梢相连的部分称为突触。

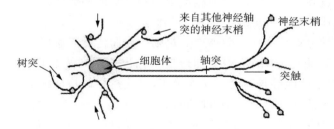

图 8-38　生物神经元示意图

② 人工神经元模型

神经网络是由许多相互连接的处理单元组成。这些处理单元通常线性排列成组,称为层。每一个处理单元有许多输入量,而每一个输入量都相应有一个相关联的权重。处理单元将输入量经过加权求和,并通过传递函数的作用得到输出量,再传给下一层的神经元。目前人们提出的神经元模型已有很多,其中提出最早且影响最大的

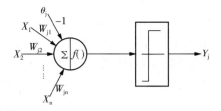

图 8-39　M-P 模型

是 1943 年心理学家 McCulloch 和数学家 Pitts 在分析总结神经元基本特性的基础上首先提出的 M-P 模型,它是大多数神经网络模型的基础。

如式(8-20)所示,θ_j 为神经元单元的偏置(阈值),w_{ji} 为连接权系数(对于激发状态,w_{ji} 取正值,对于抑制状态,w_{ji} 取负值),n 为输入信号数目,Y_j 为神经元输出,t 为时间,f_j 为输出变换函数,有时叫作激发或激励函数,往往采用 0 和 1 二值函数或 S 形函数。

$$Y_j(t) = f\left[\sum_{i=1}^{n}(w_{ji}x_i - \theta_j)\right] \tag{8-20}$$

③ 人工神经网络的基本特性

人工神经网络由神经元模型构成,这种由许多神经元组成的信息处理网络具有并行分布的结构。每个神经元单一输出,并且能够与其他神经元连接;存在许多(多重)输出连接方法,每种连接方法对应一个连接权系数。严格地说,人工神经网络是一种具有下列特性的有向图:

A. 对于每个节点存在一个状态变量 x_i;

B. 从节点 i 至节点 j,存在一个连接权系数 w_{ji};

C. 对于每个节点,存在一个阈值 θ_j;

D. 对于每个节点,定义一个变换函数 $f_j(x_i, w_{ji}, \theta_j)$,$i \neq j$,对于最一般的情况,此函数取 $f_j\left[\sum_i (w_{ji}x_i - \theta_j)\right]$ 形式。

④ 人工神经网络的主要学习算法

神经网络主要通过两种学习算法进行训练,即指导式(有师)学习算法和非指导式(无师)学习算法。此外,还存在第三种学习算法,即强化学习算法,可把它看作有师学习的一种特例。

A. 有师学习:有师学习算法能够根据期望的和实际的网络输出(对应于给定输入)间的差来调整神经元间连接的强度或权。因此,有师学习需要有个老师或导师来提供期望或目标输出信号。有师学习算法的例子包括广义规则或反向传播算法以及 LVQ 算法等。

B. 无师学习:无师学习算法不需要知道期望输出。在训练过程中,只要向神经网络提供输入模式,神经网络就能够自动地适应连接权,以便按相似特征把输入模式分组聚集。无师学习算法的例子包括 Kohonen 算法和 Carpenter-Grossberg 自适应共振理论(ART)等。

C. 强化学习:如前文所述,强化学习是有师学习的特例。它不需要老师给出目标输出。强化学习算法采用一个"评论员"来评价和给定与输入相对应的神经网络输出的优度(质量因数)。

⑤ BP 神经网络原理

基本 BP 算法包括两个方面:信号的前向传播和误差的反向传播。即计算实际输出时按从输入到输出的方向进行,而权值和阈值的修正从输出到输入的方向进行。

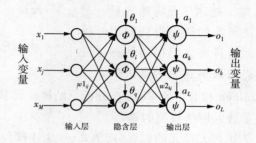

图 8-40 BP 神经网络结构

图中:x_j 表示输入层第 j 个节点的输入,$j = 1, \cdots, M$;

$w1_{ij}$ 表示隐含层第 i 个节点到输入层第 j 个节点之间的权值；

θ_i 表示隐含层第 i 个节点的阈值；

$\varphi(x)$ 表示隐含层的激励函数；

$w2_{ki}$ 表示输出层第 k 个节点到隐含层第 i 个节点之间的权值，$i=1,2,\cdots,q$；

a_k 表示输出层第 k 个节点的阈值，$k=1,2,\cdots,L$；

$\psi(x)$ 表示输出层的激励函数；

o_k 表示输出层第 k 个节点的输出。

A. 信号的前向传播过程

隐含层第 i 个节点的输入 $net1_i$：

$$net1_i = \sum_{j=1}^{M} w1_{ij}x_j - \theta_i \tag{8-21}$$

隐含层第 i 个节点的输出 y_i：

$$y_i = \varphi(net1_i) = \varphi(\sum_{j=1}^{M} w1_{ij}x_j - \theta_i) \tag{8-22}$$

输出层第 k 个节点的输入 $net2_k$：

$$net2_k = \sum_{i=1}^{q} w2_{ki}y_i - a_k = \sum_{i=1}^{q} w2_{ki}\varphi(\sum_{j=1}^{M} w1_{ij}x_j - \theta_i) - a_k \tag{8-23}$$

输出层第 k 个节点的输出 o_k：

$$o_k = \psi(net2_k) = \psi(\sum_{i=1}^{q} w2_{ki}y_i - a_k) = \psi(\sum_{i=1}^{q} w2_{ki}\varphi(\sum_{j=1}^{M} w1_{ij}x_j - \theta_i) - a_k) \tag{8-24}$$

B. 误差的反向传播过程

误差的反向传播，即首先由输出层开始逐层计算各层神经元的输出误差，然后根据误差梯度下降法来调节各层的权值和阈值，使修改后的网络的最终输出能接近期望值。对于每一个样本 p 的二次型误差准则函数为 E_p：

$$E_p = \frac{1}{2} \sum_{k=1}^{L} (T_k - o_k)^2 \tag{8-25}$$

式中：T_k 表示输出层第 k 个节点的实际值。

系统对 P 个训练样本的总误差准则函数为：

$$E = \frac{1}{2} \sum_{p=1}^{P} \sum_{k=1}^{L} (T_k^p - o_k^p)^2 \tag{8-26}$$

根据误差梯度下降法依次修正输出层权值的修正量 $\Delta w2_{ki}$，输出层阈值的修正量 Δa_k，隐含层权值的修正量 $\Delta w1_{ij}$，隐含层阈值的修正量 $\Delta \theta_i$。

$$\Delta w2_{ki} = -\eta \frac{\partial E}{\partial w2_{ki}}; \Delta a_k = -\eta \frac{\partial E}{\partial a_k}; \Delta w1_{ij} = -\eta \frac{\partial E}{\partial w1_{ij}}; \Delta \theta_i = -\eta \frac{\partial E}{\partial \theta_i} \tag{8-27}$$

输出层权值调整公式：

$$\Delta w2_{ki} = -\eta \frac{\partial E}{\partial w2_{ki}} = -\eta \frac{\partial E}{\partial net2_k} \frac{\partial net2_k}{\partial w2_{ki}} = -\eta \frac{\partial E}{\partial o_k} \frac{\partial o_k}{\partial net2_k} \frac{\partial net2_k}{\partial w2_{ki}} \qquad (8-28)$$

输出层阈值调整公式：

$$\Delta a_k = -\eta \frac{\partial E}{\partial a_k} = -\eta \frac{\partial E}{\partial net2_k} \frac{\partial net2_k}{\partial a_k} = -\eta \frac{\partial E}{\partial o_k} \frac{\partial o_k}{\partial net2_k} \frac{\partial net2_k}{\partial a_k} \qquad (8-29)$$

隐含层权值调整公式：

$$\Delta w1_{ij} = -\eta \frac{\partial E}{\partial w1_{ij}} = -\eta \frac{\partial E}{\partial net1_i} \frac{\partial net1_i}{\partial w1_{ij}} = -\eta \frac{\partial E}{\partial y_i} \frac{\partial y_i}{\partial net1_i} \frac{\partial net1_i}{\partial w1_{ij}} \qquad (8-30)$$

隐含层阈值调整公式：

$$\Delta \theta_i = -\eta \frac{\partial E}{\partial \theta_i} = -\eta \frac{\partial E}{\partial net1_i} \frac{\partial net1_i}{\partial \theta_i} = -\eta \frac{\partial E}{\partial y_i} \frac{\partial y_i}{\partial net1_i} \frac{\partial net1_i}{\partial \theta_i} \qquad (8-31)$$

BP 算法程序流程如图 8-41 所示。

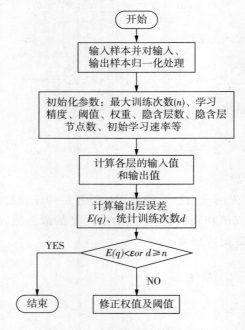

图 8-41 BP 算法程序流程

⑥ 网络的设计

A. 网络的层数

理论上已证明：具有偏差和至少一个 S 型隐含层加上一个线性输出层的网络，能够逼近任何有理数。增加层数可以更进一步降低误差，提高精度，但同时也使网络复杂化，从而增加了网络权值的训练时间。而误差精度的提高实际上也可以通过增加神经元数目来获得，其训练效果也比增加层数更容易观察和调整。一般情况下，应优先考虑增加隐含层中的神经元数。

B. 隐含层的神经元数

网络训练精度的提高,可以通过采用一个隐含层而增加神经元数的方法来获得。这在结构实现上,要比增加隐含层数简单得多。究竟选取多少隐含层在理论上并没有一个明确的规定。在具体设计时,比较实际的做法是通过对不同神经元数进行训练对比,然后适当地加上一点余量。

C. 初始权值的选取

由于系统是非线性的,初始值对于学习是否达到局部最小、是否能够收敛及训练时间的长短关系很大。如果初始值太大,使得加权后的输入和 n 落在了 S 型激活函数的饱和区,从而导致其导数 $f'(n)$ 非常小,而在计算权值修正公式中:因为 $\delta \propto f'(n)$,当 $f'(n) \to 0$ 时,则有 $\delta \to 0$。这使得 $\Delta w_{ij} \to 0$,从而使得调节过程几乎停顿下来。所以一般总是希望经过初始加权后的每个神经元的输出值都接近于零,这样可以保证每个神经元的权值都能够在它们的 S 型激活函数变化最大之处进行调节。所以,一般取初始权值在 $(-1,1)$ 之间的随机数。

D. 学习速率

学习速率决定每一次循环训练中所产生的权值变化量。大的学习速率可能导致系统的不稳定;但小的学习速率导致较长的训练时间,可能收敛很慢,不过能保证网络的误差值不跳出误差表面的低谷而最终趋于最小误差值。所以,在一般情况下,倾向于选取较小的学习速率以保证系统的稳定性。学习速率的选取范围一般在 0.01~0.8 之间。

(2)基于和悦洲数据建立 BP 人工神经网络模型

① BP 人工神经网络模型拟合

以前文获得的和悦洲监测资料为原始数据建立预测模型,分析渗压、位移规律。将水位、累积雨量作为输入因子,临江岸坡位移及渗压作为输出因子构建 BP 神经网络模型。原始数据及模型计算后的拟合数据见表 8-27 所列。

表 8-27　各监测原始数据及位移、渗压拟合数据

时间	雨量/mm	水位/m	位移/mm	渗压/kPa	拟合位移/mm	拟合渗压/kPa
2015/6/30	394.0	13.7	−6.63	278.6	−7.25	275.45
2015/7/5	409.8	13.1	−8.12	274.2	−8.42	274.89
2015/7/10	488.0	13.2	−9.78	275.0	−9.80	273.76
2015/7/15	498.8	12.8	−12.31	270.6	−11.42	272.57
2015/7/20	526.2	12.4	−13.59	267.1	−13.26	270.56
2015/7/25	678.6	12.5	−14.85	268.8	−15.21	265.51
2015/7/30	678.6	12.0	−15.94	264.0	−16.60	261.59
2015/8/4	678.6	11.4	−18.27	257.4	−17.71	256.75
2015/8/9	762.0	10.3	−17.79	247.4	−18.67	248.51
2015/8/14	801.8	9.6	−19.31	242.0	−19.11	243.65

（续表）

时间	雨量/mm	水位/m	位移/mm	渗压/kPa	拟合位移/mm	拟合渗压/kPa
2015/8/19	804.0	9.3	−20.20	239.2	−19.32	241.24

通过对构建的神经网络模型拟合数据与原始数据的比较，求得位移相对误差 $\overline{D}_{位移相对误差}$ ＝3.8%，渗压相对误差 $\overline{D}_{渗压相对误差}$ ＝0.7%，其拟合曲线分别如图 8−42 和图 8−43 所示。

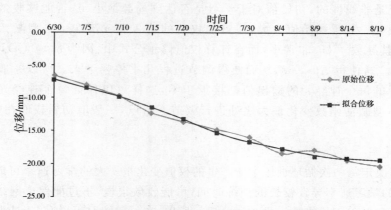

图 8−42　原始位移、拟合位移过程线

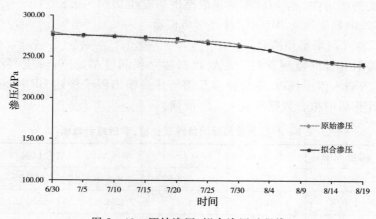

图 8−43　原始渗压、拟合渗压过程线

② BP 人工神经网络模型预测

对后三个时段位移及渗压进行了预测，各监测原始数据及预测位移、渗压数据见表 8−28 所列。位移预测相对误差 $\overline{D}_{位移预测误差}$ ＝1.2%，渗压预测相对误差 $\overline{D}_{渗压预测误差}$ ＝0.6%。位移、渗压预测曲线分别如图 8−44 和图 8−45 所示。

表 8−28　各监测原始数据及预测位移、渗压数据表

时间	前期雨量和/mm	水位/m	位移/mm	渗压/kPa	预测位移/mm	预测渗压/kPa
2015/8/24	0.00	9.11	−20.2	237.8	−19.71	239.5

（续表）

时间	前期雨量和/ mm	水位/m	位移/mm	渗压/kPa	预测位移/mm	预测渗压/kPa
2015/8/29	0.00	9.0	−20.06	236.8	−20.21	235.34
2015/9/3	0.00	9.01	−20.68	236.5	−20.55	235.31

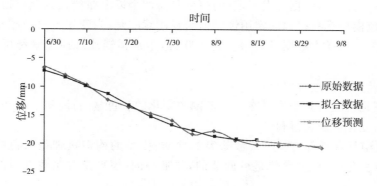

图 8-44　位移预测曲线

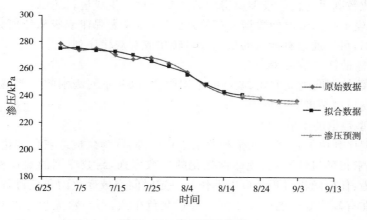

图 8-45　渗压预测曲线

由相对误差及预测曲线可知预测效果良好,依照本书预测方法,可以实现在当前监测数据基础上对后期位移、渗压的有效预测。

（3）灰色模型

① 灰色系统的基本概念

灰色系统理论是由我国著名学者邓聚龙教授于1982年首次提出来的,是一种对信息部分已知、部分未知的含有不确定因素的系统进行分析的方法,将随机量当作是一定范围内变化的灰色量,将随机过程当作是灰色过程。自该系统理论诞生以来,它已应用到自然科学和社会科学等诸多领域,如工业、农业、社会、经济、管理等,解决了人民生产、生活中的大量问题。

② 灰色 GM 模型

灰色模型简称 GM 模型,是灰色控制理论的基础,也是灰色系统理论的基本模型。它依据能够描述对象行为的数据,发掘出系统各因素之间的数学关系,并以此来对系统行为的规律和发展趋势作出判断。灰色建模的目标是微分方程模型的建立,往往可以用较少的数据建模对动态信息进行开发与利用。灰色系统建模的基本思想是通过利用不确定的、较少的、能够表现出系统行为特征的原始数据系列作生成变换,从而建立微分方程。灰色模型从建模原理上讲,不受大样本数据的限制,有的模型只需四个以上原始数据就可通过生成变换建模。这使得灰色模型具有很强的实用性。但需要注意的是,当使用少量数据建模时,要求模型质量与每个参与的样本数据具有很大的关联性,个别错误或规律异常都可能使模型的结果差别很大。

灰色模型及其建模过程要点:

A. 灰色理论将随机量当作是在一定范围内变化的灰色量,将随机过程当作是在一定范围、一定时区内变化的灰色过程。

B. 灰色模型具有微分、差分、指数兼容的性质;模型的构造机理是灰色的;模型结构具有弹性,是可以变化的;模型参数是可调节的,非唯一的;模型是常系数性质的,其参数分布是灰色的。

C. 灰色模型实际上是生成数列模型,即将无规律的原始数据经生成变换后,使其变为较有规律的生成数列再建模。模型所得的数据要经过逆生成进行还原。

D. 灰色建模不必知道原始数据分布的先验特征,对无规律或服从任何分布的任意光滑离散的原始序列,可以通过有限次的生成即可转化成有规律序列。

E. 建模所需的样本数目少。

F. 通过灰数的不同生成方式、数据的不同取舍,以及不同级别的残差模型等方法,可以调整、修正、提高模型精度。

③ 灰色模型数据的生成

将原始数据序列中的数据按照某种要求进行处理,称为生成。灰色理论对灰量、灰过程的处理,目的是求得随机性弱化、规律性强化的新数序列,新数序列的数据称为生成数。灰色系统理论认为:任何随机过程都可以看作是一定时间空域变化的灰色过程,无规律离散的时空数列是潜在有规律数列的外在表现。通过灰色生成,可以将无规律的数列变成有规律的数列。灰色生成是灰色模型建立的基础。生成函数是灰色系统研究的重要组成及特色。生成方式有累加生成、累减生成、均质化生成等。下面以累加生成为例来介绍。

累加生成(AGO):原始数据序列第一个数据不变,作为新数据序列的第一个数据,原始数据序列第一、第二个数据和,作为新数据序列的第二个数据,原始数据序列第一、第二、第三个数据和,作为新 数据序列的第三个数据 …… 依次类推得到累加生成序列。记 $X_1^{(0)}$ 为原始数据序列,

$$X_1^{(0)} = (x_1^{(0)}(1), x_1^{(0)}(2), \cdots, x_1^{(0)}(n))$$

对应的一次累加生成序列为:

$$x_1^{(1)}(k) = \sum_{i=1}^{k} x_1^{(0)}(i), k = 1, 2, \cdots, n$$

累加生成是为建模提供中间信息和减弱数据序列的随机性。非负光滑离散函数累加生成后有灰指数性。如图 8-46 所示,图(a)原始序列曲线有明显的摆动性;图(b)为其一次累加生成序列曲线,数据规律增强,随机性减弱。

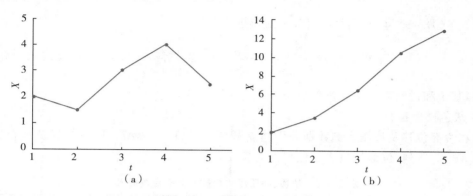

图 8-46 灰色模型一次累加生成示意图

④ GM(1,1)模型建立

灰色系统理论是基于关联空间、光滑离散函数等概念定义灰导数与灰微分方程,进而用离散数据序列建立微分方程形式的模型,由于这是本征灰色系统的基本模型,而且模型是近似的、非唯一的,故称这种模型为灰色模型,记为 GM(Grey Model),即灰色模型是利用离散随机数经过生成变为随机性被显著削弱而且较有规律的生成数,建立起的微分方程形式的模型,这样便于对其变化过程进行研究和描述。

设 $\boldsymbol{X}^{(0)} = (x^{(0)}(1), x^{(0)}(2), \cdots, x^{(0)}(n))$ 为系统特征数据系列,$\boldsymbol{X}^{(1)}$ 为 $\boldsymbol{X}^{(0)}$ 的 1-AGO 序列,$\boldsymbol{Z}^{(1)}$ 为 $\boldsymbol{X}^{(1)}$ 的紧邻均值生成序列,则称

$$x^{(0)}(t) + az^{(1)}(t) = b \tag{8-32}$$

$$z^{(1)}(t) = 0.5x^{(1)}(t) + 0.5x^{(1)}(t-1) \tag{8-33}$$

为 GM(1,1)模型。

其白化方程为:

$$\frac{\mathrm{d}x^{(1)}(t)}{\mathrm{d}t} + ax^{(1)}(t) = b \tag{8-34}$$

在 GM(1,1)模型中,a 称为系统发展系数,b 称为灰色作用量。记

$$B = \begin{bmatrix} -z^{(1)}(2) & , & 1 \\ -z^{(1)}(3) & , & 1 \\ \vdots & \vdots & \vdots \\ -z^{(1)}(n) & , & 1 \end{bmatrix}, Y = \begin{bmatrix} x^{(0)}(2) \\ x^{(0)}(3) \\ \vdots \\ x^{(0)}(n) \end{bmatrix}$$

则参数列 $\hat{a} = [a, b]^{\mathrm{T}}$ 的最小二乘估计满足

$$\hat{a} = (B^{\mathrm{T}}B)^{-1}B^{\mathrm{T}}Y \tag{8-35}$$

其时间响应式为：

$$\hat{x}^{(1)}(t+1)=(x^{(1)}(0)-\frac{b}{a})e^{-at}+\frac{b}{a},t=1,2,\cdots,n \qquad (8-36)$$

取 $x^{(1)}(0)=x^{(0)}(1)$，则最终时间响应函数为：

$$\hat{x}^{(1)}(t+1)=(x^{(0)}(1)-\frac{b}{a})e^{-at}+\frac{b}{a},t=1,2,\cdots,n \qquad (8-37)$$

(4)基于和悦洲数据建立灰色模型

① 灰色模型拟合

以和悦洲位移及渗压实测数据分别建立灰色 GM(1,1)模型。原始数据及拟合后的数据见表 8-29 所列，位移为负表示位移偏向长江。

表 8-29 位移、渗压原始数据及其拟合数据表

时间	位移/mm	拟合位移/mm	渗压/kPa	拟合渗压/kPa
2015/6/30	−6.63	−6.63	278.61	278.61
2015/7/5	−8.12	−10.034	274.18	279.717
2015/7/10	−9.78	−10.914	274.97	275.278
2015/7/15	−12.31	−11.872	270.62	270.909
2015/7/20	−13.59	−12.914	267.06	266.61
2015/7/25	−14.85	−14.047	268.75	262.379
2015/7/30	−15.94	−15.279	264.03	258.215
2015/8/4	−18.27	−16.62	257.35	254.117
2015/8/9	−17.79	−18.078	247.40	250.084
2015/8/14	−19.31	−19.665	242.04	246.115
2015/8/19	−20.20	−21.39	239.23	242.209

通过构建的灰色模型拟合数据与原始数据的比较，求得位移相对误差 $\overline{D}_{位移相对误差}=6.5\%$，渗压相对误差 $\overline{D}_{渗压相对误差}=1.1\%$。其拟合曲线分别如图 8-47 和图 8-48 所示。

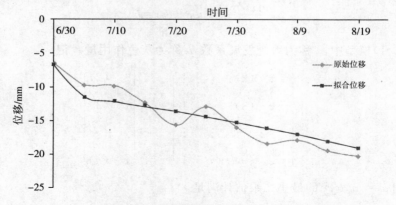

图 8-47 原始位移、拟合位移过程线

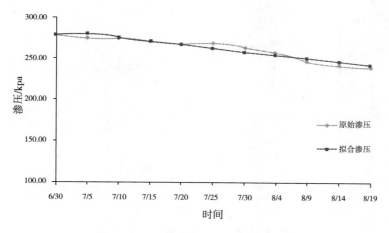

图 8-48 原始渗压、拟合渗压过程线

② 灰色模型预测

对后三个时段位移及渗压进行了预测,各实测数据及预测位移、渗压数据见表 8-30 所列。位移预测相对误差 $\overline{\Delta}_{位移预测误差}=5.2\%$,渗压预测相对误差 $\overline{\Delta}_{渗压预测误差}=1.2\%$。其预测曲线分别如图 8-49 和图 8-50 所示。

表 8-30 各监测原始数据及预测位移、渗压数据表

时间	原始位移/mm	渗压/kPa	预测位移/mm	预测渗压/kPa
2015/8/24	-20.2	237.8	-20.133	238.366
2015/8/29	-20.06	236.8	-21.304	234.583
2015/9/3	-20.68	236.5	-22.544	230.86

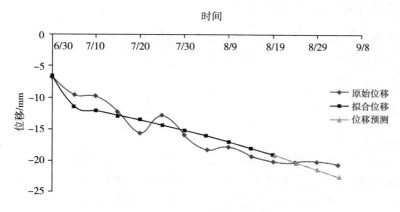

图 8-49 位移预测曲线

由相对误差及预测曲线可知预测效果良好,依照本文预测方法,可以实现在当前监测数据基础上对后期位移、渗压的有效预测。

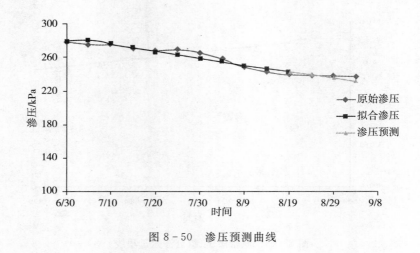

图 8 - 50　渗压预测曲线

8.3　崩岸监测关键指标研究

8.3.1　主要研究内容

影响岸坡稳定的诸多因素中,有的能够被定量描述,但更多的是不能被定量描述的定性因素,这就导致原本就十分复杂的问题变得更加难以捉摸。虽然分析岸坡稳定性的方法和手段比较多,但是都无法很好地解决其中大量存在的随机模糊性问题,因此,本书基于前人的研究成果,对模糊综合评价方法进行了研究,引入隶属函数以及合理的权重确定方法,建立针对铜陵和悦洲岸坡工程的模糊综合安全评价模型。

8.3.2　研究方案和技术路线

(1)根据工程实际,结合监测概况,对岸坡安全影响因素及安全评价方法进行研究。

(2)通过监测数据分析处理,针对数据特点,选择合理的权值及隶属函数模型,构建岸坡安全评价模型。

8.3.3　基本理论

1. 模糊数学基本概念

模糊数学是美国控制论专家查德(Zadeh)于 1965 年首先在其论文《模糊集合》中提出的,经过多年的发展,该理论方法逐步完善,已广泛应用到许多学科领域。由于模糊数学在处理实际问题时不仅能和精确数学结合使用且又别于精确数学,因此它被广泛应用,这也使它成为较为争议的新兴学科。模糊数学拓宽并发展了经典的精确数学,为我们找到了一条能够解决那些不确定性现象的方法,使数学有了新的升华。

模糊数学是一门研究和处理那些具有模糊现象的科学,所揭示的就是那些客观事物存在差异的中间过渡性所带来的判断或划分的不确定性问题。它定义的隶属函数,使人们从模糊事物中由"亦此亦彼"得到"非此即彼"成为可能,为人们掌握事物的属性程度提供了有效的方法。

(1)模糊集基础

所谓模糊集合(Fuzzy sets)是指用来表示那些界限或边界不明确且具有特定性质的事物集合,跟普通集合相同,模糊集合也表示为某个论域的子集,所以模糊集合又称作模糊子集。模糊集合是一种数学工具,它可以将表示如严重、中等、轻微等差异不清的形容词转换成特定的隶属函数,然后用经典数学的逻辑运算来解决那些由简单到复杂的各种问题。

① 模糊集定义

定义:设在论域 X 上定义了映射 u,则 u 有下面的关系:

$$u:X \longrightarrow [0,1] \tag{8-38}$$

那么 u 就确定了 $u_A(x)$ 个关于 X 上的模糊集合,这里记 $A \in u(x)$,则模糊事件 A 的隶属函数就为 u。当 $x_0 \in X$,$u_A(x)$ 称为元素 x_0 对于 A 的隶属度,表示元素 x 对于模糊事件 A 的隶属的大小,或者叫隶属程度。

模糊集合是用它的隶属函数来刻画表述的,并且这种刻画表述是完全的。$u_A(x)$ 的大小所反映的本质是 x 隶属于模糊集合的程度大小。$u_A(x)$ 的值越接近 1,表示 x 对于 A 有很高隶属程度;$u_A(x)$ 的值越靠近 0,则恰好相反。那么当 $u_A(x)=0$ 或 1 时模糊集就退化成了经典集合。

② 模糊集的表示方法

定义在论域 X 上的模糊集合 A 表示方法主要有两类:一类是有限模糊集表示法;另一类是无限模糊集表示法。

A. 有限模糊集表示法

a. Zadeh 表示法

设论域 $X=\{x_1,x_2,\cdots,x_n\}$,则模糊集为:

$$A=\frac{u_A(x_1)}{x_1}+\frac{u_A(x_2)}{x_2}+\cdots+\frac{u_A(x_n)}{x_n}=\sum_{i=1}^{n}\frac{u_A(x_i)}{x_i} \tag{8-39}$$

b. 序偶表示法

模糊集 A 用论域中的元素 x_i 与其对应的隶属度 $u_A(x_i)$ 组成的序偶描述,即:

$$A=\{(x_1,u_A(x_1)),\cdots,(x_i,u_A(x_i)),\cdots,(x_n,u_A(x_n))\} \tag{8-40}$$

c. 向量表示法

模糊集写成向量的形式表示,即:

$$A=\{u_A(x_1),\cdots,u_A(x_i),\cdots,u_A(x_n)\} \tag{8-41}$$

在以上三种有限模糊集表示法中要注意公式中的"$\frac{u_A(x_i)}{x_i}$"不是表示经典数学上的"分数",而是表示论域 X 中的因素 x_i 与其隶属于 A 的隶属度 $u_A(x)$ 之间一对一关系,公式中的"$+$"也不表示求和,而是为了表述模糊集在论域 X 上的整体。采用序偶法表示法时隶属度为 0 的项可以不用写入序偶集合中,但使用向量法表示法时隶属度为 0 的项则必须写进向量中。

B. 无限模糊集表示法

若论域 X 为无限集,则此时论域 X 上的模糊集合就要用式(8-42)进行表示:

$$A = \int_x \frac{u_A(x)}{x} \tag{8-42}$$

这里的符号 "$\frac{u_A(x)}{x}$" 的意义和有限模糊集表示方法一致。"$\int$"不代表"积分"或"求和"符号,是描述论域 X 上的元素 x 与隶属度 $u_A(x)$ 对应关系的整体。

C. 模糊集合的运算

模糊集合的运算可以用经典集合推广得到,由于模糊集中没有点和集之间的绝对关系,所以运算只能用隶属函数间的关系来确定。

设 $A, B \in \tilde{\omega}(X), u_A(x), u_B(x)$ 分别为模糊集合 A, B 的隶属函数。则模糊集合间有下面的运算关系。

包含:$A \subset B \Leftrightarrow u_A(x) \leqslant u_B(x), \forall x \in X$;

相等:$A = B \Leftrightarrow u_A(x) = u_B(x), \forall x \in X$;

并:$u_{A \cup B}(x) \Leftrightarrow u_A(x) \vee u_B(x), \forall x \in X$;

交:$u_{A \cap B}(x) \Leftrightarrow u_A(x) \wedge u_B(x), \forall x \in X$;

补:$u_{A^c}(x) \Leftrightarrow 1 - u_A(x), \forall x \in X$。

式中:"$\Leftrightarrow$"——等价符号,表示前后两者等价。

"$\wedge$"——取小符号,表示两者中取小者。

"$\vee$"——取大符号,表示两者中取大者。

"$\subset$"——包含符号,表示后者包含前者。

图 8-51 到图 8-53 给出了 $u_{A \cup B}(x)$、$u_{A \cap B}(x)$ 以及 $u_{A^c}(x)$ 的示意图,图中加粗线以下部分就为其对应的模糊集合。

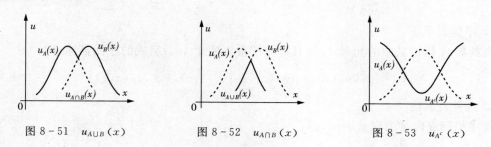

图 8-51　$u_{A \cup B}(x)$　　　　图 8-52　$u_{A \cap B}(x)$　　　　图 8-53　$u_{A^c}(x)$

(2)模糊关系

模糊关系是上述模糊集概念的进一步推广和发展,如果假设评判指标集为 U,评判集为 V,分别是有限集并分别表述为 $U = \{u_1, u_2, \cdots, u_n\}$,$V = \{v_1, v_2, \cdots, v_m\}$,这里设 $U \times V$ 的模糊关系矩阵为 $\boldsymbol{R}$,是一个 $n \times m$ 阶矩阵,即:

$$\boldsymbol{R}=\begin{bmatrix} r_{11} & r_{12} & \cdots & r_{1m} \\ r_{21} & r_{22} & \cdots & r_{2m} \\ \vdots & \vdots & \ddots & \vdots \\ r_{n1} & r_{n2} & \cdots & r_{nm} \end{bmatrix} \qquad (8-43)$$

式中：r_{ij} 表示集合 U 中第 i 个元素 u_i，隶属集合 V 中第 j 个元素 v_j 的程度，其中 $r_{ij} \in [0,1]$。

2. 模糊综合评判的基本模型

综合评判归根结底就是对受到多个因素影响的对象做出一个总的评价，这种评价问题在科研工作中会经常遇到，如科技成果鉴定、工程质量评定、岸坡安全评价等都属于此类问题。由于这种从多方面的事物评价问题具有一定的模糊性和主观性，因此利用模糊数学方法实施综合评判能够尽量使结果客观，从而取得较好的评判效果。在模糊综合评判理论体系里主要三种评判形式，分别为单因素评判；二级评判；多层次级评判。

(1)一级评判模型的建立

具体实施步骤如下。

① 建立评判因素集 $U=\{u_1,u_2,\cdots,u_n\}$

其中 $u_i,i=1,2,\cdots,n$ 为评价因素，n 是同一层次评价因素的个数。所谓评价因素就是对象的各种属性或性能，它们能综合地反映出对象状态。

② 建立评判集 $V=\{v_1,v_2,\cdots,v_m\}$

其中 $v_i,i=1,2,\cdots,m$ 为评价因素，m 是评判集的元素个数，即等级数或评语档次数。这一集合规定了评价对象的评价结果的选择范围。

③ 确定隶属度矩阵 $\boldsymbol{R}$

建立隶属度矩阵的过程也称为单因素评判，即对第 i 个评价因素 $u_i,i=1,2,\cdots,n$ 进行单因素评价得到一个相对于评判集 V 的模糊向量：$\boldsymbol{R}_i=(r_{i1},\cdots,r_{ij},\cdots,r_{im}),i=1,2,\cdots,n$；$j=1,2,\cdots,m$。$r_{ij}$ 为评价因素 u_i 具有 v_j 的程度，$0 \leqslant r_{ij} \leqslant 1$。

若对 n 个评价因素逐一进行单因素评价则得到一个 $n \times m$ 阶矩阵 R，此矩阵就是隶属度矩阵又称单因素评判矩阵。显然，该矩阵中的每一行是对每一个单因素的评判结果，整个矩阵包含了按评判集 V 对评价因素集 U 实施评价所获得的全部信息。

④ 确定权重向量 $\boldsymbol{W}=(w_1,w_2,\cdots,w_n)$

其中 $w_i,i=1,2,\cdots,n$ 表示评价因素 $u_i,i=1,2,\cdots,m$ 相对于总体的重要程度，即分配 u_i 的权重，且必须满足 $\sum_i^n w_i=1,0 \leqslant w_{ij} \leqslant 1$。

⑤ 综合评判

权重向量 $\boldsymbol{W}$ 与判断矩阵 $\boldsymbol{R}$ 的合成就是该事物的最终评价结果 $\boldsymbol{B}$，即模型为：

$$\boldsymbol{B}=\boldsymbol{W} \circ \boldsymbol{R}=(b_1,b_2,\cdots,b_m) \qquad (8-44)$$

$\boldsymbol{B}$ 是评价评判集 V 上的模糊子集。若评判结果 $\sum_i^m b_i \neq 1$，就对其进行归一化处理。

从上述模糊综合评判的 5 个步骤可以看出，建立单因素评判矩阵 $\boldsymbol{R}$ 和确定权重分配 $\boldsymbol{W}$ 是两项关键性的工作，但同时又没有统一的格式可以遵循，本书将对其进行详细的研究。

（2）多级评判模型的建立

在比较复杂的工程评价中，通常要考虑的因素很多，有时需要把因素按某些特性分成若干类别，并且有些因素还要再细分，形成评判层次结构，并对各层次划分相同的评判等级数目，确定各评判因素对各个评判等级的隶属函数，求出各层次的模糊矩阵。具体的评判顺序一般为：先实施最低层次的单因素评判，再由最低层的评判结果构成其上一层次的模糊矩阵，进而实施上一层次的模糊综合评判，自底而上逐层进行模糊综合，最终得到评判对象整体的综合评判结果，具体步骤如下。

第一步：将评判因素集 $U = \{u_1, u_2, \cdots, u_n\}$ 按某种属性类别的不同将其划分成符合评判基本条件的 S 个集合 $U_i = \{u_{i1}, u_{i2}, \cdots, u_{in}\}, i = 1, 2, \cdots, S$。

第二步：对划分的每一个因素集 U_i，分别进行综合评判。设 $V = \{v_1, v_2, \cdots, v_m\}$ 为评判集，U_i 中各因素的权重向量为：$\boldsymbol{W}_i = (w_{i1}, w_{i2}, \cdots, w_{in})$，其中 $\sum_j^n w_{ij} = 1, 0 \leqslant w_{ij} \leqslant 1$。若 R_i 为 U_i 中各个因素评判结果向量组成的单因素评判矩阵，则按照式（8-45）可算出一级评判结果向量 B_i。

$$\boldsymbol{B}_i = \boldsymbol{W}_i \circ \boldsymbol{R}_i = (b_{i1}, b_{i2}, \cdots, b_{im}), i = 1, 2, \cdots, S \tag{8-45}$$

第三步：将每个 U_i 再看作是一个因素，并记 $U = \{U_1, U_2, \cdots, U_S\}$，这样又构成的因素集 U 的单因素评判矩阵为：

$$\boldsymbol{R} = \begin{pmatrix} \boldsymbol{B}_1 \\ \boldsymbol{B}_2 \\ \vdots \\ \boldsymbol{B}_S \end{pmatrix} = \begin{pmatrix} b_{11} & b_{12} & \cdots & b_{1m} \\ b_{21} & b_{22} & \cdots & b_{2m} \\ \vdots & \vdots & \ddots & \vdots \\ b_{s1} & b_{s2} & \cdots & b_{sm} \end{pmatrix} \tag{8-46}$$

每个 U_i 作为 U 的一部分，反映了 U 的某种特性，可以按照它们相对重要性程度给出 U 中各因素的权重向量 $\boldsymbol{W} = (w_1, w_2 \cdots, w_S)$，则就可以得到二级评判结果向量为：

$$\boldsymbol{B} = \boldsymbol{W} \circ \boldsymbol{R} = (b_1, b_2, \cdots, b_m) \tag{8-47}$$

如果对于每个子因素集 $U_i, i = 1, 2, \cdots, S$ 仍然含有较多的因素，那么可再将 U_i 进行划分，于是就有了三级评判模型，自然也有四级、五级等多级模糊综合评判模型。

3. 隶属函数的确定

（1）隶属函数的确定原则

隶属函数不只是在模糊数学理论中具有较重的地位，在实践应用中其确定方法也是较为关键的问题。从以上模糊综合评判相关概述可以看出，隶属度是连接评判因素与评判等级的纽带，而隶属度是通过隶属函数实现的，模糊综合评判的关键在于选择合适的隶属度。但隶属度的确定多数是通过人为主观判断的，具有多种形式，没有统一的标准，大多数的隶属度确定的方法还处于经验和实验阶段，这也说明了其依赖于人主观对事物的描述具有模糊性的特点。虽然隶属函数的确定方式比较主观，但是隶属函数的确定也要遵守一定的原则。

① 隶属函数要具有最大隶属度函数点向外延伸时单调递减的几何形状,具备单峰特性。

② 隶属函数要满足语意级别规则,根据模糊现象的特点,避免重叠,在不违背常识和经验基础上借鉴和总结前人的研究成果。

③ 变量所取的隶属函数一般是平衡与对称的。

④ 通过学习以及经验不断修改初步建立的隶属函数,使之逐渐趋于完善。

(2)隶属函数的确定方法

鉴于隶属函数在模糊理论中举足轻重的地位,许多学者专家都对确定隶属函数的方法做了深入研究,至今确定隶属函数的方法已有十几种被提出,而且有些方法基本上消除了人的主观影响。以下介绍几种有代表性的方法。

① 模糊统计方法

模糊统计方法确定的隶属函数是经过模糊统计试验得出的。设在模糊统计实验中,做 n 次实验,即样本空间为 n,计算 u_0 对 V 的隶属频率。

$$u_0 \text{ 对 } V \text{ 的隶属频率} = \frac{\text{“}u_0 \in V\text{”的次数}}{n} \qquad (8-48)$$

随着样本数 n 的增大,隶属频率将趋于稳定,称为隶属频率的稳定性。频率稳定值叫作 u_0 对 V 的隶属度。

② 专家给定法

专家根据经验对评判事物中的因素进行打分,其本质要求是排序。

③ 模糊分布法

实数域 R 上模糊集合的隶属函数称为模糊分布。在很多问题中可以根据具体的评判事物确定隶属函数的大致形状,并在模糊分布中进行选择,确定其中的参数,进而确定隶属函数。常用的模糊分布隶属函数有以下几种。

A. 矩形分布与半矩形分布

a. 偏小型

$$A(x) = \begin{cases} 1 & x \leqslant a \\ 0 & x > a \end{cases} \qquad (8-49)$$

b. 偏大型

$$A(x) = \begin{cases} 0 & x < a \\ 1 & x \geqslant a \end{cases} \qquad (8-50)$$

c. 中间型

$$A(x) = \begin{cases} 0 & x < a \\ 1 & a \leqslant x \leqslant b \\ 0 & x > b \end{cases} \qquad (8-51)$$

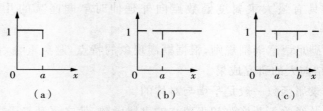

图 8-54 矩形分布

B. 梯形分布与半梯形分布

a. 偏小型

$$A(x) = \begin{cases} 1 & x < a \\ \dfrac{b-x}{b-a} & a \leqslant x \leqslant b \\ 0 & x > b \end{cases} \qquad (8-52)$$

b. 偏大型

$$A(x) = \begin{cases} 0 & x < a \\ \dfrac{x-a}{b-a} & a \leqslant x \leqslant b \\ 1 & x > b \end{cases} \qquad (8-53)$$

c. 中间型

$$A(x) = \begin{cases} 0 & x < a \\ \dfrac{x-a}{b-a} & a \leqslant x < b \\ 1 & b \leqslant x < c \\ \dfrac{d-x}{d-c} & c \leqslant x < d \\ 0 & x \geqslant d \end{cases} \qquad (8-54)$$

  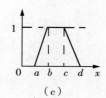

图 8-55 梯形分布

C. 抛物线分布

a. 偏小型

$$A(x)=\begin{cases} 1 & x<a \\ \left(\dfrac{b-x}{b-a}\right)^k & a\leqslant x<b \\ 0 & x\geqslant b \end{cases} \tag{8-55}$$

b. 偏大型

$$A(x)=\begin{cases} 0 & x<a \\ \left(\dfrac{x-a}{b-a}\right)^k & a\leqslant x<b \\ 1 & x\geqslant b \end{cases} \tag{8-56}$$

c. 中间型

$$A(x)=\begin{cases} 0 & x<a \\ \left(\dfrac{x-a}{b-a}\right)^k & a\leqslant x<b \\ 1 & b\leqslant x<c \\ \left(\dfrac{d-x}{d-c}\right)^k & c\leqslant x<d \\ 0 & x\geqslant d \end{cases} \tag{8-57}$$

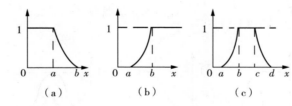

图 8-56 抛物线分布

D. 正态分布

a. 偏小型

$$A(x)=\begin{cases} 1 & x\leqslant a \\ e^{-\left(\frac{x-a}{\sigma}\right)^2} & x>a \end{cases} \tag{8-58}$$

b. 偏大型

$$A(x)=\begin{cases} 0 & x\leqslant a \\ 1-e^{-\left(\frac{x-a}{\sigma}\right)^2} & x>a \end{cases} \tag{8-59}$$

c. 中间型

$$A(x) = e^{-(\frac{x-a}{\sigma})^2} \quad -\infty < x < +\infty \tag{8-60}$$

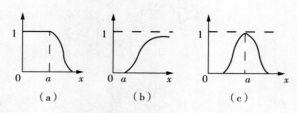

图 8-57　正态分布

E. 柯西分布

a. 偏小型

$$A(x) = \begin{cases} 1 & x \leqslant a \\ \dfrac{1}{1+\alpha\,(x-a)^{\beta}} & x > a\,(\alpha > 0, \beta > 0) \end{cases} \tag{8-61}$$

b. 偏大型

$$A(x) = \begin{cases} 0 & x \leqslant a \\ \dfrac{1}{1+\alpha\,(x-a)^{-\beta}} & x > a\,(\alpha > 0, \beta > 0) \end{cases} \tag{8-62}$$

c. 中间型

$$A(x) = \frac{1}{1+\alpha\,(x-a)^{\beta}} \quad (\alpha > 0, \beta\,是偶数) -\infty < x < +\infty \tag{8-63}$$

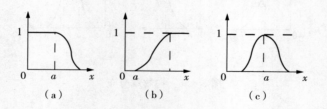

图 8-58　柯西分布

F. 岭形分布

a. 偏小型

$$A(x) = \begin{cases} 1 & x \leqslant a \\ \dfrac{1}{2} - \dfrac{1}{2}\sin\dfrac{\pi}{b-a}\left(x - \dfrac{a+b}{2}\right) & a < x \leqslant b \\ 0 & x > b \end{cases} \tag{8-64}$$

b. 偏大型

$$A(x)=\begin{cases} 0 & x\leqslant a \\ \dfrac{1}{2}+\dfrac{1}{2}\sin\dfrac{\pi}{b-a}\left(x-\dfrac{a+b}{2}\right) & a<x\leqslant b \\ 1 & x>b \end{cases} \qquad (8-65)$$

c. 中间型

$$A(x)=\begin{cases} 0 & x\leqslant a \\ \dfrac{1}{2}+\dfrac{1}{2}\sin\dfrac{\pi}{b-a}\left(x-\dfrac{a+b}{2}\right) & a<x\leqslant b \\ 1 & b<x\leqslant c \\ \dfrac{1}{2}-\dfrac{1}{2}\sin\dfrac{\pi}{d-c}\left(x-\dfrac{c+d}{2}\right) & c<x\leqslant d \\ 0 & x>d \end{cases} \qquad (8-66)$$

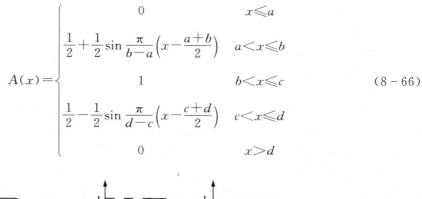

(a)　　　　(b)　　　　(c)

图 8 - 59　岭形分布

在实际评判过程中,通常要根据监测数据的特点来确定计算评判因素的隶属度的隶属函数。

4. 权重的确定

模糊综合评判中,为了反映各个指标的重要程度,通常对它们赋予不同的权重。权重会直接影响最终的综合评判结果的合理性。权重的确定方法很多,大体上可分为主观赋权法和客观赋权法两种。主观赋权法主要是由在某一邻域专家根据自己的经验和知识主观判断得到,如 Delphi 法、层次分析法等。这类赋权方法是以专家经验、知识或以从前的样本数据统计判断而得,而与实时的监测样本数据没有关系,这样则会存在着以不变权重应万变样本数据的牵强情况。但是为了能够反映管理决策者对整个评判管理的倾向,在某种程度上对评价指标采取主观赋权又是切实必要的。客观赋权重法主要有变异系数法、主成分分析法、熵值赋权法等。这类赋权方法则是紧密结合实测数据得出的,客观性强,摆脱主观因素的影响。客观赋权法中,对权重确定的不同方法考虑的因素各有侧重,如主成分分析法着重指标数据之间的相关性,熵值赋权法、变异系数法则考虑的是数据离散程度对指标进行赋权。

(1)Delphi 法

Delphi 法是一种直观预测方法。Delphi 法的操作过程可以简明的表示为:针对具体评判对象,采取匿名的方式广泛征求这个特定领域具有专门技能专家的意见,且他们不能交换意见,对得到的信息进行整理、归纳和统计,再匿名反馈给专家,经过多次这种意见的交换,一直到趋于较稳定的意见,再根据专家的一致意见对评判对象作出评判。匿名性、统计性、反馈性以及收敛性是 Delphi 法基本特征。基本流程如下。

第一步:成立协调小组

协调小组包含专业人士、社会学专家、统计学专家等,主要工作是拟定研究主题、编制咨询表、选择专家和统计分析调查表资料。

第二步:由规划小组选择评估专家

要注意组成的专家要有代表性,他们必须熟知所研究的问题,且要控制其人数。专家人数要根据项目的规模和精度来定,一般评估的精度和专家人数属于线性关系,即随着人数的增加,评估精度相应提高。

第三步:采用信函法征询专家意见

设计并制作信函调查表,表中的问题必须集中明确,且至少要进行四轮专家咨询。

第一轮:提出预测目标、指标以及为实现目标的规划措施,提供所要咨询问题的相关资料和咨询必须遵从的条款原则,请专家审阅并补充有关内容。

第二轮:归纳并整理第一轮中咨询所反馈的意见,然后在先前设计的调查表中提出新的预测问题,再请专家对此问题进行分析评价,并说明理由,再由规划小组对其分析结果和意见进行统计。

第三轮:修改预测。把第二轮统计的资料反馈给专家,再次对调查表所提的问题进行分析评价。同时对所提的不同意见再次陈述理由。

第四轮:重复上一轮的步骤,请专家得出最终的意见。

Delphi 法在大型的工程领域被广泛采用,然而其中最重要的环节就是征询专家的意见,这就需要邀请到对于评价对象有所研究的各个方面专家和学者。该法在大工程中应用比较适合,但很多情况下邀请到一定数量的各方面专家不太现实。

(2)熵值法

熵起初是热力学的一个概念,表示热能,特指的是不做功的那部分。熵的数学表述是热能的变化量除以温度。后来由申农(C. E. Shannon)把它引入到信息论,信息论中信息是度量系统有序程度的,而熵则是用来度量系统无序程度的一个量,信息和熵,二者的绝对数值相等,但符号是相反的。近年来,很多学科问题借鉴和采用熵的概念都得到了较为满意的解决,人们对它的兴趣也越来越浓,对它的认识也不断加深。

① 熵的基本定义

本书主要是采用离散型分布熵来协助对岸坡安全评判指标进行赋权,简要介绍变量离散型熵如下。

信息和熵是一种互补的关系,熵越大说明所能获得的信息量就越少,那么所反映问题的不确定性就越大;相反,熵越小则获得的信息量就越多,所反映问题的不确定性就越小。所以熵的概念为我们从信息论的角度出发用所获得的信息量的多少可以消除所反映问题的不确定性,而随机事件的不确定性程度又可以用概率来描述。因此,熵的基本定义是建立在概率的基础上的,基本定义如下。

假设一个具有 n 个可能独立的结果 $a_1, a_2, \cdots, a_n$ 的概率实验,且出现各结果的离散概率

为 $p_1, p_2, \cdots, p_n$，则这些概率满足概率公理性条件：

$$\sum_{i=1}^{n} p_i = 1 \text{ 与 } 1 \geqslant p_i \geqslant 0, (i=1,2,\cdots,n) \tag{8-67}$$

在这个概率实验中，哪一个结果会出现在实际实验中，是不能准确被预知的，即存在不确定性。显然，这个概率性实验结果的不确定性是依赖这些结果出现的概率。比如，一个只包括两个可能的结果(a_1, a_2)概率实验，彼此出现的概率是(p_1, p_2)，假设给这两个概率分别赋予$(p_1=0.5, p_2=0.5)$和$(p_1=0.95, p_2=0.05)$两组值。显然，对于这同一个概率实验来讲，两组不同的概率值包含的不确定性是不一样的，$(p_1=0.5, p_2=0.5)$比$(p_1=0.95, p_2=0.05)$具有更大的不确定性。因为，对第 1 组值来讲是无法对实验中出现哪一个结果做出任何判断，而第 2 组值可以"几乎肯定"实验中会出现结果 a_1。这表明，一个均匀的概率分布与非均匀的概率分布相比较，前者具有更大的不确定性。

表示不确定性度量的信息熵函数的表达式为：

$$S = -\sum_{i=1}^{n} p_i \ln p_i \tag{8-68}$$

上式是建立在以下假设基础上：

A. 熵是离散概率 $p_i (i=1,2,\cdots,n)$ 的连续函数；

B. 等概率事件情况，熵是可能结果数目 n 的单调增函数；

C. 两个独立事件的不确定性，熵是分别考虑它们时的不确定性之和。

② 熵的基本性质

信息熵具有关于不确定性程度合理度量的如下几个重要的性质。即，

A. 不确定性：$S_n(p_1, p_2, \cdots, p_n) \geqslant 0$；

B. 可加性：对于相互独立的状态，熵的和等于和的熵；

C. $S_{n \neq 1}(p_1, p_2, \cdots, p_n, p_{n+1}=0) = S_n(p_1, p_2, \cdots, p_n)$；

D. 极值性：当为等概率的时候，即 $p_i = 1/n, (i=1,2,\cdots,n)$ 时，其最大，即：$S_n(p_1, p_2, \cdots, p_n) \leqslant S_n(1/n, 1/n, \cdots, 1/n) = \ln n$；

E. 凹凸性：$S_n(p_1, p_2, \cdots, p_n) \geqslant 0$ 是关于全部变量的对称凹函数；

F. 若 $p_k = 1$ 与 $p_i = 0, (i=1,2,\cdots,n)$，则 $S_n(p_1, p_2, \cdots, p_n) = 0$。

Shannon 关于熵函数的定义对于不确定性程度的定量具有重要的意义。但是由于这个度量涉及概率，因此需要知道其概率分布，才能算出熵函数 $S_n(p_1, p_2, \cdots, p_n)$ 的具体数值，才能得出其不确定性程度。

在安全评判中，从信息熵的基本定义出发，根据不同评判指标的原始数据矩阵，可以分别计算它们的信息熵值。若某个指标的信息熵值越小，表明其指标监测数据反映的变异程度越大，提供的信息量越大，在安全评价中所起的作用就越大，则该指标的重要性程度即权重也就越大；反之，如果某个指标的信息熵值越大，情况恰好相反。所以，可以根据各项指标信息熵值的不同，了解每个指标对整体评判的作用有多大，从而进行赋权。

③ 熵权法进行综合评价的步骤

第一步：构造原始数据矩阵 $\boldsymbol{X}$。设现在有 p 个监测指标，每个指标具有 n 个监测值，那

么可以形成原始指标数据矩阵：

$$\boldsymbol{X}=(x_{ij})_{np},(i=1,2,\cdots,n;j=1,2,\cdots,p) \tag{8-69}$$

$$\boldsymbol{X}=\begin{bmatrix} x_{11} & x_{12} & \cdots & x_{1p} \\ x_{21} & x_{22} & \cdots & x_{2p} \\ \vdots & \vdots & \ddots & \vdots \\ x_{n1} & x_{n2} & \cdots & x_{np} \end{bmatrix} \tag{8-70}$$

第二步：构造标准化数据矩阵 $\boldsymbol{X}^*$。为了便于计算和优选分析，消除指标间由于量纲不同而带来比较上的困难，可利用以下标准化公式，将 $\boldsymbol{X}=(x_{ij})_{n\times p}$ 转变为标准化矩阵 $\boldsymbol{X}^*=(x_{ij}^*)_{n\times p}$。

当 x_{ij} 对于目标为越大越好时，

$$x_{ij}^*=\frac{x_{ij}-\min\limits_{j}x_{ij}}{\max\limits_{j}x_{ij}-\min\limits_{j}x_{ij}},(i=1,2,\cdots,n;j=1,2,\cdots,p) \tag{8-71}$$

当 x_{ij} 对于目标为越小越好时，

$$x_{ij}^*=\frac{\max\limits_{j}x_{ij}-x_{ij}}{\max\limits_{j}x_{ij}-\min\limits_{j}x_{ij}},(i=1,2,\cdots,n;j=1,2,\cdots,p) \tag{8-72}$$

当 x_{ij} 对于目标靠近某一固定值 a 越好时，

$$x_{ij}^*=1-\frac{|x_{ij}-a|}{\max\limits_{j}|x_{ij}-a|},(i=1,2,\cdots,n;j=1,2,\cdots,p) \tag{8-73}$$

根据式(8-77)~式(8-81)，可以得到标准化处理后的矩阵 $\boldsymbol{X}^*$，即：

$$\boldsymbol{X}^*=\begin{bmatrix} x_{11}^* & x_{12}^* & \cdots & x_{1p}^* \\ x_{21}^* & x_{22}^* & \cdots & x_{2p}^* \\ \vdots & \vdots & \ddots & \vdots \\ x_{n1}^* & x_{n2}^* & \cdots & x_{np}^* \end{bmatrix} \tag{8-74}$$

第三步：计算第 j 项指标的熵值 S_j：

$$S_j=-k\sum_{i=1}^{n}p_{ij}\ln p_{ij} \tag{8-75}$$

式中：$p_{ij}=x_{ij}^*/\sum\limits_{i=1}^{n}x_{ij}^*$，$i=1,2,\cdots,n,j=1,2,\cdots,p$，规定 $p_{ij}=0$ 时，$p_{ij}\ln p_{ij}=0$。$k=\frac{1}{\ln^n}$。

第四步：计算熵权数 w_j。对于第 j 项指标而言，x_{ij}^* 的离散性越小，S_j 越大；当 x_{ij}^* 全部相等时，此时对于评价目标而言，指标 x_{ij}^* 毫无作用；当各评价目标的指标值离散程度越大时，S_j 越小，该项指标对评价目标所起的作用就越大。熵权重 w_j 为：

$$w_j = \frac{1-S_j}{\sum\limits_{j}^{p}(1-S_j)} \qquad (8-76)$$

这样根据信息熵的理论求得不同评判指标的权重,进而结合评判指标的隶属度矩阵进行综合评判。

(3)层次分析法(AHP 法)

① 层次分析法的基本原理

AHP 法基本原理为:首先将一个系统条例化、层次化,根据问题的性质把其分解成若干组成因素形成层次组合,构成递阶层次结构的分析模型。通过两两比较的判断确定层次中各元素的相对重要性,然后综合决策者的判断,确定方案相对重要性的权重。AHP 的过程体现了人们处理问题由分解、判断到综合的决策思维过程的基本特征。

② 层次分析法的实施步骤

A. 建立层次分析结构模型

首先将一个复杂的决策问题分解成若干个影响因素,然后按照其因素属性的不同将其归类,把影响因素分组形成互不交叉重叠的层次,上一层对相邻的下一层的元素起支配作用,最终形成一个逐层支配的递阶层次结构。这样的递阶层次结构通常包括目标层、准则层和方案层三个层次,并且有时根据具体情况每个层次的因素还可以进一步细分。递阶层次结构包含的层数一般没有特别的限制,但每一层含有因素的个数是有一定限制的,例如中间层元素的个数一般规定就不超过 9 个,过多则会给两两比较带来困难。设计并构建递阶层次结构是层次分析法中的关键步骤,构建的合理与否将会直接关系到最终的决策方案选择的优与劣,因此设计并构建递阶层次结构是运用层次分析法进行处理问题的基础。递阶层次结构如图 8-60 所示。

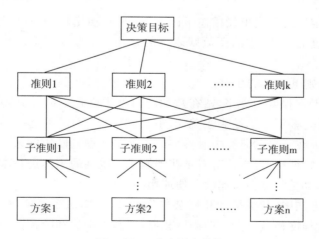

图 8-60　递阶层次结构

B. 构造判断矩阵

递阶层次结构确立之后,层次结构中上层与下层之间的各个因素的隶属关系同时也就被确立了,接下来的问题就转化为如何准确地计算出层次结构中各因素的排序。各因素的排序可简化为一系列成对因素的判断比较,再根据一定的比率标度法将比较判断定量化,形成比较判别矩阵。在一般情况下,直接确定有关因素的相对重要性是很困难的,因此层次分析法提出了一种两两比较的方式建立判断矩阵。

设与上层因数 Z 关联的 m 个因素 $x_1, x_2, \cdots, x_m$,对于 $i, j = 1, 2, \cdots, m$,以 a_{ij} 表示 x_i 与 x_j 关于 Z 的影响之比值。于是得到这 m 个因素关于 Z 的两两比较判断矩阵 $\boldsymbol{A}$。

$$\boldsymbol{A} = \begin{bmatrix} a_{11} & a_{12} & \cdots & a_{1m} \\ a_{21} & a_{22} & \cdots & a_{2m} \\ \vdots & \vdots & \ddots & \vdots \\ a_{m1} & a_{m2} & \cdots & a_{mm} \end{bmatrix} \qquad (8-77)$$

在研究中,我们通常用 9 标度法来确定 a_{ij} 的值,因为 9 标度法应用起来比较方便,主要就是用 1~9 以及相应的倒数总共 17 个数来作为标度。9 标度法的含义见表 8-31 所列。

表 8-31 "1~9"标度的含义

标度	含义
1	因素 x_i 与 x_j 相比,x_i 与 x_j 同等重要
3	因素 x_i 与 x_j 相比,x_i 比 x_j 稍微重要
5	因素 x_i 与 x_j 相比,x_i 比 x_j 明显重要
7	因素 x_i 与 x_j 相比,x_i 比 x_j 强烈重要
9	因素 x_i 与 x_j 相比,x_i 比 x_j 极端重要

注:标度 2,4,6,8 分别表示 x_i 与 x_j 相比,其重要性分别是 1~3,3~5,5~7,7~9 之间。

表 8-31 是从定性的角度出发描述了因素 x_i 与 x_j 相比较,其重要程度的取值,a_{ij} 描述的是两因素重要程度的比值,它的倒数则表示的是相反的情况,即 $a_{ij} = 1/a_{ji}$。显然对任意 $i, j = 1, 2, \cdots, m$ 有:$i) a_{ij} > 0$;$ii) a_{ij} = 1/a_{ji}$;$iii) a_{ii} = 1$。

C. 计算单一准则下元素的相对权重

层次各元素的严重程度的排序,站在数学的角度讲就是如何计算判断矩阵的最大特征根和特征向量,也就是根据计算结果去确定同一层次各元素对于上一层次中某元素相应重要程度的排序权重。在众多的研究中有许多的方法是依据判断矩阵来求得权重的,如和法、和积法以及方根法、特征向量法,还有对某些不满足一致性的矩阵进行求解的对数二乘法和最小二乘法等,这些都是常见而又比较方便使用的方法。

在上述的排序方法中,和法是计算复杂程度最低的,算法最简单,相应的计算结果的精确度也不高,和积法程度稍微复杂其精确度相应增加,方根法和特征向量法依次递增。本书采用通用性较强的方根法来求取指标权重,其主要思路是将判断矩阵 $\boldsymbol{A}$ 的各行向量采用几何平均,然后归一化,最后得出排序权重向量。具体的步骤如下:

第一步:对判断矩阵的各行元素乘积开 m 次方根

$$M_i = \left(\prod_{j=1}^{m} a_{ij} \right)^{\frac{1}{m}}, i = 1, 2, \cdots, m \qquad (8-78)$$

第二步：对向量 **M** 进行归一化处理

$$w_i = \frac{M_i}{\sum\limits_{j=1}^{m} M_j}, i=1,2,\cdots,m \tag{8-79}$$

则 $\boldsymbol{W}=(w_1,w_2,\cdots,w_m)^{\mathrm{T}}$ 就是需要的特征向量。

第三步：求得判断矩阵的最大特征根

$$\lambda_{\max} = \frac{1}{m}\sum_{i=1}^{m}\frac{(AW)_i}{w_i} \tag{8-80}$$

式中：$(AW)_i$ 为 AW 的第 i 个分量。

容易证明，当正互反矩阵 **A** 为一致性时，该法可得到精确的最大特征根和特征向量。

③ 判断矩阵的一致性检验

在实际中，由于种种原因，比如事物本身的复杂性、人们认知的多样性、主观判断的片面性以及不同时段认识的不稳定性等因素，会让决策者的思路受阻或是打乱，以至于无法对所要判断的要素采用统一的和明确的尺度，而只能按照自身的估计去进行评价，这样有可能出现一些逻辑上的错误或违反常理的判断。这种判断错误主要表现为"甲比乙重要，乙比丙重要，而丙比甲重要"，若出现则之前的判断矩阵就会不满足一致性。所以，需要对专家的评分进行检查，也就是进行一致性检验，但由于判断矩阵不一致性现象有时无法彻底消除，在实际中客观存在，应用 AHP 法时也只要求有比较满意的一致性即可。

对判断矩阵进行一致性检验分为以下几步。

第一步：计算出判断矩阵的最大特征值 $\lambda_{\max}$

第二步：求出一致性指标 $C.I.$

$$C.I. = \frac{\lambda_{\max}-m}{m-1} \tag{8-81}$$

第三步：查表求与之矩阵阶数相匹配的平均随机一致性指标 $R.I.$

$R.I.$ 主要是为了衡量不同阶数的判断矩阵的一致性满意情况，因决策者判断一致性的问题随着同一级别中指标的数量即随判别矩阵的阶数增加而不断增大，所以相应的需要引入平均随机一致性指标 $R.I.$，随着阶数的增加 $R.I.$ 也不断增大。$R.I.$ 是按照如下方法确定的：先取定阶数 m，按照 9 标度法随机的生成一些 m 阶的正互反矩阵，逐个计算出它们各自的 $C.I.$，并取它们的平均值作为 $R.I.$。对于 1～13 阶判别矩阵的 $R.I.$ 值可列成表 8-32：

表 8-32 随机一致性指标

矩阵阶数	1	2	3	4	5	6	7	8	9
$R.I.$	0.00	0.00	0.58	0.90	1.12	1.24	1.32	1.41	1.45

第四步：计算一致性比率 $C.R.$

$$C.R. = \frac{C.I.}{R.I.} \tag{8-82}$$

第五步:判断一致性

当 $C.R.<0.1$ 时,认为判断矩阵 A 具有满意的一致性;反之,当 $C.R.>0.1$ 时,认为判断矩阵 A 不具有满意的一致性,需要进行修正。

层次分析法在主观赋权中使用较多,在确定指标重要性方面运用了专家经验,具有一定的合理性,并把权重确定过程数学化、定量化,相比其他主观赋权方法,其可操作性较强。所以,用层次分析法确定岸坡评判中的主观权重较为合适。

本节首先介绍了模糊集合理论的一些基本理论知识,包括模糊集合的概念、定义、表示方法以及模糊关系;接着阐述了一级和多级模糊综合评判原理和具体实施步骤,包括制定评判因素集和评判等级,确定隶属矩阵,确定权重;然后详细论述了隶属矩阵的确定原则和确定方法,以及权重的意义和基本的权重确定方法。本章主要是为将岸坡安全监测与模糊综合评判模型有机结合提供理论依据,并引出了模糊评判中举足轻重的两个步骤:隶属矩阵的确定和权重的确定。

8.3.4 安全评价体系的构建

岸坡的安全监测综合评判是一项复杂而前沿的研究课题。本工作结合铜陵和悦洲现场监测的实际情况,开展其安全评判研究工作。

1. 岸坡安全综合评价指标体系

从已有的参考文献和工程应用来看,岸坡安全评价工作无论在理论研究方面还是在实际工程中的运用都还不是很完善。因此,岸坡的安全综合评价需借鉴其他工程安全评价中的一些原理和方法。本部分主要说明岸坡安全评判体系的构建。

(1)评判指标体系的构建原则

工程安全的影响因素众多,它们之间相互作用、相互联系。为了实现工程安全评判的定量化、模型化,需要根据岸坡安全性、层次性和动态性的特点,对这些因素采用定性的和定量的指标进行描述,并对这些指标按照岸坡安全评判的逻辑作用关系进行组合。在安全综合评判中,评判因素是分层次的,上一级的因素由多个下一级因素组成,它们呈现出递阶层次的结构,递阶层次的思想在确定指标体系时占据核心地位。

递阶层次结构是从某一个侧面了解事物的属性,将一个复杂的系统按照递阶层次加以分解,使整体分析体系变得简单明了,从而可以用数学方法给以度量。递阶层次结构体系对深入理解系统的功能、理解各组成部分的相互关系和系统的发展演变规律是十分有效的。因此,在决策时分解与综合常常都是按照递阶层次结构的形式进行的。

综合评判体系的建立是综合安全评判的基础,在整个评判过程中具有重要的作用,指标体系是否科学、合理,直接关系到安全评判的结果是否科学、合理。目前建立安全评判体系的原则有以下几个:

① 目的性原则

指标体系要紧紧围绕系统安全评判这一目标来设计,并由代表系统安全各组成部分的典型指标构成,多方位、多角度地反映系统的安全水平。

② 科学性原则

指标体系结构的拟定、指标数目的取舍等都要有科学的依据。评价指标必须概念明确,具有一定的科学内涵,在工作中,应能够度量和反映岸坡实测性态某一方面的特征。只有坚持科学的原则,获取的信息才具有可靠性和客观性,评价的结果才具有可信度。

③ 可操作性原则

指标的设计要求概念明确、定义清楚,能方便地采集数据与收集数据。要考虑安全监测的水平,选取监测资料完整的监测项目作为评价指标。同时,所设置的评价指标应能通过已有手段和方法进行度量,或能在评价过程中通过经研究可获得的手段和方法进行度量。

④ 实效性原则

指标体系不仅要反映一定时期系统安全的实际情况,而且还要跟踪其变化情况,以便及时发现问题,防患于未然。

⑤ 突出性原则

指标的选择要全面,但应该区别主次、轻重,要突出当前关系全局性而又极为关键的安全问题,以保证有重点的同时能够集中力量去控制那些发生频率高、后果严重的事件。

⑥ 因果关系原则

因果关系是常识推理的一个重要组成部分,人们通常使用原因和结果来理解日常生活中发生的许多事情。一般来说,因果关系包括具有普遍适用范围的概括性的因果关系和在某个特定场合实际发生的因果关系。按照因果分析目的,可将因果分析模型分为因果预测、因果解释和因果诊断。

(2)岸坡安全评判指标体系

在水利工程、岩土工程中,一些工程存在重大事故的危险,虽然这种事故的发生概率可能很小,但其后果却极为严重。许多工程实践证明,传统经验型的管理方法是不够的。工程的技术分析、风险评估和安全评判已经成为水利工程、岩土工程管理的发展方向。

从历史经验来看,影响岸坡安全的原因主要有以下几个方面。

① 自然因素:指岸坡受到的自然界难以预测或难以抗拒的灾害的作用而造成的岸坡失稳。

② 勘测因素:指对岸坡所处的自然条件调查不全面或处理不正确,对岸坡运行工作条件估计错误等引起的不安全因素。

③ 施工因素:指违反设计要求,采用的建筑材料和施工方法不当,或缺乏有效的检查监督,导致工程质量低劣或不合乎要求等。

④ 运行和管理因素:指对工程未开展有效的安全管理工作,包括安全监测、定期安全检查、日常维修和养护、合理的调度使用等而导致的破坏。

⑤ 战争因素:军事行动、轰炸、爆破对水工建筑物造成的损害。

安全监测是安全管理的重要手段。影响岸坡安全的因素虽然多种多样,但在大多数情况下,都与不能及时掌握工程的实际运行状态有关。事实上,绝大多数岩土工程的破坏过程都不是突然发生的,一般都有一个从量变到质变的发生过程。即使工程存在一定的缺陷,或在设计理论和施工技术上有一些未确定因素,有一定的风险,在工程的建设过程中只要通过认真仔细地检查、监测、分析,也能及时发现,采取一定的防护措施。

近年来,模糊数学理论和方法被引入岩土工程安全监测资料分析领域,并取得了一定的成果。在岸坡监测项目中,由于在认识监测结果或判断监测现象时需要处理一些模糊概念,因此本书主要是结合模糊数学理论运用模糊综合评判模型对岸坡安全监测资料进行分析。

结合综合评判原理,以安全监测为重要依据,研究如何构建岸坡安全评判指标体系。岸坡工程发生失稳的过程是极其复杂的,工程的安全状况受诸多因素的共同影响,影响因素主要包括位移、渗压、江水位以及降雨等。各个影响因素和岸坡一起组成一个相互关联与影响的有机整体,其中任何一个因素的变化往往会导致连锁反应,最终引起工程稳定性能的变化。现对岸坡的主要监测项目与安全分析、评判相关的特点进行说明。

① 渗压和位移

渗压和位移的监测及资料分析是了解岸坡安全状态的重要手段。在本工程的位移监测中,分别对不同深度的位移进行监测,同时埋设渗压计监测不同位置的渗压变化情况。

② 降雨和江水位

降雨对岸坡渗流场及稳定性有较大影响,因此,降雨也是岸坡安全评判体系的一个要素。江水位对临江岸坡土体的物理力学性质有着重要的影响,一方面它可改变土体的应力和变形;另一方面,土体结构组成对地下水渗流起决定性作用。这种应力场和渗流场的耦合作用在边坡工程中普遍存在,这种相互作用直接影响到工程的稳定与安全。

在对岸坡失稳机理及评判指标选取原则分析的基础上,考虑评判过程的系统全面性、简明科学性、相对独立性及可操作性,根据工程的实际情况以及相应的工程实践经验,确定出评价岸坡稳定性的影响因素。由于工程实际情况所限,在评价工作中难以完全考虑到影响岸坡稳定性的所有因素,所以从监测数据齐全的角度以及因素的重要性出发,以信息相对完善且对系统影响较大的位移、渗压、水位及降雨这四个因素作为评判指标。

2. 综合评判集的确定

对岸坡稳定性态做出合理评价,必须对所设置的评价指标特性的优劣程度作出评价。由于评价指标特性的优劣是十分抽象的且具有模糊性的概念,难以具体操作,因此,需要对评判等级作出具体的划分,并给出每个等级的具体范围。这样才能对评价指标特性的优劣做出定量描述,进而作出评判。

参照相关类似工程中对于安全等级的定义,本工作将岸坡安全等级分为以下四个等级:安全、基本安全、不安全、很不安全。用数学语言可以表示为:

$$v = \{v_1, v_2, v_3, v_4\} = \{安全,基本安全,不安全,很不安全\}$$

对于不同的评判指标,安全等级的具体意义不同,因此评判等级的划分不一样。在岩土工程安全综合评判指标中,有的指标有具体规定的各级特征值,而有的指标却没有明确规定的特征值。在指标评判等级的划分时,针对这两类情况采用如下不同的处理方式:对于有明确规定特征值的指标,评判等级可以根据它们的各种特征值来划分,以岩土工程中常见的降雨指标为例加以说明。降雨具有明确的等级划分,常用降雨强度来表示,可以是 10min、1h 或者 24h 的降雨量。按照 24h 降雨量并结合上文规定的四个安全等级可以划分为:v_1:小雨;v_2:中雨;v_3:大雨;v_4:暴雨及以上。

在本工程岸坡安全综合评判中,也包括无明确特征值的指标。对于这类指标,从数理统计和概率论相关的理论出发,本书结合样本数据的均值和标准差来对这些指标划分安全评判等级,即采用 $\mu \pm k\sigma$ 作为评判集的界限,其中 μ 代表样本数据的均值,σ 代表样本数据的标准差,k 是根据数据规律拟定的常数。

8.3.5 评判实施方法的选择

岸坡安全的综合评判是一个具有递阶结构的多层次综合评判,各指标间具有不可公度性和指标间的矛盾性。不可公度性是指各个指标常常没有同样的度量标准,因此应该根据各评判指标的特性,采用合适的方法得到它们各自对于评判目标的隶属度值。指标间的矛盾性是指每个指标对于评判目标的贡献程度是不同的,如果某一指标对于评判指标的贡献程度很大,那么其他指标的贡献程度就会减少,这个可以用权值的办法来解决。对于那些对评判目标贡献较大的指标,给予较大的权值;而对于那些贡献程度较小的指标,则予以较小的权值。综合每个指标对评判目标的隶属度值和权值,采用综合评判模型得出最终评判结果。

模糊综合评判方法建立在模糊集合基础上,它先确定单个影响因素指标的等级,进而通过模糊变换最终确定事物综合的隶属等级。这种做法不仅考虑到了被评价对象的层次性及模糊性,而且充分结合人的实践经验,使最终的评价结果与实际情况更相符。所以,模糊综合评价法可以考虑到尽可能的信息量且做到定性和定量描述相结合,使评价过程更精细,评价结论更可信。

影响岸坡稳定的诸多因素中,有的能够被定量描述,但更多的是不能被定量描述的定性因素,这就导致原本就十分复杂的稳定问题变得更加难以捉摸。虽然分析岸坡稳定性的方法和手段比较多,但是都无法很好地解决其中大量存在的随机模糊性问题,因此,本部分评判工作在基于相对成熟的工程研究成果上,对模糊综合评价方法进行了研究,探讨了隶属函数以及权值确定方法,建立针对岸坡的模糊综合安全评价模型。

1. 模糊综合评判数学模型

根据前节关于安全评价体系构建的相关内容,在对岸坡安全度进行评判时,这里采用的是二级评判模型,即:先对单个因素单独评判(单指标评价),再对所有因素进行综合评判(多指标评价)。

2. 隶属度的计算

隶属度在模糊数学中大多通过隶属函数得出,隶属函数的确定方法较多。根据指标数据的变化趋势,隶属函数的种类大体上又分为三类,包括偏大型、偏小型、中间型,而每个种类中包含不同形式的隶属函数,根据评判对象的特点可以选择不同形式的隶属函数。根据上文中安全等级划分方式的不同,本书在确定隶属度时所采取的方法也不同。对于那些由明确的特征值来划分安全等级的指标(例如降雨),本书采用模糊统计的方式来计算它们的隶属度;对于那些由 $\mu \pm k\sigma$ 的方式来划分安全等级的指标(例如渗压),本书采用符合正态分布的隶属函数的形式来确定它们的隶属度。

(1)模糊统计

前文已经介绍,根据模糊统计可以计算隶属度。简单来说,设模糊统计数据样本总数为 n,则指标对 V 的隶属频率为:

$$\text{对 } V \text{ 的隶属频率} = \frac{\text{“} \in V \text{”的次数}}{n} \tag{8-83}$$

随着 n 的增大,隶属频率会呈现稳定,称之为隶属频率的稳定性,频率的稳定值即为对

V 的隶属度。这里以降雨为例进行具体说明：

对评判时段内所有降雨监测值 d,可以计算各安全等级 $V_j(j=1,2,3,4)$ 的隶属度如式 (8-84)。式中:n 为参与计算的降雨监测数据的总数。

$$
\begin{cases}
r_1^d = \dfrac{\text{"}d \in v_1\text{"的数目}}{n} \\[2mm]
r_2^d = \dfrac{\text{"}d \in v_2\text{"的数目}}{n} \\[2mm]
r_3^d = \dfrac{\text{"}d \in v_3\text{"的数目}}{n} \\[2mm]
r_4^d = \dfrac{\text{"}d \in v_4\text{"的数目}}{n}
\end{cases}
\tag{8-84}
$$

（2）隶属函数

利用隶属函数来获取指标的隶属度是在模糊评判中常见的一种方式。在前述章节中介绍了偏小型、偏大型以及中间型在不同分布形式下的隶属函数形式,这里以后文评判的主要状态量渗压为例,来说明隶属函数的选择以及其中涉及的参数的计算过程。

在对岸坡渗压的监测数据进行安全评判时,认为监测数据能够分布在一个合理的范围内属于安全,而偏大或者偏小都认为是不安全的表现。因此,参照前述章节的分类,选用中间型的正态分布形式。其数学表达式为：

$$
R(x) = e^{-(\frac{x-a}{\sigma})^2}
\tag{8-85}
$$

对于不同的安全等级,隶属度函数的具体形式为：

$$
\begin{cases}
r_{i1} = e^{-(\frac{u_i - a_1}{\sigma})^2} \\[2mm]
r_{i2} = e^{-(\frac{u_i - a_2}{\sigma})^2} \\[2mm]
r_{i3} = e^{-(\frac{u_i - a_3}{\sigma})^2} \\[2mm]
r_{i4} = e^{-(\frac{u_i - a_4}{\sigma})^2}
\end{cases}
\tag{8-86}
$$

式中:u_i 为评判指标的第 i 个监测值,σ 为评判指标的均方差,$r_{ij}(j=1,2,3,4)$ 为评判指标的第 i 个监测数据值 u_i 对于安全等级 $v_j(j=1,2,3,4)$ 的隶属度,$a_j(j=1,2,3,4)$ 为对应评判集 v_j 在该区域的中间值,所以监测数据越是靠近该级别的中间值,其隶属于该级别（即该评判集）的程度越大。a_j 的具体取值如下：

对于评判等级 v_1,

$$
a_1 = \mu
\tag{8-87}
$$

对于评判等级 v_2,

$$
\text{当 } u_i \geqslant \mu \text{ 时,} a_2 = \mu + \frac{k_1 + k_2}{2}\sigma
\tag{8-88}
$$

$$当\ u_i < \mu\ 时, a_2 = \mu - \frac{k_1 + k_2}{2}\sigma \tag{8-89}$$

对于评判等级 v_3，

$$当\ u_i \geqslant \mu\ 时, a_3 = \mu + \frac{k_2 + k_3}{2}\sigma \tag{8-90}$$

$$当\ u_i < \mu\ 时, a_3 = \mu - \frac{k_2 + k_3}{2}\sigma \tag{8-91}$$

对于评判等级 v_4，

$$当\ u_i \geqslant \mu\ 时, a_4 = \mu + \frac{k_3 + k_4}{2}\sigma \tag{8-92}$$

$$当\ u_i < \mu\ 时, a_4 = \mu - \frac{k_3 + k_4}{2}\sigma \tag{8-93}$$

可以知道，当 $u_i \in v_p$ 时，有 $r_{ip} > r_{ij}$，$p \neq j$，也就是说如果监测指标的数值 u_i 落在第 p 个评判等级中时，u_i 对于第 p 个评判等级的隶属度 v_p 最大。

3. 因素权重的确定方法

根据上文构建的安全评价体系可知，影响岸坡安全的因素有很多，而且其中每个指标影响岸坡稳定性的程度都不尽相同，因此它们被赋予的权重也不一样。权重直接会影响最终评判结果的合理性。

权值的确定方法很多，大体来说主要分为主观权值法和客观权值法。主观权值法是以专家经验或以从前样本数据统计而得，而与当前样本数据无关，在评判过程中能够反映管理决策专家对整个系统管理的倾向，可以调整评价系统状态变化的趋势。客观权值法是以当前样本数据统计而得，权重与当前样本数据相关，客观性较强，避免了人为因素带来的偏差。

在本工作的评判体系中，首先一级指标中的位移、渗压、水位及降雨这四个指标对整体安全的影响不同，需要确定它们的权重分布，采用的是层次分析法，通过对这四个指标进行打分，然后按照一定的计算规则得出它们的权重分布；针对一级指标下的二级指标，由于各个监测点分布不均匀，监测值不同，对其对应的上级指标有着不同程度的影响，同样需要确定各个监测点的权重分布，由于监测点有大量的历史数据，故采用熵值法。

层次分析法与熵值法的具体确定权重的方法详见前文模糊综合评判的理论部分。

8.3.6　岸坡安全评判过程的实现

基于上文对岸坡安全评价中的关键点和方法的介绍和分析，在对其进行模糊综合评判时，采用的是二级模糊综合评判。一级指标包括位移、渗压、水位及降雨，即

$$U = (U_1, U_2, U_3, U_4) = (位移, 渗压, 水位, 降雨)$$

二级指标包括某个钻孔内不同深度的位移监测点、若干个钻孔内的渗压监测点。

具体的评价顺序为：先实施最低层次的单因素评判，再由最低层的评判结果构成其上一层次的模糊矩阵，进而实施上一层次的模糊综合评判，自底而上逐层进行模糊综合，最终得到评判对象整体的综合评价结果。图 8-61 为岸坡安全评价体系，数据传输不稳定的 1 个

位移测点和 1 个渗压孔不参与具体计算,评价体系图中已将其剔除。

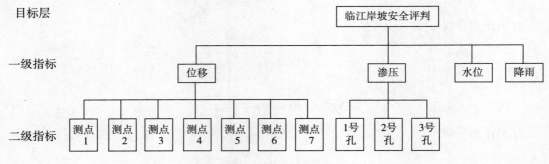

图 8-61 岸坡安全评价体系

1. 二级指标模糊评判

以位移监测点为例进行分析说明,其他类似。

本部分评判工作的对象是位移的 n 个监测点,目的是形成位移这个一级指标的模糊矩阵。评价过程包括:等级区间的划分、隶属度矩阵的计算、各个监测点权值的计算及一级指标模糊矩阵的形成。通过多个位移监测点的监测数据对位移状态进行一个比较全面的评价。

(1)等级区间的划分

由数理统计和概率论相关的理论出发,结合样本数据的均值和标准差来对这些指标划分安全评判等级,具体划分方式按照前文提到的方式,即:

在区间 $(\mu-0.5\sigma, \mu+0.5\sigma)$ 范围内,认为属于安全等级;

在区间 $(\mu-\sigma, u-0.5\sigma) \bigcup (\mu+0.5\sigma, u+\sigma)$ 范围内,认为属于基本安全等级;

在区间 $(\mu-1.5\sigma, \mu-\sigma) \bigcup (\mu+\sigma, \mu+1.5\sigma)$ 范围内,认为属于不安全等级;

在区间 $(-\infty, \mu-1.5\sigma) \bigcup (\mu+1.5\sigma, +\infty)$ 范围内,认为属于很不安全等级。

式中:μ 代表样本数据的平均值,σ 代表样本数据的标准差。

(2)隶属度矩阵的计算

具体计算方法参照前文采用的正态分布隶属函数。以测点 1 为例,在 m 个时间点的监测数据为 $(x_{11}, x_{12}, \cdots, x_{1m})$,计算监测值 x_{11} 隶属于每个等级区间的隶属度,结果为 $(r_{v1}^{11}, r_{v2}^{11}, r_{v3}^{11}, r_{v4}^{11})$,同理,依次计算出每个监测值的隶属度:

$$\begin{bmatrix} r_{v1}^{11}, r_{v2}^{11}, r_{v3}^{11}, r_{v4}^{11} \\ r_{v1}^{12}, r_{v2}^{12}, r_{v3}^{12}, r_{v4}^{12} \\ \cdots\cdots\cdots\cdots \\ r_{v1}^{1m}, r_{v2}^{1m}, r_{v3}^{1m}, r_{v4}^{1m} \end{bmatrix} \qquad (8-94)$$

认为每个时间点的监测数据重要性相同,每个时间点的权重相同,均为 $\dfrac{1}{m}$。故测点 1 在这段时间内的模糊评价矩阵为:

$$\boldsymbol{R}^1=(w_1,w_2,\ldots,w_m)\circ\begin{pmatrix}r_{v1}^{11},r_{v2}^{11},r_{v3}^{11},r_{v4}^{11}\\r_{v1}^{12},r_{v2}^{12},r_{v3}^{12},r_{v4}^{12}\\\cdots\cdots\cdots\cdots\\r_{v1}^{1m},r_{v2}^{1m},r_{v3}^{1m},r_{v4}^{1m}\end{pmatrix}=(r_{v1}^1,r_{v2}^1,r_{v3}^1,r_{v4}^1) \tag{8-95}$$

式中：$w_1=w_2=\cdots=w_m=\dfrac{1}{m}$。

每个测点的模糊评价矩阵均参照以上算法，于是得到 n 个测点的模糊评价矩阵。

$$\boldsymbol{R}=\begin{pmatrix}\boldsymbol{R}^1\\\boldsymbol{R}^2\\\vdots\\\boldsymbol{R}^n\end{pmatrix}=\begin{pmatrix}r_{v1}^1,r_{v2}^1,r_{v3}^1,r_{v4}^1\\r_{v1}^2,r_{v2}^2,r_{v3}^2,r_{v4}^2\\\cdots\cdots\cdots\cdots\\r_{v1}^n,r_{v2}^n,r_{v3}^n,r_{v4}^n\end{pmatrix} \tag{8-96}$$

（3）监测点权值计算

在第二步中已经得到了 n 个测点的模糊评价矩阵，由于各个测点反应位移量不同，故不能简单地认为每个监测点对位移这一指标的贡献相同，所以采用熵值法确定权值。具体思想上文已有介绍。计算步骤为：

① 构造原始数据矩阵 $\boldsymbol{X}$

现有 n 个监测点，每个监测点具有 m 个监测值，那么可以形成原始数据矩阵：

$$\boldsymbol{X}=(x_{ij})_{mn},(i=1,2,\cdots,m;j=1,2,\cdots,n) \tag{8-97}$$

② 构造标准化数据矩阵 $\boldsymbol{X}^*$

为了便于计算和优选分析，可利用以下标准化公式将 $\boldsymbol{X}=(x_{ij})_{mn}$ 转变为标准化矩阵 $\boldsymbol{X}^*=(x^*_{ij})_{mn}$。

$$x_{ij}^*=\dfrac{\max\limits_j x_{ij}-x_{ij}}{\max\limits_j x_{ij}-\min\limits_j x_{ij}},(i=1,2,\cdots,m;j=1,2,\cdots,n) \tag{8-98}$$

根据上式，可以得到标准化处理后的矩阵 $\boldsymbol{X}^*$，即：

$$\boldsymbol{X}^*=\begin{pmatrix}x^*_{11}&x^*_{12}&\cdots&x^*_{1n}\\x^*_{21}&x^*_{22}&\cdots&x^*_{2n}\\\vdots&\vdots&\ddots&\vdots\\x^*_{m1}&x^*_{m2}&\cdots&x^*_{mn}\end{pmatrix} \tag{8-99}$$

③ 计算第 j 个监测点的熵值 S_j

$$S_j=-k\sum_{i=1}^m p_{ij}\ln p_{ij} \tag{8-100}$$

具体含义见前文。

④ 计算熵权数 w_j

对于第 j 项指标而言，x_{ij}^* 的离散性越小，S_j 越大。当 x_{ij}^* 全部相等时，此时对于评价目标而言，指标 x_{ij}^* 毫无作用；当各评价目标的指标值离散程度越大时，S_j 越小，该项指标对评价目标所起的作用就越大。熵权重 w_j 为：

$$w_j = \frac{1-S_j}{\sum_j^n (1-S_j)} \qquad (8-101)$$

式中：n 对应参与计算的测点数。

这样根据信息熵的理论求得不同评判指标的权重，进而结合评判指标的隶属度矩阵进行综合评判。

⑤ 形成位移的模糊评判矩阵

根据以上的步骤求得的 n 个测点的模糊评判矩阵 $\boldsymbol{R}$ 以及测点的权重向量 $\boldsymbol{W}$，则位移的模糊评判矩阵为：

$$\boldsymbol{R}^{WY} = \boldsymbol{W} \circ \boldsymbol{R} = (r_{v1}^{WY}, r_{v2}^{WY}, r_{v3}^{WY}, r_{v4}^{WY}) \qquad (8-102)$$

至此，一级指标位移的评判已结束，同理可求得另外三个一级指标（渗压、水位及降雨）的模糊评判矩阵：

$$\boldsymbol{R}^{SY} = \boldsymbol{W} \circ \boldsymbol{R} = (r_{v1}^{SY}, r_{v2}^{SY}, r_{v3}^{SY}, r_{v4}^{SY}) \qquad (8-103)$$

$$\boldsymbol{R}^{SW} = \boldsymbol{W} \circ \boldsymbol{R} = (r_{v1}^{SW}, r_{v2}^{SW}, r_{v3}^{SW}, r_{v4}^{SW}) \qquad (8-104)$$

$$\boldsymbol{R}^{JY} = \boldsymbol{W} \circ \boldsymbol{R} = (r_{v1}^{JY}, r_{v2}^{JY}, r_{v3}^{JY}, r_{v4}^{JY}) \qquad (8-105)$$

2. 一级指标模糊评判

本部分工作的对象是评判体系中的一级指标（位移、渗压、水位及降雨），目的是形成岸坡整体安全评判的模糊矩阵。主要工作内容是结合二级指标模糊评判的结果，采用层次分析法对一级指标赋权，从而得出整体的模糊评判矩阵。

由前文分析结果可得，二级指标的模糊评判矩阵为：

$$\boldsymbol{R}^{\text{二级}} = \begin{pmatrix} \boldsymbol{R}^{WY} \\ \boldsymbol{R}^{SY} \\ \boldsymbol{R}^{SW} \\ \boldsymbol{R}^{JY} \end{pmatrix} = \begin{pmatrix} r_{v1}^{WY}, r_{v2}^{WY}, r_{v3}^{WY}, r_{v4}^{WY} \\ r_{v1}^{SY}, r_{v2}^{SY}, r_{v3}^{SY}, r_{v4}^{SY} \\ r_{v1}^{SW}, r_{v2}^{SW}, r_{v3}^{SW}, r_{v4}^{SW} \\ r_{v1}^{JY}, r_{v2}^{JY}, r_{v3}^{JY}, r_{v4}^{JY} \end{pmatrix} \qquad (8-106)$$

因为一级指标中的位移、渗压、水位以及降雨对岸坡整体安全的贡献是不同的，不能简单地认为它们权重相同，故需要合理对这四个指标进行赋权，采用的是层次分析法，具体方法参考前文对层次分析法的分析。

指标的权重分布为：

$$\boldsymbol{W}^1 = (\boldsymbol{W}_{WY}, \boldsymbol{W}_{SY}, \boldsymbol{W}_{SW}, \boldsymbol{W}_{JY}) \qquad (8-107)$$

故可得一级指标的模糊评判矩阵 $R^{一级}$

$$R^{一级} = W^1 \circ R^{二级} = (r_{v1}, r_{v2}, r_{v3}, r_{v4}) \tag{8-108}$$

根据最大隶属度原则,可以得到岸坡整体的安全状态等级。至此,岸坡的安全综合评价完成。

8.3.7 基于和悦洲数据的安全评判

本例所用渗压监测数据每 6 小时一次,位移、水位和降雨每天一次。评判时段取 2015 年 8 月 1 日—2015 年 8 月 31 日。

1. 隶属度矩阵确定

在评判集的划分中,均采用前述方法进行等级划分。以下为各指标安全等级区间。

表 8-33   各测点位移安全评判等级   单位:mm

测 项 \ 等 级		v_1	v_2		v_3		v_4	
			$>\mu$	$<\mu$	$>\mu$	$<\mu$	$>\mu$	$<\mu$
测点 1	上限	−1.98	−1.61	−2.73	−0.86	−3.10	—	−3.85
	下限	−2.73	−1.98	−3.10	−1.61	−3.85	−0.86	—
测点 2	上限	−3.74	−3.24	−4.47	−2.23	−5.25	—	−6.25
	下限	−4.74	−3.74	−5.25	−3.24	−6.25	−2.23	—
测点 3	上限	−6.32	−5.69	−7.85	−4.43	−8.21	—	−9.47
	下限	−7.58	−6.32	−8.21	−5.69	−9.47	−4.43	—
测点 4	上限	−6.89	−5.70	−9.28	−3.31	−10.47	—	−12.86
	下限	−9.28	−6.89	−10.47	−5.70	−12.86	−3.31	—
测点 5	上限	−6.21	−5.17	−8.30	−3.08	−9.34	—	−11.43
	下限	−8.30	−6.21	−9.34	−5.17	−11.43	−3.08	—
测点 6	上限	−11.23	−9.93	−13.81	−7.34	−15.11	—	−17.70
	下限	−13.81	−11.23	−15.11	−9.93	−17.70	−7.34	—
测点 7	上限	−15.05	−13.67	−17.80	−10.91	−19.18	—	−21.94
	下限	−17.80	−15.05	−19.18	−13.67	−21.94	−10.91	—

表 8-34   各测点渗压安全评判等级   单位:kPa

测 项 \ 等 级		v_1	v_2		v_3		v_4	
			$>\mu$	$<\mu$	$>\mu$	$<\mu$	$>\mu$	$<\mu$
1 号孔	上限	242.78	247.43	233.50	256.71	228.85	—	219.57
	下限	233.50	242.78	228.85	247.43	219.57	256.71	—
2 号孔	上限	239.00	243.71	229.58	253.13	224.87	—	215.45
	下限	229.58	239.00	224.87	243.71	215.45	253.13	—

（续表）

测 项 \ 等 级		v_1	v_2		v_3		v_4	
			$>\mu$	$<\mu$	$>\mu$	$<\mu$	$>\mu$	$<\mu$
3 号孔	上限	177.05	181.64	167.88	190.81	163.29	—	154.12
	下限	167.88	177.05	163.29	181.64	154.12	190.81	—

表 8-35 水位安全评判等级　　　　单位:m

测 项 \ 等 级		v_1	v_2		v_3		v_4	
			$>\mu$	$<\mu$	$>\mu$	$<\mu$	$>\mu$	$<\mu$
	上限	8.98	10.52	7.55	12.07	6.23	—	4.9
	下限	7.55	8.98	6.23	10.52	4.9	12.07	—

表 8-36 降雨安全评判等级　　　　单位:mm/24h

测 项 \ 等 级	v_1	v_2	v_3	v_4
上限	10	25	50	—
下限	0	10	25	50

结合位移、渗压测点在 2015 年 8 月 1 日至 8 月 31 日的实测值,根据安全评判等级及隶属度计算方法得出位移(R_1)、渗压(R_2)的各自隶属度矩阵:

$$R_1 = \begin{bmatrix} 0.187 & 0.299 & 0.361 & 0.153 \\ 0.256 & 0.331 & 0.327 & 0.086 \\ 0.271 & 0.333 & 0.317 & 0.079 \\ 0.293 & 0.337 & 0.303 & 0.067 \\ 0.222 & 0.308 & 0.338 & 0.133 \\ 0.244 & 0.319 & 0.329 & 0.108 \\ 0.247 & 0.323 & 0.329 & 0.103 \end{bmatrix} \tag{8-109}$$

$$R_2 = \begin{bmatrix} 0.307 & 0.326 & 0.283 & 0.083 \\ 0.306 & 0.327 & 0.284 & 0.083 \\ 0.304 & 0.325 & 0.285 & 0.086 \end{bmatrix} \tag{8-110}$$

结合 2015 年 8 月 1 日至 8 月 31 日水位及降雨数据,根据安全评判等级及隶属度计算方法得出水位(R_3)及降雨(R_4)的各自隶属度矩阵:

$$\pmb{R}_3 = [0.209 \quad 0.539 \quad 0.227 \quad 0.025] \tag{8-111}$$

$$\pmb{R}_4 = [0.900 \quad 0.030 \quad 0.030 \quad 0.030] \tag{8-112}$$

2. 权矩阵的确定

对于位移、渗压的单指标评判权重确定采用熵权法确定。按上文所述方法进行计算,得到权重向量为:

$$\pmb{W}_1 = [0.136 \quad 0.143 \quad 0.144 \quad 0.146 \quad 0.144 \quad 0.143 \quad 0.144] \tag{8-113}$$

$$\pmb{W}_2 = [0.33342 \quad 0.33344 \quad 0.33314] \tag{8-114}$$

研究表明,水位升降对临江岸坡稳定均有影响且甚为重大,因此赋予较大权值;位移能够直观反映临江岸坡安全状态,因此较渗压赋予较高权值;渗压对岸坡安全状态影响视为重要,相较于降雨指标,较为重要。而对于降雨,考虑该评判时段内降雨不集中且雨量较小,故在本评判数段内给予较低权重。需说明的是,这种权值重要度的判断,应根据具体工程、具体时段加以调整。由上得出判断矩阵为:

$$\pmb{Z} = \begin{bmatrix} 1 & 3 & 1/3 & 5 \\ 1/3 & 1 & 1/5 & 3 \\ 3 & 5 & 1 & 7 \\ 1/5 & 1/3 & 1/7 & 1 \end{bmatrix} \tag{8-115}$$

由前文层次分析法计算方法所述,求得位移、渗压、水位及降雨的权重向量为

$$\pmb{W} = [0.525 \quad 0.212 \quad 0.212 \quad 0.051] \tag{8-116}$$

3. 综合评判

对位移、渗压指标进行一级模糊综合评判分别得位移评判结果为:

$$\pmb{R}'_1 = \pmb{W}_1 \circ \pmb{R}_1 = [0.246 \quad 0.322 \quad 0.329 \quad 0.103] \tag{8-117}$$

渗压评判结果为:

$$\pmb{R}'_2 = \pmb{W}_2 \circ \pmb{R}_2 = [0.306 \quad 0.326 \quad 0.284 \quad 0.084] \tag{8-118}$$

将上文所得 $\pmb{R}'_1$、$\pmb{R}'_2$、$\pmb{R}_3$、$\pmb{R}_4$ 构成二级模糊综合评判隶属矩阵:

$$\pmb{R} = \begin{bmatrix} 0.246 & 0.322 & 0.329 & 0.103 \\ 0.306 & 0.326 & 0.284 & 0.084 \\ 0.209 & 0.539 & 0.227 & 0.025 \\ 0.900 & 0.030 & 0.030 & 0.030 \end{bmatrix} \tag{8-119}$$

将二级模糊综合评判矩阵 $\pmb{R}$ 与权重向量 $\pmb{W}$ 进行模糊合成运算,得到临江岸坡安全综合评判为:

$$\pmb{D} = \pmb{W} \circ \pmb{R} = [0.268 \quad 0.429 \quad 0.250 \quad 0.053] \tag{8-120}$$

根据模糊评判最大隶属度原则,得到临江岸坡安全评判结果为基本安全。从实际监测结果来看,该临江岸坡在评判时段内基本安全,与评判结果相符合。

8.4　安徽长江崩岸预警方法与实践

8.4.1　崩岸影响因素分析

1. 自然因素

(1)水流动力条件

① 纵向水流作用

水流动力条件使近岸河床和岸坡范围内的泥沙发生起动、扬动、输移,是产生崩岸的最重要的影响因素,特别是纵向水流的冲刷作用对崩岸的发生起着关键作用。纵向水流决定着河流的纵向输沙和河道整体变形的强度,由不同水文年和年内不同分布的来水来沙条件构成长江河道不同河段的纵向输沙关系,直接影响着相应河段的河床演变特征。

根据水流挟沙力表达式:

$$S^* = K \times (u^3/gR\omega)^m \qquad (8-121)$$

式中:u 为平均流速,m/s;R 为水力半径,m;对于宽浅型河道一般用平均水深 h 代替;g 为重力加速度;ω 为床沙平均沉速,m/s;K 为包含量纲的系数,kg/m³;m 为指数。

纵向水流流速越大,水流携带的悬移质中床沙质的含量越大,当水流中悬移质的床沙质含量 S 低于水流挟沙力 S^* 时,水流就会冲刷河床和岸坡,并且纵向水流越近岸,近岸流速越大,近岸单宽流量越大,近岸水流输沙能力也就越大,对近岸河床和河岸的冲刷力也就越强,当冲刷到一定程度,河岸变高变陡失去稳定而发生崩岸。

② 环流作用

环流与纵向水流一起形成的螺旋流,使凹岸河床发生冲刷,螺旋流底部旋度较大,有利于底部泥沙横向输移。然而由于弯道崩岸主要还是纵向水流的动力作用,弯道环流横向输沙又不可能将崩岸的泥海洋生物输向对岸部位,凸岸的淤积主要仍由纵向水流作用而形成,所以,在城陵矶以下的长江中下游分汊河道,除了弯曲过度的鹅头型支汊以外,环流对河道崩岸的影响很小。

③ 回流作用

回流是一种次生流,是在一定边界条件下产生的。一般情况下,回流的作用具有二重性。当纵向水流达到一定强度时,回流能使近岸床面泥沙起动、悬浮,通过与纵向水流的掺混交换,对江岸产生一定的掏刷作用,造成相应的崩岸,从而能使已形成的崩窝尺寸增大;相反,当纵向水流较弱时,就可能在边界突出的下游近岸部位形成淤积,也可能在已形成的崩窝内产生淤积。

④ 波浪作用

波浪对岸的冲击作用常发生在风吹程较大的岸段或岸滩,其作用是间歇性的,汛期流量大、河面宽遇台风时可能对崩岸产生一定的影响;在枯水期船行时也可能会有一定的影响。波浪作用仅在水体表面对岸滩冲击作用较大,一般只引发洗崩。波浪作用在长江中下游河道内对岸蚀的影响较小,其崩岸的尺寸和速度较小。

(2)河床边界条件

① 河弯曲率

河弯曲率是河道平面形态的重要指标,是历史河床过程和现代河流动力作用的结果,反过来对水流的运动也起着一定的控制作用。对河道崩岸来说,河弯曲率约束纵向水流作用的方向,曲率越大,水流对河岸的顶冲角也越大,水流近岸贴流的岸线越长,相应环流也较强,因而在河床边界条件中河弯曲率对崩岸的影响是非常显著的。

② 河床组成

河床泥沙主要包括以推移质和悬移质的方式进行输送,就长江中下游冲积河道而言,水流中携带的推移质与悬移质的数量之比仅为1%左右,甚至更小,因此在河道演变中悬移质起着更为重要的作用,直接决定着河床演变过程中冲淤程度的变化程度,是河道崩岸发生的重要条件。

③ 河岸土质特性

长江中下游的现代河床发育并流动于第四纪松散沉积物,安徽境内覆盖较深,覆盖层的物质组成为上部为粘性土层,中部为沙层,下部为卵砾石层,大部分河段具有二元结构的特征。因黏土层抗冲性较强,二元结构中上层黏土层相对下层砂层越厚,越有利于河岸的稳定,故长江中下游河床及河岸物质组成对崩岸的发生有着重要的影响。

④ 滩槽高差

这一因素既是在水流动力作用下河道平面变形过程中形成的反映岸坡特征的横断面形态,同时它又是影响岸坡稳定、导致崩岸的因素。显然,滩槽高差越大,岸坡越不稳定,越易引发崩岸。

⑤ 河岸地下水活动

这方面包括河岸地下水的来源和河道内水位降落幅度和速率的影响。它是通过岸坡土体力学作用而反映对岸坡稳定的影响。造成这类崩岸有时也与水流前期冲刷有关,表现为汛期冲刷坡脚后,在汛期后至枯水期较易引发岸坡失去稳定而导致崩岸。

2. 人为因素

对长江中下游河道崩岸有直接影响的人为因素主要包括近岸河床采沙、已建的和正在兴建的突出建筑物对水流产生复杂流态以及在近岸江滩上附加荷载等。河床近岸受到水流冲刷而产生崩岸,如在这一部位采沙将更加促使崩岸和诱发崩岸。由于近岸部位和泥沙颗粒较粗,受经济利益驱使常发生非法采沙现象,经常造成严重崩岸。已建的丁坝、矶头和突出的码头等产生的局部水流结构,不仅对建筑物本身构成损坏甚至破坏,而且造成上、下游崩岸。在涉水工程施工过程中或工程运行中,近岸江滩突加荷载,包括岸滩附近临时仓库堆积货物,以及采集的江沙以及临时堆放的弃土等荷载,加之岸边、岸上打桩震动,极易发生滑坡崩岸。

8.4.2 安徽长江崩岸预警方法

如前文所述,影响崩岸的因素有很多,包括含沙水流动力条件、河床边界条件和人类活动等。为将崩岸危害降低到最小程度,2011 年以来,安徽省长江河道管理局分析长江河势演变趋势、崩岸区近岸河床变化情况,根据已护岸工程情况、岸坡抗冲能力及堤防外滩宽窄等情况,建立岸坡稳定数学模型,计算不同土体结构、不同形态岸坡的稳定性,结合崩岸可能造成的危害程度,提出长江安徽段崩岸预警方案。

枞阳江堤桂家坝崩岸区自 2011 年以来,一直为 I 级崩岸预警区,现以该崩岸区为例,简述长江安徽段崩岸预警区确定方法与步骤。

第一步,理清基本情况,桂家坝崩岸区位于长江贵池河段左岸,对应枞阳江堤桩号 35+000~36+600,上端紧接殷家沟崩岸区,岸坡呈二元结构,0m 高程以上系细粒层,属河漫滩相,以下系粗粒层,属河床相。沿岸分布大量民房、汤沟自来水厂、河道执法码头、桂坝轮渡码头等。2010 年 11 月,35+000-35+100 处发生两处窝崩,尺寸为 25m×15m(长×宽)、50m×20m。2012 年 12 月,35+560~35+590 又发生一处窝崩,尺寸为 30m×12m。2013 年,35+910~35+590、36+050~36+120 处发生条崩。崩岸危及沿岸民房、水厂、码头安全,为防止崩岸发生,2011 年投资 50 万元对 35+450~35+610 实施水下抛石,2012 年再投资 130 万元,对该段进行加固,抛石 15340m³。2013 年投资 200 万元,对 35+460~35+620、36+000~36+160 段实施水上护坎、对 35+905~36+600 段实施水下抛石。

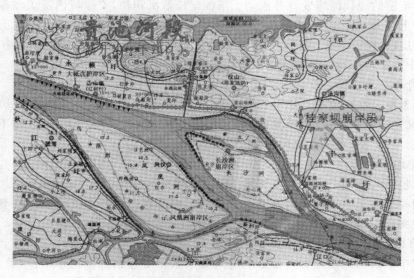

图 8-62　枞阳桂家坝崩岸预警区位置图

第二步,分析河势变化趋势,桂家坝崩岸区位于长江贵池河段左汊出口左岸,三百丈至殷家沟崩岸区下段。贵池河段系首尾束窄中间展宽多分汊河段,江中长沙洲、凤凰洲将水流分为左、中、右三汊,左汊口门有新长洲,右汊右侧有碗船洲,受进口段主流摆动及汊道阻力变化的影响,河势一直处于变化之中。1960—1988 年,左汊分流比由 27% 增至 38%,新长洲右侧河槽冲刷,水流直接顶冲桂家坝上游三百丈至殷家沟,该段发生强烈崩岸;1988—2004 年左汊分流由 38% 减少至 29%,汊道内崩岸减缓并停止;2004 年左汊分流比由 29% 增至 2011 年 36%,新长洲与长沙洲之间汊道冲刷,水流直接顶冲桂家坝岸坡,引发崩岸。如桂家坝处河道横断面特征值(计算高程黄海 5m),2004 年 5 月过水面积为 7118m²,河床平均高程

−4.6m,宽深比2.9,2011年7月过水面积9140m²,河床平均高程−7.3m,宽深比2.2。河势分析表明,桂家坝崩岸是大势所趋。

第三步,分析近岸变化程度,利用2008年4月—2016年3月五个测次近岸水下地形测图,从岸坡平面变化、断面变化、坡度比变化分析。2008—2010年,近岸河槽下切10m左右,最大冲深达到16m,形成−15m冲刷坑,局部地段窝崩,岸线后退20~50m。2010—2012年,深槽仍呈冲刷下切,−15m深槽尾部下延160m,并向近岸发展,岸坡变陡崩塌。2012—2013年,近岸深槽略有冲刷,岸坡变陡有所减慢,但局部坡度较陡,2013年11月枞阳江堤35+700处岸坡比1∶1.9,35+900处岸坡比1∶1.8。

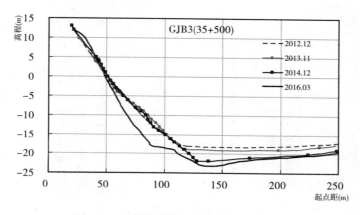

图8-63 枞阳桂家坝崩岸预警区位置图

第四步,计算岸坡稳定性系数,可以这样认为,岸坡的稳定性受制于土体滑动力矩与抗滑力矩之比,当滑动力矩大于抗滑力矩时,崩岸发生;反之,岸坡稳定。为定量分析岸坡临界坡度,首先要对崩岸区地质进行勘探,取得相应的物理、力学指标,再选择适合的计算模型,在论证模型可靠性后,再进行计算。由于桂家坝崩岸段未有地质资料,经现场调查比较,岸坡结构与紧临上游的三百丈至殷家沟崩岸区接近,如0m高程以上岸坡均为细粒层河漫相,0m高程以下为粗粒层河床相,计算成果可以借鉴。从表中可以看出,岸坡在1∶2.0左右时,呈不稳定状态,可能产生崩岸,也就是说当岸坡受水流冲刷变陡接近1∶2.0时,应发出崩岸警告。

第五步,崩岸发生可能性分析,从河势分析来看,桂家坝崩岸是大势所趋,从近岸变化程度来看,岸坡接近临界稳定边坡,崩岸发生的可能性很大。

第六步,崩岸造成的危害程度分析,桂家坝小圩有居民248户960人,耕地1800亩,汤沟自来水厂是汤沟镇居民主要的饮水源。崩岸直接影响桂家坝小圩及沿岸水厂、码头安全,间接影响到枞阳江堤防洪安全和贵池河段河势稳定。从危害程度来讲,桂家坝崩岸影响到枞阳江堤、桂坝小圩防洪工程安全,影响汤沟镇居民供水安全以及水政执法码头安全,影响社会稳定,所以确定桂家坝崩岸可能造成的危害程度为很大的级别。

第七步,崩岸预警区拟定分析,根据桂家坝崩岸发生可能性很大、崩岸造成的危害程度很大双重因素,对照安徽省长江崩岸预警划分标准,确定崩岸预警区级别为Ⅰ级,预警区对应枞阳江堤桩号35+000~36+500,长度为1500m。

表 8 - 37　安徽长江河道 2016 年崩岸预警分析汇总表

序号	地点	所属县、区	所在堤防	2016年崩岸预警区				坡度	河岸抗冲性	崩岸主要原因	崩岸影响					
				位置	长度(km)	滩地宽度(m)	近期河床变化情况				河势稳定	防洪安全	民生	岸线利用	航道稳定	涉河工程
一	Ⅰ级预警区				4.44											
1	江调圩	望江县	同马大堤	80+650~80+855　81+930~83+020	2.14	13~45	未护段岸坡小幅冲刷，前沿深槽仍小幅冲刷下切	陡	弱	水流顶冲	√	√	√	√	√	
2	桂家坝	枞阳县	枞阳江堤	35+000~37+300	2.30	0~50	近期岸坡冲淤变化不大，但岸深槽仍冲刷下切，最大冲刷深度约7m	陡	弱	水流顶冲		√	√	√		
二	Ⅱ级预警区				10.62											
1	秋江圩	贵池区	秋江圩堤	3+500~9+180	5.68	15~700	岸坡继续冲刷后退，岸坡变陡，深槽向近岸发展	中	弱	水流顶冲	√	√	√	√		
2	长沙洲	枞阳县	圩堤桩号	2+900~4+500	1.60	0~55	近岸深槽仍冲刷下切向近岸发展，未护段岸坡继续呈逐年冲刷后退态势	陡	弱	水流顶冲		√	√	√		
3	东联圩	义安区	东西联圩江堤	18+800~20+100	1.30	20~160	近期河床岸坡冲淤变化不大，但该段滩高差大，岸坡较陡	陡	中	水流顶冲	√	√	√	√		
4	新大圩	三山区	繁昌江堤	19+860~21+900	2.04	0~470	近岸河床冲刷态势，近岸深槽刷深幅度较大	陡	弱	丁坝扰流，水流冲刷		√		√	√	√
三	Ⅲ级预警区				22.48											

（续表）

2016年崩岸预警区

序号	地点	所属县、区	所在堤防	位置	长度（km）	滩地宽度（m）	近期河床变化情况	坡度	河岸抗冲性	崩岸主要原因	河势稳定	防洪安全	民生	岸线利用	航道稳定	涉河工程
1	王家洲	宿松县	同马大堤	42+300~43+100	0.80	18~100	河床岸坡冲淤变化不大，局部近岸深槽略有冲刷下切、幅度不大	陡	中	水流顶冲	√			√		
2	六合圩	望江县	同马大堤	118+100~119+100	1.00	0~80	近期冲淤变化不大，相对稳定	陡	中	水流顶冲	√	√				
3	三益圩	皖河农场	同马大堤	123+250~126+400	3.15	20~170	水下岸坡冲淤变化大，水上护坎崩塌	陡	中	水流顶冲	√	√				
4	潭子湖段	怀宁县	同马大堤	157+000~158+000	1.00	13~28	深泓向近岸发展，岸坎崩塌	中	弱	水流冲刷	√	√				
5	马窝	迎江区	安广江堤	16+900~17+600	0.70	40~70	河床岸坡冲淤变化大，局部深槽略有淤积	陡	弱	水流冲刷	√	√				
6	贵池双塘	贵池区	无堤段	宁安铁路桥桥墩上游300m至下游400m	0.70	无堤段	大桥护岸工程实施后，近期河床岸坡冲淤变化不大，但坡度较陡	陡	中	水流冲刷						√
7	铁铜洲	枞阳县	圩堤桩号	洲头左缘上段滩地接较窄段	1.40	0~25	河床岸坡变化不大，但水下岸坡较陡	陡	中	水流冲刷	√	√		√		
8	大砥含	枞阳县	纵阳江堤	22+000~23+000	1.00	370~550	应急治理工程以下段河床岸坡近期小幅冲刷	中	中	水流冲刷	√	√		√		

（续表）

序号	地点	所属县、区	所在堤防	2016年崩岸预警区 位置	长度(km)	滩地宽度(m)	近期河床变化情况	坡度	河岸抗冲性	崩岸主要原因	崩岸影响 河势稳定	防洪安全	民生	岸线利用	航道稳定	涉河工程
9	凤凰洲	枞阳县	圩堤桩号	11+800~12+800	1.00	15~70	洲尾上段河岸冲刷变化幅度不大，深槽略有冲刷下切，洲尾崩岸继续发展	中	弱	水流顶冲	√		√			
10	大同圩	贵池区	大同圩堤	15+000~16+930 17+540~19+840	4.23	15~20	水流贴岸冲刷，近岸深槽冲刷下切，局部发生了岸坎崩塌	中	中	水流冲刷	√	√				
11	成德洲	义安区	护岸桩号	0+180~1+380	1.20	0~40	幸福大堤以下河床岸坡继续冲刷后退，幅度减缓	中	弱	水流冲刷	√		√	√		
12	太阳洲五洲	无为县	洲堤	右缘五洲段	0.60	10~80	水流常年贴岸冲刷，该段发生崩窝	中	弱	水流冲刷	√	√	√	√		
13	大拐	鸠江区	无为大堤	92+800~94+840 95+840~97+400	3.60	圩堤 0~160	近期河床岸坡冲淤变化不大，局部前沿沿深槽略有冲刷下切	陡	中	水流顶冲	√	√				
14	江心洲宫锦	当涂县	洲堤	宫锦渡口上游80m至下游320m	0.40	15~55	近期岸坡冲刷后退，深槽刷深	陡	弱	水流冲刷	√	√	√			
15	彭兴洲	当涂县	洲堤	彭兴洲右缘中部滩地狭窄段	1.70	0~15	近期岸坡冲淤变化不大，近岸深槽局部略有冲刷深度	陡	弱	水流冲刷	√	√	√	√	√	√
	合计				37.54											

8.4.3　安徽长江崩岸预警发布

安徽省防汛抗旱指挥部办公室汛前根据长江河道崩岸预警分析,以长江崩岸发生的可能性、崩岸可能造成的危害程度为尺度,将崩岸预警划分为三级,Ⅰ级为最高级,向当地政府发布崩岸预警通知。要求当地政府做好Ⅰ级预警区宣传和警示工作,落实24小时不间断巡查,转移受崩岸威胁群众,逐步搬迁对应区域内居民;做好Ⅱ级预警区宣传和警示工作,落实巡查,必要时转移受崩岸威胁区内群众;做好Ⅲ级预警区宣传和警示工作,落实巡查,见表8-38所列。

表8-38　长江安徽段崩岸预警分析标准与应对措施

预警级别	分级标准	应对措施
Ⅰ级	发生崩岸可能性很大,造成的危害程度很大,直接威胁人民生命财产安全、防洪工程或重要基础设施安全	做好宣传和警示工作,落实人员24小时不间断巡查,转移受崩岸威胁范围内的群众。逐步搬迁对应区域内的居民
Ⅱ级	发生崩岸可能性较大,造成的危害程度较大,人民生命财产、防洪工程或重要基础设施存在较大的安全隐患	做好宣传和警示工作,落实人员巡查,必要时转移受崩岸威胁范围内的群众
Ⅲ级	有发生崩岸的可能,人民生命财产、防洪工程或重要基础设施存在安全隐患	做好宣传和警示工作

2014年,安徽省防汛抗旱指挥部办公室对沿江24处崩岸险段向当地政府发出预警,预警区总长度为40.92km,其中Ⅰ级崩岸预警4处,6.1km;Ⅱ级崩岸预警9处,21.42km;Ⅲ级崩岸预警11处,13.4km。

2015年,对沿江23处崩岸险段向当地政府发出预警,预警区总长度为40.65km。其中Ⅰ级崩岸预警3处、5.10km;Ⅱ级崩岸预警6处、17.85km;Ⅲ级崩岸预警14处、17.70km。

2016年,对沿江21处崩岸险段向当地政府发出预警,预警区总长度为37.54km,其中Ⅰ级崩岸预警2处、4.44km;Ⅱ级崩岸预警4处、10.62km;Ⅲ级崩岸预警15处、22.48km。

表8-39　2014年安徽长江河道崩岸预警汇总

序号	地点	所属县	所在堤防	预警位置	长度(km)	滩地宽度(m)
一	Ⅰ级预警区				6.10	
1	江调圩	望江县	同马大堤	80+600～81+200 81+620～83+020	2	13～50
2	长沙洲	枞阳县	圩堤桩号	2+900～4+200	1.3	0～55
3	桂家坝	枞阳县	枞阳江堤	35+000～36+500	1.5	0～50
4	东联圩	铜陵县	东联圩江堤	18+800～20+100	1.3	20～160
二	Ⅱ级预警区				21.42	
1	马窝	迎江区	安广江堤	16+900～19+070	2.17	40～160

（续表）

序号	地点	所属县	所在堤防	预警位置	长度(km)	滩地宽度(m)
2	大砥含	枞阳县	枞阳江堤	22+000～23+000	1	370～550
3	凤凰洲	枞阳县	圩堤桩号	11+800～12+800	1	15～70
4	天然洲	无为县	护岸桩号	5+467～5+967	0.5	28～38
5	大拐	鸠江区	无为大堤	92+800～97+400	4.6	圩堤 0～50
6	双塘	贵池区	无堤段	宁安铁路桥墩上游300m至下游400m	0.7	无堤段
7	秋江圩	贵池区	秋江圩堤	3+500～9+180	5.68	20～1500
8	大同圩	贵池区	大同圩堤	15+500～16+930 17+540～19+840	3.73	15～20
9	新大圩	三山区	繁昌江堤	19+860～21+900	2.04	0～470
三	Ⅲ级预警区				13.40	
1	王家洲	宿松县	同马大堤	40+000～43+100	3.1	18～350
2	六合圩	望江县	同马大堤	118+100～119+100	1	0～90
3	青山圩	无为县	无为大堤	11+400～11+800	0.4	0～40
4	幸福洲	东至县	护岸桩号	0+020～1+020	1	100～180
5	泥洲	贵池区	池州江堤	0+000～1+400	1.4	600
6	和悦洲	铜陵郊区	洲堤	0+600～1+600	1	0～150
7	新民圩	铜陵市	铜陵市江堤	11+100～11+600	0.5	40
8	成德洲	铜陵县	护岸桩号	0+180～1+380	1.2	0～40
9	庆大圩	繁昌县	庆大圩江堤	2+750～3+750	1	30～50
10	襄城河口	当涂县	马鞍山江堤	3+400～4+500	1.1	40～100
11	彭兴洲	当涂县	洲堤	右缘中部滩地狭窄段	1.7	0～15
	合 计				40.92	

表 8-40　2015年安徽长江河道崩岸预警汇总

序号	地点	所属县	所在堤防	预警位置	长度(km)	滩地宽度(m)
一	Ⅰ级预警区				5.10	
1	江调圩	望江县	同马大堤	80+600～81+200 81+620～83+020	2.00	13～45
2	长沙洲	枞阳县	圩堤桩号	2+900～4+500	1.60	0～55
3	桂家坝	枞阳县	枞阳江堤	35+000～36+500	1.50	0～50
二	Ⅱ级预警区				17.85	

（续表）

序号	地点	所属县	所在堤防	预警位置	长度（km）	滩地宽度（m）
1	秋江圩	贵池区	秋江圩堤	3+500～9+180	5.68	15～1400
2	凤凰洲	枞阳县	圩堤桩号	11+800～12+800	1.00	15～70
3	大同圩	贵池区	大同圩堤	15+000～16+930 17+540～19+840	4.23	15～20
4	东联圩	铜陵县	东联圩江堤	18+800～20+100	1.30	20～160
5	大拐	鸠江区	无为大堤	92+800～94+840 95+840～97+400	3.60	圩堤0～50
6	新大圩	三山区	繁昌江堤	19+860～21+900	2.04	0～470
三	Ⅲ级预警区				17.70	
1	王家洲	宿松县	同马大堤	40+000～43+100	3.10	18～350
2	六合圩	望江县	同马大堤	118+100～119+100	1.00	0～80
3	幸福洲	东至县	护岸桩号	0+020～1+020	1.00	100～180
4	马窝	迎江区	安广江堤	16+900～17+600	0.70	40～70
5	贵池双塘	贵池区	无堤段	宁安铁路桥墩上游 300m至下游400m	0.70	无堤段
6	大砥含	枞阳县	枞阳江堤	22+000～23+000	1.00	370～550
7	和悦洲	郊区	洲堤	0+600～1+600	1.00	0～150
8	成德洲	铜陵县	护岸桩号	0+180～1+380	1.20	0～40
9	庆大圩	繁昌县	庆大圩江堤	0+150～1+650	1.50	60～150
10	天然洲	鸠江区	护岸桩号	5+070～5+470	0.40	25
11	陈家洲	和县	洲堤	右缘0+000～2+600 左缘 西梁山渡口下300m	2.90	0～250
12	襄城河	当涂县	马鞍山江堤	3+400～4+500	1.10	40～100
13	江心洲宫锦	当涂县	洲堤	宫锦渡口上游80m 至下游320m	0.40	15～55
14	彭兴洲	当涂县	洲堤	彭兴洲右缘中部 滩地狭窄段	1.70	0～15
	合　计				40.92	

表 8-41　2016 年安徽长江河道崩岸预警汇总

序号	地点	所属县	所在堤防	预警位置	长度（km）	滩地宽度（m）
一	Ⅰ级预警区				4.40	

(续表)

序号	地点	所属县	所在堤防	预警位置	长度(km)	滩地宽度(m)
1	江调圩	望江县	同马大堤	80+650~80+855 81+930~83+020	2.14	13~45
2	桂家坝	枞阳县	枞阳江堤	35+000~37+300	2.3	0~50
二	Ⅱ级预警区				10.62	
1	秋江圩	池州市	秋江圩堤	3+500~9+180	5.68	15~1400
3	长沙洲	枞阳县	圩堤桩号	2+900~4+500	1.60	0~50
3	东联圩	铜陵县	东联圩江堤	18+800~20+100	1.30	20~160
4	新大圩	三山区	繁昌江堤	19+860~21+900	2.04	0~470
三	Ⅲ级预警区				22.48	
1	王家洲	宿松县	同马大堤	42+300~43+100	0.80	18~100
2	六合圩	望江县	同马大堤	118+100~119+100	1.00	0~80
3	三益圩	皖河农场	同马大堤	123+250~126+400	3.15	20~170
4	潭子湖段	怀宁县	同马大堤	1157+000~158+000	1.00	13~28
5	马窝	迎江区	同马大堤	116+900~17+600	0.70	40~70
6	贵池双塘	贵池区	无堤段	安宁铁路桥墩上游 300m至下游400m	0.70	无堤段
7	铁铜洲	枞阳县	圩堤桩号	洲头左缘上段	1.40	0~25
8	大砥含	枞阳县	枞阳江堤	22+000~23+000	1.00	370~550
9	凤凰洲	枞阳县	圩堤桩号	11+800~12+800	1.00	15~70
10	大同圩	贵池区	大同圩堤	15+000~16+930 17+540~19+840	4.23	15~20
11	成德洲	义安区	护岸桩号	0+180~1+380	1.20	0~40
12	太阳洲五洲	无为县	洲堤	右缘五洲段	0.60	10~80
13	大拐	鸠江区	无为大堤	92+800~94+840 95+840~97+400	3.60	15~55
14	江心洲宫锦	当涂县	洲堤	宫锦渡口上游80m 至下游320m	0.40	15~55
15	彭兴洲	当涂县	洲堤	彭兴洲右缘中部 滩地狭窄段	1.70	0~15
	合　计				37.54	

8.4.4　安徽长江崩岸预警效果

(1)实现了对崩岸发生地点的预判。安徽长江河道崩岸预警基于崩岸机理研究,通过分析长江河势演变趋势、崩岸区近岸河床变化情况、已护岸工程情况、岸坡抗冲能力及堤防外滩宽窄等核心要素,较为准确地把握了崩岸发生的规律,实现了对崩岸发生地点的预判。近年来新发生的崩岸,基本均在每年发布的崩岸预警区范围内。

(2)保障了群众生命财产安全。安徽长江河道崩岸预警以崩岸可能造成的危害程度作为重要的判别指标,高度重视突发崩岸的社会危害性,要求当地政府做好预警区宣传和警示工作,落实 24 小时不间断巡查制度,转移受崩岸威胁群众,逐步搬迁对应区域内的居民,保障了群众生命财产安全。

(3)引起了当地政府的重视。安徽长江河道崩岸预警将突发危害量化为实际指标,由安徽省防汛抗旱指挥部对当地政府发布,并对预警防范工作提出了具体的措施要求,引起了当地政府和社会各界的高度重视,提高了对崩岸防范的意识。

(4)加大了崩岸治理的投入。安徽长江河道崩岸预警发布后,当地政府和有关部门高度重视,积极筹措经费开展崩岸治理工作,消除崩岸隐患。根据近 3 年发布的崩岸预警分析,预警区总长度逐年减少,特别是危险性较大的Ⅰ级、Ⅱ级预警区,无论是预警区数量,还是预警区总长度,均呈较大幅度下降趋势,这与各级政府和有关部门加大崩岸治理投入分不开。

8.5　本章小结

(1)对近景摄影测量技术应用于岸坡安全监测,进行研究和实验。实验表明,将近景摄影测量技术应用到边坡监测中,能大幅减少外业工作量,且其解算精度较高,解算速度快。而且拍摄所得的影像资料能够长期保存,可以随时查阅。

(2)与传统的测量方法相比,近景摄影测量拥有非接触式、获取的信息量大等传统的变形监测方法所不能比的优势。在边坡监测中,常规的测量方法不能很好地全面反映边坡整体的变化,而基于面测量技术的近景摄影测量技术能快速全面高效地反映边坡整体变形情况,当边坡变形出现异常时,能及时进行预警。因此,近景摄影测量技术将会是今后边坡监测的一个重要发展方向。

(3)通过现场埋设监测设备获得和悦洲岸坡位移、渗压等相关信息,建立了神经网络模型及灰色模型,均取得较好的预测效果,进一步分析比较表明神经网络模型较好地建立了位移、渗压、雨量、水位等监测数据的内在联系,其拟合精度及预测精度均好于灰色模型,所以选择神经网络模型为该崩岸监测预报的模型。

(4)以岸坡监测资料为基础,从临江岸坡安全影响因素出发,构建临江岸坡安全评判体系,确定了岸坡以测孔监测点位移、渗压和水位及降雨为评价因素的指标集并划分了评判等级。

(5)安徽长江河道崩岸预警基于崩岸机理研究,通过分析长江河势演变趋势、崩岸区近岸河床变化情况、已护岸工程情况、岸坡抗冲能力及堤防外滩宽窄等核心要素,较为准确地把握了崩岸发生规律,实现了对崩岸发生地点的预判,保障了群众生命财产安全,引起了当地政府的高度重视,加大了崩岸治理的投入,取得了良好的社会效益和经济效益。

9 安徽长江洲滩分析评估和综合利用研究

9.1 安徽长江洲滩概述

历史上,安徽长江河道河势变化剧烈,曾发生多次大的变迁。新中国成立以来,经过多年整治,特别是 1998 年大水后,国家加大了长江防洪设施和河势控制工程建设力度,崩岸和河势得到一定程度的控制,长江干流安徽段总体上河势基本稳定。

安徽省长江洲滩形成及分布与河道演变、土地利用等密切相关。从河段和河岸看,干流北岸多为第四系沉积物,易冲刷,岸线变化频繁,经围垦形成了大量外滩圩。南岸多有山矶出露,河道演变中岸线受到矶头控制,岸线相对稳定,外滩圩较少。在河道长期的演变中,干流上逐步形成了一定数量的江心洲。

历史上安徽省长江干流江心洲和外滩圩数量众多,并随河道演变和洪水涨落而消长变化。经历年联圩并圩和 1998 年以来实施的平垸行洪、移民建镇,安徽省长江干流上现有洲滩圩垸 176 个,其中江心洲 32 个,外滩圩 144 个,分布在沿江 5 市的 16 个县区。现有洲滩圩垸土地总面积 721.92km²,耕地面积为 52.58 万亩,居住 35.19 万人。

长江干流洲滩气候适宜,土壤肥沃,水源充足,区位优势明显,交通运输条件优越,部分面积较大的洲滩圩垸近年来发展较快,建成了一定数量特色明显的工农业园区。据统计,2010 年长江洲滩已完成固定资产投资 100 多亿元,GDP 约 150 亿元,洲滩圩垸在我省沿江地区的经济中占有一定的比重。

2012 年 4 月,安徽省水利厅、安徽发展和改革委员会正式印发安徽省长江干流洲滩圩垸治理规划,要求沿江各地遵循"统筹兼顾、突出重点、远近结合、分期实施"的原则,在保障长江干堤防洪安全和干流洪水顺畅下泄的前提下,首先保障洲滩居民防洪安全,兼顾土地开发、岸线利用和稳定河势。

9.2 皖江洲滩防洪风险评估

9.2.1 风险分析基础理论

1. 风险的内涵
随着科学技术的进步与社会、经济的发展,"风险"(Risk)这一科学术语已深入人们的生产和生活中,如投资风险、市场风险、信用风险、金融风险、环境风险、工程风险、自然灾害风险、健康风险、决策风险等。但因研究行业与领域的不同,目前国际上对"风险"一词还没有形成一个统一的定义,然而,各种定义的核心内容却基本一致。美国哈佛大学 Wilson 教授等将风险的本质描述为不确定性,定义为期望值,或者说是含有概率的预测值。Maskrey 将风险定义为某一自然灾害发生后所造成的总损失。Simith 的定义为"风险是某一灾害发生的概率"。Tobin 和 Montz 则把风险定义为是某一灾害发生概率和期望损失的乘积。Deyle 和 French 的定义为"风险是某一灾害发生概率与灾害发生后果的规模的结合"。Hurst 的定义为"风险是对某一灾害概率与灾害结果的描述"。联合国人道主义事务部(DePartment of Humanitarian Affairs)1991 年和 1992 年给出的风险定义为:在一定区域和给定的时间段内,由于特定的灾害而引起人们生命财产和经济活动的期望损失值。Maskrey 将风险等同于灾害损失(即灾度),将风险评价等同于灾后的灾情评价,似乎并不恰当。而 Simith 仅从灾害的发生概率来考虑,没有考虑灾害发生的后果,也存在偏颇之处。Tobin 和 Montz 的定义用的是期望损失,基本上类似于易损性。Deyle 等和 Hurst 的定义用的是灾害发生后果,实际上等同于灾害损失。通过对比分析,Tobin 和 Montz 的定义更合适一些,因为风险的本质就是含有概率的预测值,而不是实际值。

不同的风险定义,基本上都紧密围绕风险的核心内容——不利事件发生的概率,不同之处在于是否考虑了灾害产生的后果,且大部分定义中描述时直接用"灾害"这一术语,不恰当。因此,在总结各种表达的基础上,认为风险是由不确定性因素引起的,并有可能发生不利事件,从而造成一定的损失(包括经济损失、社会损失、资料与环境损失等),产生一定的社会、经济、环境负效应。根据集合的概念,将风险 R 表示为:

$$R = \{h, p, c\} \tag{9-1}$$

式中:h 为不利事件,p 为不利事件发生的概率,c 为发生不利事件产生的后果或损失。

由公式(9-1)可以看出,风险是一个具有非利性、不确定性、复杂性三维集合的概念。

从风险的定义特点分析,风险体现了一种观点,它考虑到用各种可能性的统计观点来观察、研究事物或地下水开采系统,便于使问题分析更全面,决策更合理,这也是进行风险分析研究工作的最终目标。

风险是潜在的,只有具备了一定条件时,才有可能发生风险事件,这一定的条件称为转化条件,即使具备了转化条件,风险也不一定演变成不利事件。只有具备了另外一些条件时,风险事件才会真的发生,该条件称为触发条件。即只有同时具备了转化条件与触发条件时,风险才会发生。了解风险由潜在转变为现实的转化条件、触发条件及其过程,对于控制风险非常重要,控制风险实际上就是控制风险事件的转化条件和触发条件。当风险事件只能造成损失和损害时,应设法消除转化条件和触发条件;当风险事件可以带来机会时,则应努力创造转化条件和触发条件,促使其实现。

2. 风险的分类

风险可从不同角度,依据不同标准进行分类。按风险后果的不同,分为纯粹风险和投机风险;自然风险、人为风险则是按风险来源或损失产生的原因进行划分的;从风险是否可管理角度分为可管理的和不可管理的风险;按风险后果的承担者则又可以划分为项目业主风险、政府风险、承包商风险、投资风险等。黄崇福则从认识论的角度,将风险分为四类。

(1)真实风险

这类风险完全由未来环境发展所决定。真实风险也就是真实的不利后果事件。来自于工业的污染问题主要与真实风险相联系。对人类来讲,环境污染是一种不利后果事件。污染研究中大部分工作是对现有污染的分析、整治。震后灾情评估也属于真实风险的范畴。此时,主要的工作不是推测今后灾情的发展,而是评估当时的灾情状况,对已经出现的不利后果事件进行调查、归类、统计,以此为依据,给出评估结果。

(2)统计风险

这类风险由现有可以利用的数据来加以认识。统计风险事实上是历史上不利后果事件的回归。具有概率意义的风险区划图便是一种统计区划图,当提到某一区域发生淹没的风险率是10%,涉及的防洪风险率就是一种统计风险。

(3)预测风险

这类风险可以通过对历史事件的研究,在此基础上建立系统模型,从而进行预测,预测未来不利事件发生的风险。堤防、防洪工程的风险既有统计风险的成分,又有预测风险的成分,因为有的灾害可以预测,如稳定、滑坡等。

(4)察觉风险

这类风险是由人们通过经验、观察、比较等来察觉到的,察觉风险是一种人类直觉的判断,通常是在积累大量工作经验的基础上得出的。

针对不同的研究对象,可以采用不同的风险方法,但在防洪工程中,由于其风险的发生与洪水特征有着密切的联系,因此统计风险与预测风险是防洪工程研究领域中涉及较多的两类风险。

3. 风险分析的基本内容

风险分析的具体内容很多,但从风险决策角度出发,主要包括三个相互联系的部分:风险辨识、风险估算、风险评价(图9-1)。对堤防防洪工程来说,在风险分析过程中,通常要回答以下三个问题:

(1)防洪工程存在哪些风险?风险类型是什么?风险因素有哪些?

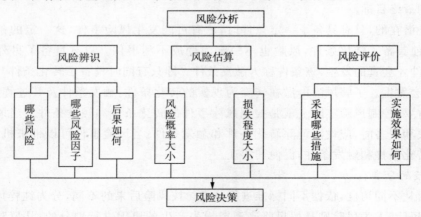

图9-1 防洪工程风险评价基本流程示意图

(2)发生漫坝、失稳或边坡滑动等问题的可能性有多大？即失事风险率或风险度多大？

(3)产生的后果程度如何？堤防的风险等级多大？是否可接受？

上述三个问题实质上分别对应风险分析的三项工作：风险辨识、风险估算、风险评价。

风险辨识：主要目的在于寻求风险的所在和引起风险的主要因素，并对其后果做出定性估计和描述。主要任务可概括为：从众多风险中，判明哪些风险应该考虑，这是问题的关键；其次，针对所考虑的风险问题，找出引起该风险的主要原因，即确定风险因子；最后分析这些因子可能引起后果的严重程度。具体来说，风险辨识阶段要回答以下三个问题：

(1)系统存在的不利事件有哪些？

(2)造成上述不利事件的风险因子是什么？

(3)不利事件所引起的后果如何？

目前，解决这些问题主要采用定性方法（如层次分析法、主成分分析法）和定量方法（如灵敏度分析）。

(1)层次分析法

层次分析法是美国运筹学家 T. L. Saaty 于 20 世纪 70 年代中期提出的一种系统分析方法，其基本原理是把复杂系统分解成目标、准则、方案等层次，在此基础上进行定性和定量分析的决策。它把人的决策思维过程层次化、数量化、模型化，并用数学手段为分析、决策提供定量的依据，是一种对非定量事件进行定量分析的有效方法，特别是在目标因素结构复杂且缺少必要的数据情况下，需要将决策者的经验判断定量化时该法非常实用。

(2)主成分分析法

在选取评价指标体系时，变量之间难免存在重叠、相关的关系，而变量太多会增大计算量，增加问题的复杂性，人们自然希望在进行定量分析的过程中涉及的变量尽可能得少，而变量所反映的信息量尽可能得多，主成分分析法是解决这一问题的理想工具。

用较少的几个综合指标来代替原来较多的指标，而这些较少的综合指标既能尽可能多地反映原来较多指标的有用信息，且相互之间又是无关的。这种处理问题的方法称为主成分分析。

(3)灵敏度分析

灵敏度分析(Sensitivity Analysis)是一种评价因设计变量或参数的改变而引起响应特性变化率的方法，分析结果是一种相对度量。系统灵敏度的研究是一个很特别的领域，它是当前计算力学和工程领域的主要研究方向之一。

风险估算：风险估算是在风险辨识的基础上，估计不利事件在特定时间、特定条件下发生的概率，确定不利事件发生后所造成的损失。概率论和数理统计是风险估算的主要工具，概率论可以解决风险因子之间的相关性问题，而风险率的确定则主要依靠数理统计方法。

① 荷载与抗力

估算防洪工程的风险率时，要考虑与系统有关的参数，如来水量、降水量、土质情况、堤防等级等。一般地，这些系统参数可分为两大类：一类是施加在系统上的直接或间接引起系统功能发生变化，如洪水，这些引起系统功能发生变化的外力常称为荷载(Loading)。另一类是系统承受荷载的能力，称为抗力(Resistance)，如防洪等级、设计标准。

荷载和抗力这两个术语在结构工程中经常使用,但在水利工程领域也具有一般性的意义。针对不同的研究系统,"荷载"和"抗力"可以有不同的含义,这主要取决于研究问题的性质。

② 系统的极限状态

开展系统的风险分析过程中,为正确描述系统的工作状态,有必要引入功能函数的概念。系统中的有关参数可以反映系统的功能,设系统中的参数都是随机变量,用随机向量 $X=(X_1,X_2,X_3,\cdots,X_n)$ 表示,则可以用函数 $Z=g(X)$ 表示系统的工作状态,称该函数为系统的功能函数,系统的工作状态可用式(9-2)表示。

$$Z=g(X)\begin{cases} <0 & \text{失效状态} \\ =0 & \text{极限状态} \\ >0 & \text{可靠状态} \end{cases} \qquad (9-2)$$

极限状态所对应的方程称为极限状态方程,根据研究问题建立正确的极限状态方程,是进行风险率估算的基础。在笛卡尔坐标中,系统工作状态如图9-2所示。失效状态和可靠状态分别对应图中的失效域和可靠域。

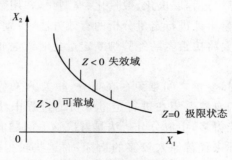

图 9-2 系统工作状态

③ 风险率、可靠度和可靠指标

A. 风险率和可靠度

在结构领域中,可靠度定义为在规定的时间内和规定的条件下结构完成预定功能的概率,用 P_r 表示;反之,结构不能完成预定功能的概率称为结构失效的概率,即风险率,用 P_f 表示。从定义上可以看出,可靠度和风险率分别表示了两个互不相容事件发生的概率,由概率的基本性质可知:

$$P_r+P_f=1 \qquad (9-3)$$

对于功能函数 $Z=g(x_1,x_2,\cdots,x_n)$,根据定义 P_f 可通过积分计算求得:

$$P_f=P(Z<0)=\iint\limits_{z<0}\cdots\int f_x(x_1,x_2,\cdots,x_n)\mathrm{d}x_1\mathrm{d}x_2\cdots\mathrm{d}x_n \qquad (9-4)$$

式中:$f_x(x_1,x_2,\cdots,x_n)$ 为随机变量 $x_1,x_2,\cdots,x_n$ 的联合概率密度函数。

若随机变量 $x_1,x_2,\cdots,x_n$ 相互独立,则式(9-4)简化为:

$$P_f=P(Z<0)=\iint\limits_{z<0}\cdots\int f_{x_1}(x_1)f_{x_2}(x_2)\cdots f_{x_n}(x_n)\mathrm{d}x_1\mathrm{d}x_2\cdots\mathrm{d}x_n \qquad (9-5)$$

当功能函数中有多个随机变量或函数为非线性时,式(9-4)和式(9-5)的计算将非常复杂,甚至难以直接求解,因此,在计算过程中,通常不采用直接积分方法,而是采用比较简便的近似方法,通常是先求得结构的可靠指标,然后再计算相应的风险率。

B. 可靠指标

假设功能函数有两个相互独立的随机变量 L 和 R,且 $L \sim N(\mu_L, \sigma_L{}^2)$,$R \sim N(\mu_R, \sigma_R{}^2)$,则 $Z(Z=R-L)$ 也是正态随机变量,Z 的均值和方差分别为 $\mu_z = \mu_R - \mu_L$,$\sigma_z{}^2 = \sigma_R{}^2 + \sigma_L{}^2$,其概率密度函数为:

$$f_Z(z) = \frac{1}{\sqrt{2\pi}\,\sigma_z} \exp\left[-\frac{1}{2}\left(\frac{z-\mu_z}{\sigma_z}\right)^2\right] \quad -\infty < z < \infty \tag{9-6}$$

根据风险率的定义,

$$P_f = \int_{-\infty}^0 f_L(z)\mathrm{d}z = \int_{-\infty}^0 \frac{1}{\sqrt{2\pi}\,\sigma_z} \exp\left[-\frac{1}{2}\left(\frac{z-\mu_z}{\sigma_z}\right)^2\right]\mathrm{d}z \tag{9-7}$$

即图 9-3 中的阴影面积。

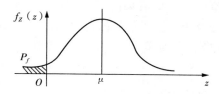

图 9-3　风险率与可靠指标

将 Z 转换为标准正态分布 $N(0,1)$ 得:

$$P_f = \frac{1}{\sqrt{2\pi}} \int_{-\infty}^{-\mu_z/\sigma_z} e^{-t^2/2} dt = \Phi\left(-\frac{\mu_z}{\sigma_z}\right) \tag{9-8}$$

式中:$t = \dfrac{z-\mu_z}{\sigma_z}$,$\Phi(\cdot)$ 为标准正态分布函数。

引入符号 β,并令

$$\beta = \frac{\mu_z}{\sigma_z} = \frac{\mu_R - \mu_L}{\sqrt{\sigma_R{}^2 + \sigma_L{}^2}} \tag{9-9}$$

则有:

$$\begin{cases} P_f = \Phi(-\beta) \\ P_r = \Phi(\beta) \end{cases} \tag{9-10}$$

可见,β 越大,P_f 就越小,则系统越可靠,风险率 P_f 与 β 有一一对应的关系,因此,β 称为可靠指标,是一无因次的系数。

C. 可靠指标与安全系数

结构工程领域,传统的设计原则是抗力 R 不小于荷载 L,其可靠性用安全系数表示。设

用平均值表达的单一平均安全系数为 k_0,其定义为:

$$k_0 = \frac{\mu_R}{\mu_L} \qquad (9-11)$$

安全系数 k_0 与可靠指标 β 的关系为:

$$\beta = \frac{\mu_z}{\sigma_z} = \frac{\mu_R - \mu_L}{\sqrt{\sigma_R^2 + \sigma_L^2}} = \frac{\mu_R/\mu_L - 1}{\sqrt{(\mu_R/\mu_L)^2 \delta_R^2 + \delta_L^2}} = \frac{k_0 - 1}{\sqrt{k_0^2 \delta_R^2 + \delta_L^2}} \qquad (9-12)$$

式中:δ_R 和 δ_L 分别为变量 R 和 L 的变异系数。

由式(9-12)可以看出,可靠指标 β 与安全系数 k_0、R 和 L 的变异系数有关,而式(9-11)所定义的安全系数仅考虑了变量的均值,而未考虑到变量的离散程度。但由式(9-12)的表达式可以看出,相同的安全系数 k_0,即变量的均值相同,而离散程度不同时,可得出不同的可靠指标 β,从而计算出不同的可靠度和风险率,这从一定角度也反映出安全系数的不合理性,且安全系数没有概率的含义,不能反映出系统评价结果的可靠度。

风险评价:通过风险辨识和风险估算,可以更加科学地确定防洪工程存在的主要风险因子,进而分析发生后果的风险率和造成后果的严重程度。在此基础上,综合考虑上述因素,确定风险的等级,确定风险是否在人们所承受的范围内。为减小风险带来的损失,研究应该采取什么样的工程或非工程措施和对策,并评价实施措施后的效果,以便为风险决策提供依据。

9.2.2 防洪工程不确定性因素分析

不确定性因素的存在是风险发生的起因,不确定性无处不在,不可避免,通常用来描述对某事件或人的确定性的匮乏程度。分析不确定性因素是风险识别的一部分内容,也是开展风险评价的起点和基础工作。

1. 堤防失事模式

失事模式分析作为风险识别的一个很重要的组成部分,尤其对于一个复杂的结构系统,其可能的失效模式多达几个或几十个,结构越复杂,可能出现的失效模式越多也越复杂,确定并找到相应的可能失效模式相当困难,且通过所有可能失效模式去计算结构体系的可靠度或风险是很不现实的。因此,需合理确定结构系统的可能失效模式。

堤防工程是一个复杂的系统工程,它又直接受水的作用,存在于应力和渗流耦合作用的赋存环境中,受堤身堤基地质条件、堤防运行条件以及人为因素等内因外因的影响,其失事破坏类型的表现形式不同。主要有漫顶、渗透破坏和失稳破坏三种破坏形式(图9-4),复合破坏也是堤防失事的常见形式,它是同时兼有典型失事形式中若干种类型的失事形式。

(1)漫顶

堤防工程的漫顶失事是由于堤防高度不足或者堤前洪水位过高造成洪水漫过堤防引起溃堤失事,每条河道都按照一定防洪标准设计的流量、水位和超高,当遇到超标准洪水,水位将超过堤顶,随着堤防的加高、加宽,以及防洪标准的提高,堤防漫顶在失事统计中所占的比例逐渐减小。

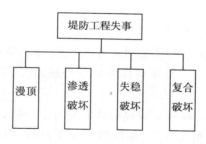

图9-4　堤防失事模式

（2）渗透破坏

渗透破坏是堤身或堤基发生渗透破坏后引发堤防溃决,渗透破坏的类型有:管涌、流土、接触冲刷和接触流失四种。渗透破坏在堤防工程中非常普遍,据1998年长江防洪抢险的统计资料,由渗透破坏造成的险情约占险情总数的70%,除漫溢险情外,溃口险情几乎全部是渗透破坏所致。防洪抢险及除险加固的实践表明,渗透破坏是堤防工程中最普遍且难以治愈的难题。

（3）失稳破坏

失稳破坏失事是堤防局部滑坡或整体滑坡引发堤防溃决,按边坡滑动发生的位置有:临水面滑坡（多发生在高水位的退水期或在出现了崩岸、坍塌险情的堤段）、背水面滑坡（多发生在汛期高水位或出现渗流破坏险情堤段）、崩岸（汛期和非汛期均可出现,主要发生在临水坡滩地坡度较陡的堤段）。

（4）复合破坏

上述三种失事模式的叠加即复合破坏模式。如堤防在长时间高水位运行时,堤内浸润线抬高,渗透坡降增大,而浸润线以下土体饱和后,抗剪强度降低,自身重量增加,下滑力增大,堤防有可能同时发生渗透破坏和失稳破坏。可见,堤防工程的风险应该是某一荷载组合下对应的漫顶失事破坏风险、渗透破坏风险、失稳破坏风险的综合。

2. 堤防防洪工程不确定性因素分析

不确定性分类很复杂,从不同角度会产生不同的不确定性分类,但总的来说,不确定性可以有两个来源:一是自然过程的固有变异性,即客观不确定性;二是知识的不完备性,即认知不确定,或主观不确定性。

依据现有认识水平和研究成果,在防洪工程系统的风险分析中,存在着不同类型的不确定性因素,通过分析认为堤防工程中不确定性应包含水文不确定性、水工结构不确定性、堤防结构和施工因素的不确定性以及运行管理的不确定性。通过收集、分析不确定性因素的历史统计资料以及勘测试验资料,推断和验证不确定性因素的随机特性。

（1）水文预测的不确定性

① 降水预测的不确定性。降水观测技术和手段存在的不足,造成由降水进行水文预测的结果存在不确定性,从而对洪水过程的预测产生影响。

② 产汇流模拟的不确定性。降水降落到地表面后,由于地形、地貌、植被、气温等因素的影响,致使产汇流过程模拟中存在的不确定性。

③ 参数取值的不确定性。受资料丰富程度的限制,河道水力学参数一般为经验值。另外,水文过程的简化计算,或计算方法的近似表述等,均不可避免地影响到洪水过程预测结

果的可靠度。

（2）水工结构的不确定性

① 荷载的不确定性。水工结构方面可能出现的荷载主要有自重、上下游水压力、坝基扬压力、渗流力以及温度荷载等。自重可作为常量处理，其他荷载难以准确描述，多定义为随机变量。

② 材料参数的不确定性。材料参数包括材料的力学参数以及热学参数，材料的力学参数包括变形模量、泊松比以及抗压强度、抗拉强度和摩擦角、内聚力等强度参数。如统计表明，混凝土变形模量的变异系数范围为 0.1～0.2，基岩则为 0.2～0.3。

③ 几何尺寸的不确定性。一般上部结构几何尺寸的变异性小，但不排除在结构敏感部位几何尺寸可能存在的微小变异带来的显著影响，由于几何不确定性问题有限元计算的复杂性，国内外研究成果还较少。

④ 初始条件和边界条件与计算模型的不确定性。边界条件的不确定性多来源于实际问题的复杂性、边界条件变化的不可预知性、人类认识局限性以及对结构边界处的简化等。无论是应力场、渗流场的计算，都离不开边界条件的影响。例如材料的本构模型和强度准则可采用 D-P 准则或 M-C 准则近似地模拟岩体的破坏，对硬岩可能会偏向于使用 D-P 准则，软岩、土体材料采用 M-C 准则效果可能会更好，而硬岩与软岩的划分为一模糊概念。

⑤ 水工系统对洪水过程在一定程度上的可控性、管理决策水平也体现出一定的不确定性，从而对该系统防洪的可靠性产生影响。

（3）堤防结构的不确定性

堤防通常是为防止季节性洪水而填筑的土堤，虽然随着时代的发展和人类的进步，目前出现了石堤、混凝土或钢筋混凝土防洪墙、分区填筑的混和材料堤等。

从堤防的基础条件和地层结构来看，江河堤防沿河地层结构极为复杂，各种物理力学指标相差悬殊，岩性局部也变化大，堤基类型众多。现在就一般的地层结构分类来看，有单层结构、双层结构和多层结构等三类。单层结构中，当堤基组成为透水性大的土质如砂壤土或粉细砂时，堤基的风险问题是渗漏和渗透变形，当遇到强地震时，还有发生液化的可能。当堤基由较厚的透水性较小的黏土、壤土组成时，一般不易发生渗透变形，但当堤基土为不良土质如膨胀土时，堤基就存在长期稳定的问题，当其中夹杂有湖相、海相淤泥质土层时，就有不均匀沉陷及滑动变形等风险。对于双层结构堤基，当上部土的透水性大于下部土时，易发生渗透变形，反之上部土的透水性小于下土时，堤基通常较稳定。多层结构堤基情况复杂，视土层具体分布而异。

如在长江中下游河道中，绝大部分边界是河流本身的造床过程塑造的由二元结构冲积物组成的河岸（图 9-5）。

（4）堤防施工中的不确定性

堤防施工中容易造成堤身质量的缺陷表现在对软夹层、防渗处理施工不连续、防渗体搅拌不均匀等。堤防工程影响质量的两个关键问题是筑堤的土料和压实问题，堤防填筑质量的关键指标是干密度和含水量，可以将其作为堤防施工质量控制的风险因素。

（5）堤防运行中的不确定性

一般的防洪系统都是"上拦下排，两岸分滞"的防洪工程体系，上拦工程主要是水库工

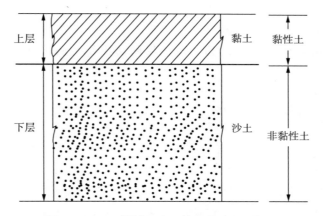

图 9-5 二元结构河岸土体垂向组成示意图

程,下排工程主要指堤防工程、险工、河道整治工程。两岸分滞是指下游两岸开辟的滞洪区、分洪区。而堤防工程是整个防洪体系中的重要组成部分。堤防运行出险不仅仅与堤防自身条件有关,也和与其连接的建筑物的运行状况有关。

河势是决定堤防是否出现被洪水顶冲的关键因素,河势的主要决定因素是河道是否为游荡性河道、有无控导工程、是否是二级悬河以及漫滩的可能性。河势的改变是危及堤防稳定的风险因素。河道障碍会造成河势变化,如某一河段由于老桥基础未拆除造成阻水,使得河势坐弯后直冲堤防,造成重大险情。堤防运行中冲刷情况也是一个重要的风险因素。冲刷主要体现在冲刷坑深度和冲刷发展的速度,具体由是否顺利行洪、大溜顶冲以及风险淘刷等因素决定。堤防运行的安全状况还可能受上游水库的调度方式影响。

(6)堤防管理中的不确定性

堤防在运行过程中管理质量的好坏间接影响堤防在抵御洪水时风险的大小。堤防的日常管理维护非常重要,日常管理包括巡堤检查堤防有无隐患,制止一些损害堤防安全的人为活动,有效解决一些不安全因素,等等。如高水位且持续时间较长时,若堤身碾压较差,临水坡脚浸水软化,有可能引起滑坡,所以必须对堤面加强检查观测,必要时及时采取对应的除险加固措施,以防堤防失事持续暴雨期,在有隐患的部位,由于雨水入渗和风浪冲击,可能产生局部滑坡。现代化的河道管理信息系统的建立是降低堤防失事和维护堤防安全运行的重要保障。

9.2.3 风险评估体系

防洪工程运行与管理过程中不确定性因素类型不同,种类较多,产生后果的严重程度也多不相同,因受研究问题的角度、方法和资料等的限制,不可能考虑所有因素。因此,必须根据工程实际情况,从众多不确定性因素中,通过建立风险评估指标体系,确定主要风险因子,忽略次要因子,以适应风险模型的应用条件,避免风险率估算的复杂化。

1. 指标体系建立原则

(1)科学性

评价指标体系必须概念明确,具有一定的科学内涵,其设计要反映防洪工程的实际情况。

（2）系统性

评价指标体系必须能相对全面和完整地反映防洪工程各方面的特征及重要的影响因素。

（3）兼顾主要与次要

既要兼顾多方面的影响因素，又要突出重点，抓住主要因素。

（4）可操作性

指标体系的设置要具有可操作性，做到可行性与实用性并重，所建立的指标应能方便地采集数据与收集资料。

（5）相互联系但不重复

防洪系统较复杂，各子系统之间相互作用、相互影响，但指标体系之间应避免反应内容的重复性，保障各指标之间具有一定的可比性。

在遵循上述原则的基础上，以和悦洲为例，构建堤防及洲滩淹没的防洪风险指标体系。

2. 防洪风险指标体系

（1）堤防失事风险指标体系

针对研究区堤防堤段的特点，考虑漫顶失事模式，从外部与内部两个条件，选择堤身特性、保护情况和荷载作用三个指标作为堤防工程防洪风险评价的因素集，以此构建堤防漫顶的风险评价指标体系，如图 9-6 所示。

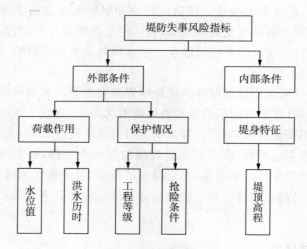

图 9-6　堤防失事风险指标体系

（2）洲滩淹没风险指标体系

洪水掩没主要包括范围、深度、频度、连通性和持续时间五个特征属性。洪水淹没范围是指洪水从发生到消退的过程中被淹没的地表范围。淹没深度是指某一地点的积水深度，即陆地表面到水面的高度，洪水的水位和淹没深度具有一定的关系。淹没的频度是指一个地点被淹没的频率，或者未来被淹没的概率。淹没的连通性表示某一地点是否能够被主河道的来水淹没，常用来表征河漫滩湿地接收河道洪水的难易程度。淹没的持续时间是指受淹区域的积水时间，从被洪水淹没到洪水退去所经历的时间。

因研究区重点分析洲滩淹没的风险,且受收集资料程度限制,建立指标体系时仅从防洪子系统角度出发,暂时忽略经济、环境等子系统。建立的洲滩淹没风险指标体系包括淹没风险率、洪水淹没面积(或水深)、淹没历时、分洪量四个指标。

3. 指标权重计算

(1)模糊区间映射法

风险评价指标权重的计算方法较多,有层次分析法、主成分分析法、模糊综合评判法、模糊区间映射法、灵敏度分析法等。

层次分析法(Analytic Hierarchy Process,简称 AHP)是美国运筹学家 T. L. Saaty 于 20 世纪 70 年代中期提出的一种系统分析方法,其基本原理是:根据问题的性质和要达到的目标,把复杂系统分解成目标、准则、方案等层次(即把问题层次化),形成一个多层次的分析结构模型,并最终把系统分析归结为最低层(方案层)相对于最高层(目标层)的相对重要性权值的确定或相对优劣次序的排序问题,便于决策者在此基础上进行定性和定量分析。该方法将决策思维过程数学化,对多准则、多目标或无结构特征的复杂问题且缺乏必要数据情况下更为实用,所以近几年来该方法在实际应用中发展较快。但在实际应用中存在的不足之一为:在实际决策过程中有时一个点的估计值很难给出,而实践经验和教学丰富的专家较易给出一个区间估计,且该区间往往更符合实际情况。为此,选用模糊区间映射法进行权重计算。

设有 m 个专家对 n 个指标进行打分,第 i 个专家对第 j 个目标的评价区间为 $[a_{ij},b_{ij}]$,则可得到各个目标的模糊区间估计值,见表 9-1 所列。

表 9-1 模糊区间估计值

专家 \ 指标	指标 1	指标 2	……	指标 n
专家 1	$[a_{11},b_{11}]$	$[a_{12},b_{12}]$	……	$[a_{1n},b_{1n}]$
专家 2	$[a_{21},b_{21}]$	$[a_{22},b_{22}]$	……	$[a_{2n},b_{2n}]$
……	……	……	……	……
专家 m	$[a_{m1},b_{m1}]$	$[a_{m2},b_{m2}]$	……	$[a_{mn},b_{mn}]$

则第 j 个目标的最优评价区间 $[a_j,b_j]$ 应当是 m 个评分专家的交集,

$$a_j = \max_{1\leqslant i\leqslant m}\{a_{ij}\}$$
$$b_j = \min_{1\leqslant i\leqslant m}\{b_{ij}\}$$

(9-13)

当 $a_j>b_j$ 时要求专家调整评分区间,直到 $a_j\leqslant b_j$ 为止。

取 $[a_j,b_j]$ 的映射 β_j,作为评分值的初值:

$$\beta_j = \lambda a_j + (1-\lambda)b_j$$

(9-14)

当 $\lambda=1$ 时,映射到区间最小点,$\beta_j=a_j$,体现"悲观准则";当 $\lambda=0$ 时,映射到区间最大点,$\beta_j=b_j$,体现"乐观准则";当 $\lambda=0.5$ 时,则映射到区间的中点,体现了"折中准则"。实用过程中,可以根据实际情况对 λ 进行调整。

归一化得到各目标权重：

$$w_j = \frac{\beta_j}{\sum\limits_{j=1}^{n} \beta_j} \qquad\qquad (9-15)$$

（2）计算结果分析

计算条件与 AHP 法的原理相同，评价目标按 10 分制打分。通过求解三位专家评分区间的交集，得堤防防洪和洲滩淹没指标的最优评分区间，计算得各评价指标的权重，当分别取 $\lambda=1,\lambda=0,\lambda=0.5$ 时，模糊区间分别映射到区间最小点、最大点和中点，得到的归一化后权向量，考虑因素的模糊性，取 $\lambda=0.5$ 的计算结果作为选取的评价结果，权重向量为以下几点。

堤防：$\omega=(0.315,0.120,0.241,0.062,0.262)$

评价指标权重排序为：洪水水位值、堤防高程、工程等级、洪水历时、抢险条件。

洲滩：$\omega=(0.345,0.284,0.226,0.145)$

评价指标权重排序为：淹没风险率、洪水淹没面积（或水深）、淹没历时、分洪量。

9.2.4 防洪随机风险模型

1. 计算方法

目前，针对不同类型的不确定性问题，计算风险率的数学理论基础主要有概率统计法、模糊数学法、灰色理论、未确知数学等，其中以概率统计为基础的方法有：蒙特卡罗法（MC 法）、均值一次二阶矩法（MFOSM 法）、改进一次二阶矩法（AFOSM 法）、JC 法（验算点法）等。本书采用发展较为成熟的 MC 法。

蒙特卡罗法（Monte Carlo，MC 法）又称为统计实验法，它广泛应用于计算各种领域的工程风险，是预测和估算失事概率常用的方法之一，它应用随机生成的办法模拟真实系统的功能和发展规律，达到揭示系统运行规律的目标。

（1）基本原理

依据概率的定义，某事件的概率可以用大量试验中该事件发生的概率估算。因此，可以先对影响其失事概率的随机变量进行大量随机抽样，获得各变量的随机数，然后把这些抽样值分别代入功能函数式，确定系统失效与否，统计失效次数，计算出失效次数 m 与总抽样次数 n 的比值，将此值作为风险率 P_f 的近似值。

$$P_f = \frac{m}{n} \qquad\qquad (9-16)$$

设系统的功能函数为 $Z=g(x_1,x_2,\cdots,x_n)$，$X_1,X_2,\cdots,X_n$ 为独立的随机变量，其计算过程如图 9-7 所示。

（2）生成伪随机数

用 MC 法的关键问题是产生服从已知分布的随机数。首先产生（0,1）上的均匀分布随机数，然后再变换成给定分布下的随机数。

产生随机数的方法主要有：随机数表、物理方法和数学方法，其中数学方法以其速度快和计算简单等优点而被广泛使用，用数学方法产生随机数是通过数学递推式运算实现的，而

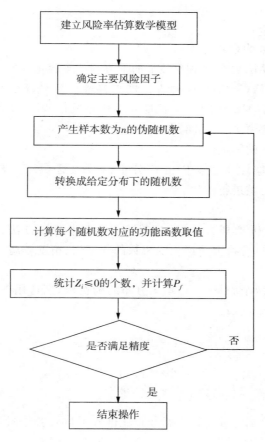

图 9 - 7　MC 法模拟过程

由此产生的数值序列到一定长度之后或退化为零,或周而复始地出现周期现象,因此由数学方法产生的随机数并不是真正的随机数。但是,用数值方法产生的数值序列,只要能够通过有关的各种不同类型检验,就可以把它们当作真正的随机数使用。为了和真正的随机数相区别,通常把用数学方法产生的随机数称为"伪随机数"。

目前,用数学方法产生伪随机数的方法已有多种,包括迭代取中法、移位法和同余法,而最为常用的为同余法,包括乘同余法、混合同余法、加同余法等,其中以乘同余法最为常用。

乘同余法产生随机数序列的递推公式为

$$\left.\begin{array}{l} x_{i+1}=\lambda x_i(\mathrm{mod}\quad m) \\ r_{i+1}=\dfrac{x_{i+1}}{m} \end{array}\right\} \qquad (9-17)$$

式中:λ 与 m 为互素的整常数,r_i 为第 i 个随机数。由式(9-16)产生的随机数序列的周期和性质与 λ、x_0 和 m 的取值有关。

产生伪随机数过程中,样本容量的大小如何确定是需要解决的另一个主要问题。平均值法得出计算结果的精度 ε 与样本容量 n 的关系式为:

$$n = \frac{Z_a^2 \sigma^2}{\varepsilon^2} \tag{9-18}$$

式中：Z_a 是区间临界值，σ 为样本方差。

由式(9-18)可知：MC 法的模拟精度 ε 的平方与样本容量 n 与反比，若精度提高 10 倍，则样本容量要增加 100 倍；当精度 ε 一定时，样本容量 n 与 σ^2 成正比，所以降低方差是加速 MC 法收敛的主要途径。MC 法的样本容量与评价系统的规模和复杂程度没有关系，所以 MC 法比较适应解决大规模的复杂问题。

(3)产生给定分布下的随机数

地下水开采的风险率计算过程中，正态分布、对数正态分布是常用的两种分布类型，因此，重点以这两种方法为例进行阐述。

① 正态分布

正态随机变量的随机抽样方法有：变换方法、统计近似方法、有理逼近方法、哈斯汀(Hasting)等，其中以坐标变换方法产生随机数的速度快、精度较高。

A. 变换法

设随机数 u_1, u_2 是两个服从(0,1)均匀分布的随机数，则可用下列变换得到标准正态分布 $N(0,1)$ 的两个随机数 x_1, x_2：

$$\begin{cases} x_1 = (-2\ln u_1)^{\frac{1}{2}} \cos(2\pi u_2) \\ x_2 = (-2\ln u_1)^{\frac{1}{2}} \sin(2\pi u_2) \end{cases} \tag{9-19}$$

B. 统计近似方法

产生均值、标准差分别为 μ, σ 的正态分布随机数 Y 的计算公式为：

$$Y = \mu + \sigma \times \left[\left(\sum_{i=1}^{n} RN_i \right) - n/2 \right] / (n/12)^{\frac{1}{2}} \quad i = 1, \cdots, n \tag{9-20}$$

式中：n 足够大，RN_i 为 0 到 1 之间的随机数。在实际应用中，通常取 $n=6$ 或 $n=12$，特别当 $n=12$ 时，上式简化为：

$$Y = \mu + \sigma \times \left[\left(\sum_{i=1}^{n} RN_i \right) - 6 \right] \tag{9-21}$$

② 对数正态分布

服从对数正态分布的随机数的产生方法是先将(0,1)上的随机数变换为正态分布的随机数，然后再转为对数正态分布的随机数。

设 X 服从对数正态分布，则 $Y = \ln X$ 服从正态分布，Y 的均值与方差可通过计算获得，进而得到 Y 的随机数 y_i，并可得 X 的随机数为：

$$x_i = \exp(y_i) \tag{9-22}$$

2. 堤防失事风险

漫顶失事多指堤前洪水位超过堤顶高程，水流漫过堤顶溢流而下，冲刷堤坡造成堤防溃决。洪水过程是一随机过程，洪水位可当作随机变量处理。则极限状态方程为：

$$Z = H - H_t = 0 \qquad (9-23)$$

在一定洪水重现期和堤防设计规模下,发生洪水漫顶的失效概率为:

$$P_f = P(Z>0) = \int_{H_T}^{+\infty} f(x,H)\mathrm{d}H \qquad (9-24)$$

式中:$f(x,H)$ 为 x 断面水位概率密度函数;H 为计算所得的洪水位随机过程。

当洪水位和堤顶高程均为正态分布,根据可靠度理论,对于具有两个正态变量的极限方程,其失效概率(即堤防失事风险率)为:

$$P_f = \Phi(-\beta) \qquad (9-25)$$

根据资料可知,和悦洲堤顶高程均值 14.5m,变异系数为 0.0035,多年平均最高洪水位 13.00m,标准差为 0.96,按照漫顶失事的随机风险率模型,计算得出:

$$P_f = \Phi(-\beta) = 1 - \Phi(1.56) = 5.94\% \qquad (9-26)$$

即,多年平均最高洪水位条件下,研究区发生漫顶失事的随机风险率为 5.94%。

3. 洲滩淹没风险

洪水淹没风险即特定某一局部区域遭到淹没的可能或发生这种事件的概率,淹没风险度率是一个综合风险指标,它将事件发生的概率与构成威胁程度结合起来进行评价。

参考水利部开展的《全国蓄滞洪区建设与管理规划》,对全国 94 处蓄滞洪区的洪水风险进行了统一分析、评价,给出了风险分区的划分方法,确定了由淹没水深、淹没历时与运行标准三个重要风险因子构成的经验公式:

$$R = 10R = 10 \times \varphi \times H/T_y$$

式中:R 为风险率;H 为淹没水深(m);T_y 为运用标准(a);φ 为淹没历时修正系数,取 1.0～1.3。

洪水风险评判标准为:$R>1.5$ 为重度风险区,$0.5<R<1.5$ 为中度风险区,$R<0.5$ 为轻度风险区。

根据资料及上述公式计算得到不同淹没水深下的洪水风险率。根据风险评判标准可知,淹没水深小于 2m 的为轻度风险区,水深大于 2m 的为中度风险区。

9.3　安徽长江洲滩综合利用研究

长江安徽段境内两岸江堤之间生长着大量的江心洲、外滩圩(以下简称洲滩),不仅是长江河道的组成部分,也是极其宝贵的土地资源。随着安徽沿江经济社会不断发展,特别是皖江城市带产业转移示范区建设的推进,对长江洲滩进行适度开发已经成为客观需求。在保障防洪和生态安全的前提下,合理、有序地开发利用洲滩资源,为沿江经济社会可持续发展创造有利条件,具有重要的现实意义。

9.3.1　安徽长江洲滩土地资源特征

历史上,安徽省长江干流江心洲和外滩圩数量众多,并随河道演变和洪水涨落而消长变化。经历年联圩并圩和1998年以来实施的平垸行洪、移民建镇,安徽省长江干流上现有洲滩圩垸176个,其中江心洲32个,外滩圩144个,分布在沿江5市的16个县区。现有洲滩圩垸土地总面积721.92km²,耕地面积52.58万亩,居住35.19万人。

表9-2 安徽省长江干流洲滩圩垸基本情况统计

洲滩圩垸		数量(个)	土地面积(km²)	耕地(亩)		涉及人口(人)	居住人口(人)	
				面积	占比(%)	(人)	人口	占比(%)
长江洲滩合计	洲滩圩垸总计	176	721.92	525801	100	551808	351857	100
	1万亩以上	13	350.23	285275	54.3	268863	250563	71.2
	5000~1万亩	12	128.27	81186	15.4	94567	56643	16.1
	3000~4999亩	13	54.02	50360	9.6	37121	11311	3.2
	1000~2999亩	45	88.35	76257	14.5	84661	21971	6.2
	1000亩以下	93	101.05	32723	6.2	66596	11369	3.2
江心洲	江心洲合计	32	287.06	182770	100	171840	150260	100
	1万亩以上	6	147.22	106400	58.2	98487	94617	63.0
	5000~1万亩	6	75.25	45900	25.1	47300	42468	28.3
	3000~4999亩	6	22.45	21970	12.0	17154	7075	4.7
	1000~2999亩	4	10.62	8500	4.7	8899	6100	4.1
	1000亩以下	10	31.52	0	0.0	0	0	0.0
外滩圩	外滩圩合计	144	434.86	343031.0	100	379968	201597	100
	1万亩以上	7	203.01	178875	52.1	170376	155946	77.4
	5000~1万亩	6	53.02	35286	10.3	47267	14175	7.0
	3000~4999亩	7	31.57	28390	8.3	19967	4236	2.1
	1000~2999亩	41	77.73	67757	19.8	75762	15871	7.9
	1000亩以下	83	69.53	32723	9.5	66596	11369	5.6

从表9-2可以看出,安徽长江河道江心洲土地总面积287.06km²,耕地面积18.28万亩,居住15.03万人,分别占洲滩圩垸总数的39.8%、34.8%、42.7%;外滩圩土地总面积434.86km²,耕地34.30万亩,居住20.16万人,分别占洲滩圩垸总数的60.2%、65.2%、57.3%。

洲滩圩垸耕地面积在1万亩以上的有13个,5000~1万亩的有12个,1000~4999亩的有58个,1000亩以下的有93个。经调查,人口主要分布在耕地面积5000亩以上的25个洲滩圩垸,共居住人口为30.72万,占全部洲滩圩垸居住人口的87.3%。其中在耕地面积1万亩以上的 13 个洲滩居住人口为 25.06 万,占全部洲滩圩垸居住人口的 72.1%。

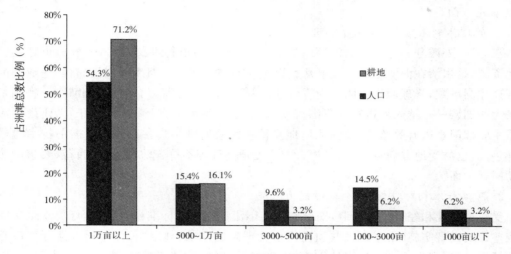

图 9-8　安徽长江洲滩人口和耕地比例

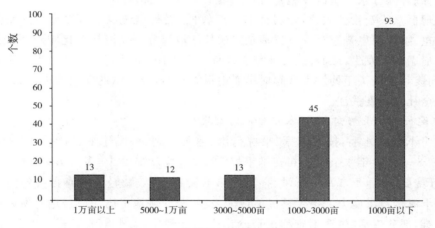

图 9-9　安徽长江洲滩数量统计

9.3.2　安徽长江洲滩综合利用管理现状

由于沿江经济社会的快速发展,土地资源的相对稀缺,洲滩已被不同程度地开发利用。如无为县石板隆兴洲已发展为全国知名的电线、电缆生产基地,内有电缆企业 300 多家,是 2006 年国家科技部批准的"国家火炬计划无为特种电缆产业基地"的核心区域;当涂县江心洲积极打造蔬菜产业园区建设,洲内现有蔬菜种植面积 1.5 万亩,已成为马鞍山等周边城市的菜篮子基地;芜湖市裕溪口外滩圩内已形成了沿江地区最大的煤炭转运港口;安庆市投资数千万元打造外滩居民休闲区,将安庆江堤城区段外滩建设成沿江亮丽的风景线。此外不少江边外滩,因生产力布局的需要,被开发为港区、交通通道以及物流堆场等。洲滩开发利用格局大多为历史形成,受当时经济状况决定,整体开发层次仍较低,主要以小规模的农副产品基地、一般的交通中转场地、较小规模的集镇为主。但受地理位置、防洪保安、法律约束等多种因素影响,安徽长江洲滩总体利用率不高,主要的影响因素有以下几方面。

1. 管理体制不顺,管理职责不明

江心洲、外滩圩一方面作为河道组成部分,需服从河道行洪要求,另一方面也是重要的土地资源,是生活在洲滩上的人民群众赖以生存的物质基础。洲滩的双重属性,造成目前洲滩管理体制不顺,管理职责不明。现行管理体制下,河道主管部门难以将洲滩——特别是面积较大的洲滩——纳入河道管理范围行使管理职权,洲滩上进行的治理、开发、建设等活动河道主管部门难以有效监管;而洲滩属地乡镇一级政府既不具备监管所必需的技术力量和管理手段,也易受地方利益驱使,对擅自加高堤顶高程等不符合防洪规划和行洪要求的建设活动网开一面。

2. 防洪标准相对较低,安全保障能力较差

受政策法规和经费投入限制,安徽省长江干流洲滩防洪标准相对较低,圩堤安全保障能力较差。安徽省实施《中华人民共和国河道管理条例》办法规定"长江干堤外滩圩和江心洲已圈圩堤,堤顶高程不得超过当地 1949 年实测洪水位一米",防洪标准大致相当于 10 年一遇。江心洲、外滩圩水利基础设施建设一直难以得到中央、省级财政投入支持,主要由地方政府和当地群众投资投劳兴建,圩堤标准普遍较低,堤身单薄,堤基、堤身多为砂基砂堤,汛期散浸严重,险工隐患普遍存在。特别是安徽长江段部分河段河势变化剧烈,受河势调整引起的岸滩崩塌时有发生,江心洲、外滩圩受地理位置限制,更是首当其冲。近年来,当涂江心洲左缘、铜陵和悦洲头等处发生多起堤岸崩坍重大险情,今年汛期发生的枞阳长沙洲崩岸更是引起了全社会高度关注。

3. 平垸行洪成果仍需巩固,人水争地时有发生

1998 年长江大水后,按照国家"平垸行洪、退田还湖、移民建镇"的统一部署,我省长江干流于 1998—2001 年 4 个年度共安排平垸 120 个,涉及移民 10 多万人,其中单退圩垸 88 个,双退圩垸 32 个。长江平垸行洪、移民建镇的实施,有效减轻了洲滩自身的防洪压力,增加了长江干流行蓄洪能力。由于移民就业能力弱,分配耕地也比在原居地有所减小,移民生产安置困难,部分生活、生产困难移民群众出现返迁现象,人水争地时有发生。特别是单退圩垸,平垸行洪实行退人不退田,原有田土仍然继续耕种,实行"高水丢,低水收",在长江近年来均未发生大洪水的情况下,移民返迁现象有所抬头。

4. 政策法规尚不完善,洲滩开发可操作性不强

洲滩开发利用水法规虽有原则规定,与之配套的利用和管理方面的办法尚不完善,管理中的可操作性也较差。如河道管理法规虽明确了河道的管理范围和管理机关,对长江洲滩的开发利用的区域是否侵占河道的性质并未明确界定。如果从加固洲滩地方的角度,大都是保护老百姓生命财产安全,情理上难以制止,而从投入上由于受益群体比较集中,一般均为地方自筹资金,因此管理和审批的依据不足、难度大。还如,洲滩堤防保护内建设项目,是否应当按涉河建设项目管理?洲滩内设计洪水位以下实体建筑,是否视为防洪障碍?这些问题相关水法规或未明确界定,或与实际情况出入较大,使河道管理部门管理过程中左支右绌、进退失据。可见,政策法规的不完善限制了洲滩合理开发利用,影响了对洲滩开发过程中的有效管理。

5. 缺乏统一利用规划,洲滩开发次序混乱

缺乏统一的洲滩资源利用规划,是洲滩管理存在问题的重要原因。长江洲滩既是长江行洪通道,又是重要的土地资源,也是跨河桥梁、取排水口、港口码头、过江电缆等建筑物的载体。洲滩开发利用涉及经济、社会、环境等因素,需处理上下游、左右岸、防洪、航运、河势、水环境等多种关系,理应按照统一规划、综合开发的原则实施。但目前长江洲滩开发过程中,各部门、各地区间缺乏统筹协调,各自为政、无序开发现象较为突出。洲滩属地政府在洲滩开发利用的过程中主要考虑区内经济社会发展,欠缺维护长江河势稳定、保证防洪安全的大局观;河道管理部门在河道整治规划中对洲滩开发利用约束较多,对促进洲滩经济发展、提高洲滩群众生活水平政策支持有限;土地管理、岸线规划、重大涉河项目建设等也多从本部门职权范围内按照自己的主张行事,洲滩资源统一规划、集约管理任重道远。

9.3.3 安徽长江洲滩利用和管理研究

"维护健康长江、促进人水和谐"是新时期治江思路的宗旨所在,也是长江洲滩开发利用必须遵循的基本理念。坚持人水和谐的治水理念,核心是要在观念上牢固树立人与自然和谐相处的思想,在思路上从单纯的治水向治水与治人相结合转变,在行为上正确处理保护与开发之间的关系[38]。长江洲滩资源开发利用坚持人水和谐理念,就是要坚持做到"不碍洪、稳河势、保民生、促发展",通过加强防洪工程措施,保护洲滩经济发展成果;加大洲滩经济发展扶持力度,为水利工程建设奠定更坚实的群众基础,真正实现在开发中落实保护,在保护中促进开发。

1. 分类利用的管理模式

根据安徽省洲滩土地资源特征以及长江干流防洪和河势控制的要求,将安徽省长江干流洲滩圩垸分为一类、二类和三类不同程度地利用。

一类洲滩圩垸:土地面积一般大于 5km²、耕地面积在 5000 亩以上,居住人口多或有重要保护设施,土地、岸线利用价值较高。

按照以上确定的洲滩圩垸分类原则,安徽省长江干流一类洲滩圩垸共 23 个,总土地面积为 465.48km²,耕地面积 35.02 万亩,占洲滩圩垸总耕地面积 66.6%;涉及人口 34.52 万,居住人口 30.33 万,占洲滩圩垸居住总人口 86.2%。在上述洲滩圩垸中江心洲 12 个,土地面积 222.47km²,耕地面积 15.23 万亩,涉及人口 14.58 万,居住人口 13.71 万;外滩圩 11 个,土地面积 243.01km²,耕地面积 19.79 万亩,涉及人口 19.94 万,居住人口 16.62 万。

要适当提高一类洲滩防洪标准和能力,采用 20 年一遇防洪标准,堤顶超 1998 年实测洪水位为 1.5~2.0m,堤顶高程低于相应江段主要干流堤防高程 0.5m 以上,防洪标准比现状明显提高。一类洲滩相对长江干堤主要保护区而言仍是防洪高风险地区,有关城市和产业规划时不应将其作为防洪要求高的基础设施、产业及居住用地。

二类洲滩圩垸:土地面积一般小于 5km²、耕地面积 500~5000 亩,居住人口较少,且无重要保护设施。

安徽省长江干流二类洲滩圩垸 75 个,总土地面积 161.83km²,耕地面积 14.39 万亩,涉及人口 15.47 万,居住人口 4.41 万,其中江心洲 10 个,土地面积 33.07km²,耕地面积 3.05 万亩,涉及人口 2.61 万,居住人口 1.32 万;外滩圩 65 个,土地面积 128.76km²,耕地面积

11.35 万亩,涉及人口 12.86 万,居住人口 3.09 万。

二类洲滩防洪标准采用 10 年一遇,基本保持现状标准,逐步采取退人不退田,小水收、大水丢。堤顶超 1949 年实测洪水位 1.0~1.5m,控制堤顶高程、限制堤防标准,结合外排建筑物的建设,实施反向进洪设施。二类洲滩按农业区的防洪标准进行建设,为限制开发地区。二类圩垸作为农业用地不能规划为城镇和重要基础设施和产业用地。实行"小水收、大水丢"的土地利用方式。

三类洲滩圩垸:耕地面积一般小于 500 亩,现状无人居住或居住人口少,土地利用价值低、岸线难以守护。

三类圩垸为河道的组成部分实行退耕还河,为禁止开发区。规划实施后,三类圩垸退田还河,纳入河道管理范围。对因河势演变新淤长洲滩,未经省级水行政主管部门批准严禁开垦利用。

2. 统筹兼顾的管理办法

安徽长江洲滩现有堤防防洪标准相对较低,不能有效保障洲滩内群众生命财产安全,难以适应新形势下经济社会发展的需求。参照《防洪标准》《堤防设计规范》等有关规定和安徽省长江洲滩防洪现状和经济发展水平等现实因素,建议对洲滩实行分类指导:阻水严重的,能废则废,不能废则退;需保留的外滩圩,堤顶高程要区分不同情况严格控制在一定标准内;此外,还要依法清除河道行洪障碍物,如阻水严重的码头、库房、工厂及其他建筑物。

对于人口众多、面积较大、经济发展水平较高、现状堤防历经解放以来数次大洪水均无溃破的洲滩所圈堤防保护范围明确为防洪确保区,如铜陵汀家洲、当涂江心洲、无为大堤永定大圩和石板隆兴洲等,洲滩成圈堤防应参照长江干堤的防 1954 年型洪水的防洪标准进行规划实施;其他保护范围万亩以上洲滩堤防应按防洪标准 20 年一遇,对防洪保安有特别要求的经过充分论证,并经省级水行政主管部门批准后,可以提高防洪标准与相应河段长江干堤防洪标准一致;1 万亩以下至 5000 亩的洲滩堤防,根据具体情况,防洪标准一般可设定在 10 年一遇标准,并争取达到 20 年一遇的标准。5000 亩以下的一般洲滩堤防防洪标准仍维持现有规定,堤顶高程按 1949 年实测洪水位加一米。具备条件的地方应继续安排实施洲滩中小圩垸平垸行洪、移民建镇,给洪水以出路。

按照分类指导的规划原则,要不断完善洲滩防洪安全的各项工程措施,提高长江洲滩合理开发利用的安全保障水平。目前长江干堤的全面加固整修任务已完成,长江干流防汛工作从一定程度来看是危在干堤、险在洲滩,每遇较大洪水时洲滩堤防是险象环生,将投入大量的人力、物力予以防守,应启动一轮长江洲滩堤防综合整治工程,对需加固整治的长江河道内重要的洲滩堤防,按照"分级管理、分级负责"的原则,多渠道、多层次筹集资金,国家应加大投入力度,加快洲滩治理步伐,着重解决重要洲滩的防洪保安问题,以适应沿江社会经济发展和保证人民生命财产安全。在加固治理顺序上,要按照轻重缓急的原则,优先考虑安排洲滩崩岸应急治理工程、涵闸建筑物除险、堤防加培和堤基防渗等。

进一步完善平垸行洪、移民建镇配套政策扶持。前期已出台的洲滩移民政策,已难以适应新的形势要求,应进一步补充农村新型养老保险和合作医疗等政策措施,加大就业扶持力度,确保洲滩移民安得住、能发展、不返迁,从根本上解决洪水对洲滩居民的安全威胁问题。

　　要切实加强对洲滩利用的管理,人、水原本各行其道,互不侵犯,若人不给水出路、水必侵占人活路,简言之"要想水有利、必先利于水"。严格洲滩开发利用的管理,要对经论批准予以加固利用的洲滩,落实管理责任主体、制度相应的管理制度,加强洲滩开发利用的监督管理。要进一步明确洲滩项目开发利用审批程序和审批权限,对保护范围内的重要建设项目要编制洪水影响评价报告。应加强防洪非工程措施建设,同时对区内新建住房应统一规划,宜采用两层结构型式,起到避水楼台作用,在发生大洪水行蓄洪时减少人员损伤。必须严禁变相围垦长江行洪通道、挤占长江水域过水面积的行为,更加严厉地打击长江非法采砂活动,推进重点区域的综合整治,促进长江水生态系统的良性修复。必须要用铁的手腕、刚性的约束,强化长江河道保护,促进长江洲滩可持续利用。

9.4　典型洲滩综合利用情况介绍

9.4.1　马鞍山江心洲概况

　　马鞍山江心洲位于长江下游马鞍山河段,隶属于当涂县江心乡,面积约 37km²,洲上筑有江心圩(含宫锦圩),圩堤保护耕地面积 2.84 万亩,人口 2.4 万人。江心洲介于南京、芜湖之间,东北面与著名的采石矶风景区隔江相望,西北面依长江主航道与和县相对。随着马鞍山长江公路大桥正式通车,从江心洲出发,仅需 15 分钟可到达当涂县城区、马鞍山市区、和县及郑蒲港新区,40 分钟可到达南京禄口机场。江心洲从城市边缘走进了马鞍山半小时经济圈和南京一小时经济圈,为后期的发展带来了极大便利。

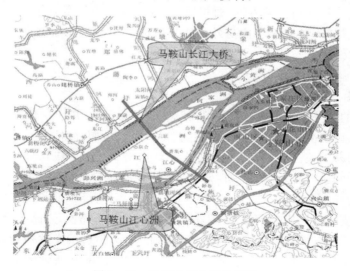

图 9-10　马鞍山江心洲位置图

　　江心洲内耕地土壤深厚肥沃,质地疏松,环境清洁,适宜多种蔬菜瓜果生长,为发展休闲观光农业和绿色食品果蔬生产提供最佳选择。洲内现有蔬菜种植面积近 5000 亩,是马鞍山主要的"菜园子"。经济作物收入主要来自棉花、玉米、茭白等,且以棉花为主。

9.4.2　马鞍山江心洲综合利用现状

1. 土地利用现状

江心洲地形总体趋于平坦,外围区域有少数高地。最高处标高 14.8m,位于洲头村西部;最低处标高 5m,位于黄洲村中部。基本地形状况如下:宫锦村、新锦村、洲头村、普集村地形起伏较大,多有高地;而中部的三联、吉余、金马、联合、黄洲标高基本为 7～8m,地形平坦。江心洲土地使用现状分类主要包括:农业用地,道路用地,水域,滩涂湿地,公共设施用地,居民建设用地。全洲土地总面积为 36.8km²。

表 9-3　马鞍山江心洲土地利用现状结构

序号	用　地	面积(km²)	百分比(%)
1	居民建设用地	5.30	14.4
2	公共设施用地	0.07	0.2
3	道路用地	0.74	2.0
4	水域	2.47	6.7
5	滩涂湿地	3.94	10.7
6	农业用地	24.29	66.0
7	总计	36.8	100

农业用地遍布全岛,居民建设用地主要集中于 9 个行政村,滩涂湿地环绕全岛,位于堤坝岸线外侧,以芦苇等植物种类为主,面积较大,拥有良好的生态效应。道路用地以机耕土路为主,全岛水域散布,池塘等水体与外部水体隔断。公共设施用地主要位于乡政府周边地区。

2. 马鞍山江心洲交通发展现状

(1)对外交通

江心洲现有的对外交通形式主要为轮渡,现有渡口 9 个,其中 4 个连接马鞍山市区,分别为和尚棚渡口、尾棚渡、新年渡、江心乡渡,其中只有和尚棚渡口至陈家圩为汽车轮渡。

目前,随着马鞍山长江大桥的建成通车,从江心洲出发,仅需 15 分钟可到达当涂县城区、马鞍山市区、和县及郑蒲港新区,40 分钟可到达南京禄口机场。

(2)内部交通

江心洲内部交通现以机耕路为主,道路面宽 6m,为砂石路面,道路等级较低。现状以机耕路和乡村小路连接各个行政村。部分路段路面起伏不平,影响车辆通行速度,需要进行改建。洲上道路级别较低,各自所承担的交通功能不明确,内部交通骨架不清晰,不利于洲内各项事业的发展。

江心洲北部有一条由新锦村渡口通向西南方向的新锦路;由汽渡站经过尚锦村,普集村至江心乡政府路段为柏油路;由乡政府通向三联村的三联路贯穿东西;两条横穿江心洲南北的柏油路——主干河路、西干河路已基本建成。

3. 旅游资源现状

江心洲为马鞍山市最大的蔬菜生产基地，与城市因水相隔，岛上工业发展极少，受到城市发展带来的负面影响较小。

江心洲生态环境良好，岛上有大片农田和杨树林。尤其是北区远借采石矶和马鞍山市区山体作为背景，景观尤其优美。四面环水，适合发展生态旅游和水上旅游项目。最为重要的是，江心洲与国家级风景名胜区采石矶风景区隔江相望，可借其势并与其错位互补发展生态旅游。

4. 生态资源现状

江心洲洲头及东南、西北滨江沿岸分布有大面积的生态湿地，植被层次丰富：从意杨等高大乔木到挺水、浮水植物。生态结构完好，是鸟类的良好栖息地，能见到白鹭等鸟类，具有很高的游赏价值。外围湿地拥有良好的生态效应，是保持江心洲生态环境的主要生态过滤带。江心洲内水域散布，有三条南北向的主要渠道，宽 22～29m，可以通行船只；其他相对较小的水道均交错相通，基本上都由当地居民自行开挖而成，自成体系，与长江水系相分离，未受长江水质变化的影响。主要用于农业灌溉、排涝防洪等，少数开辟荷塘、鱼塘，种植莲藕、荷花或养鱼。

9.4.3 马鞍山江心洲发展规划

1. 马鞍山市江心乡总体规划

规划目标：将江心洲建设成为经济、社会、环境协调发展的现代化城镇；以生态产业为特色，经济协调发展；以绿色空间为基调，生态环境良性循环；以便捷的道路交通系统为骨架，建立现代的市政基础设施系统；提高农村城镇化质量，促进城镇建设。形成新型的中心镇—中心村—基层村三级镇村体系；以生态旅游和绿色江岛为文化内涵，形成富有地方特色和现代化气息的小城镇风貌。

2. 马鞍山江心洲开发利用定位

(1)发展定位

① 区域性港口物流基地；

② 都市郊区瓜果绿色农产品蔬菜生产基地；

③ 生态型观光农业休闲基地。

(2)产业定位

在绿色产业主题统领下，开发与保护并重，建设与融合并重，大力发展绿色、循环、低碳经济，构建以旅游业为龙头，现代服务业为载体，现代高效农业、绿色农产品加工业为重要补充的多元现代产业体系，打造国际知名的文化生态休闲旅游岛。

(3)开发策略

综合利用策略：保护为主，开发为辅；全岛规划，生态优先；城乡统筹，内外互动。

3. 马鞍山江心洲开发利用定位

(1)江心洲功能结构

江心洲功能结构规划为"一带、三区"。

"一带"指跨江公路大桥防护绿带。

"三区"由北至南,分别为生态农业观光区、港口与城镇建设区、生态湿地旅游保护区。

(2)江心洲经济片区划分

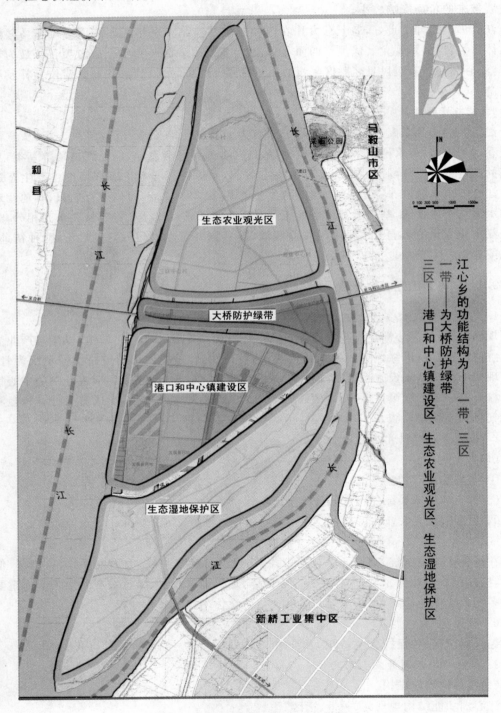

图 9-11 马鞍山江心洲功能结构规划图

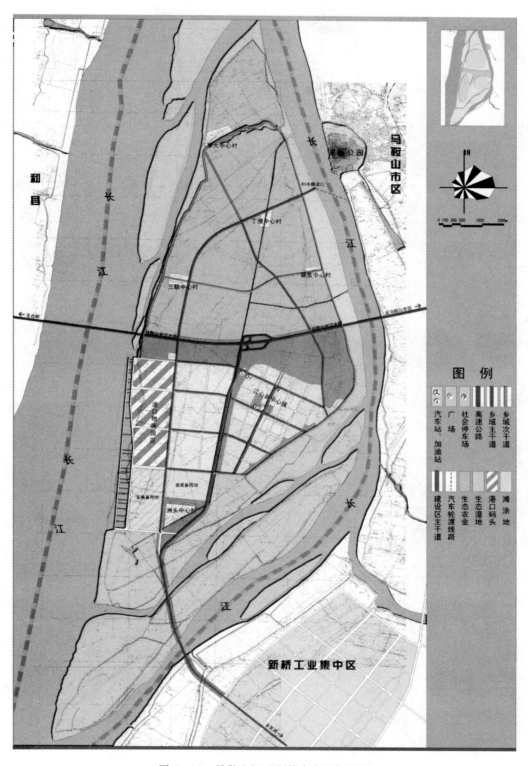

图 9-12 马鞍山江心洲综合交通规划图

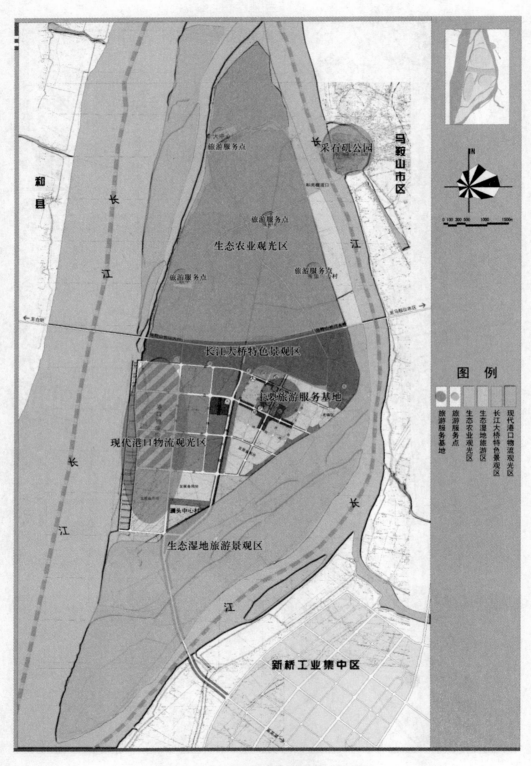

图 9-13　马鞍山江心洲旅游体系规划图

（1）生态农业观光区

位于大桥防护绿带以北，与采石矶风景区隔江相望。以绿色农产品蔬菜种植为主，发展生态观光农业，结合发展特色观光农业旅游。

（2）港口与城镇建设区

位于大桥防护绿带以南，江心乡中部地区，为乡域的主要建设区域，主要建设港口物流园区与中心镇区。既是马鞍山市的重要物流园区，又是乡域主要的综合服务与旅游服务基地。

（3）生态湿地保护区

位于江心乡南部地区，易受水灾，不适宜作为建设用地，但该地区自然生态维护极好，规划作为生态湿地予以保护，并结合生态湿地发展旅游。

10 结 语

10.1 研究结论

通过本项目的研究,得出如下主要结论:

(1)三峡工程运行后,大通站枯水期流量增长 11.2%,主汛期流量减少 6.3%,流量过程相对趋于平缓。大通站日均流量小于 10000m³/s 的出现频率由 10% 大幅降低为 1%,日均流量大于 50000m³/s 的出现频率由 9.3% 降低为 3.9%,安徽长江河道极值流量出现的频次下降。大通站 10 月、11 月流量下降明显,分别较运行前下降 19.7%、19.0%,安徽长江河道低水位出现时间提前,持续时间增加。

(2)大通站年输沙量呈减少态势,三峡工程运行后输沙量进一步减少,较运行前减少了66.4%。大通站多年平均含沙量运行前为 0.479kg/m³,运行后为 0.165kg/m³,大幅减少了65.6%,清水下泄明显。其中安徽长江河道洪水期含沙量减少更为明显,河道深槽冲刷相对将更加突出。

(3)安徽长江河道平面形态宽窄相间,江中沙洲发育,形成多分汊河型,江心洲众多、流态复杂、洲滩消涨、主支汊冲淤兴衰,部分河段深泓线摆动不定。经过多年整治,大部分河段总体河势趋于稳定,部分河段局部河床变化仍然较为频繁。

(4)三峡工程运行后,安徽长江河道总体呈冲刷状态,2002—2011 年,共冲刷泥沙 6328万 m³,河床平均下降 0.04m。三峡工程蓄水运行后,按时间序列上看安徽长江河道呈冲刷加剧态势,就沿程来看十三个河段沿程冲淤交替现象较为明显,其中张家洲河段河槽剧烈冲刷,马鞍山河段河槽呈一定幅度淤积。

(5)通过造床流量数值模拟和概化水文过程数值,模拟确定河段造床流量的方法相对比较科学,在安徽大通河段与流量频率分析法得到的结果基本一致。

(6)通过建立水沙数学模型计算,皖江大通河段未来十年,大通水文站以上主槽将继续向右岸移动,大通水文站以下主槽将继续向左岸移动,左岸的边滩将继续冲刷,在裕丰圩与同乐圩之间的岸线切滩较甚,应注意崩岸危险,右岸的深槽将有所淤积。铁板洲上游的潜洲头部冲刷较三峡工程运行的首十年有所减弱。和悦洲右侧的汉道河势基本稳定,铁板洲头部的串沟也能维持。

(7)通过室内模型试验方法,研究崩岸发生时内部土压力、孔隙水压力及位移变化规律,初步总结了崩岸机理。结合试验现象,将试验过程分为五个工况:渗流—水位上升—冲刷至下坡破坏—整体崩塌—稳定。试验结果表明:①在水流冲刷和土体运移作用下,崩岸发生具有突发性;②通过对坡内土压力及孔隙水压力进行工况分析,发现坡体崩塌是受土压力与水压力耦合变化影响的;③长时间的水流作用下崩岸持续发生,岸坡持续向后推移,必须及时对岸坡进行保护和加固。

(8)通过对江调圩、秋江圩等六个崩岸区近二十测次近岸水下地形变化分析,可知崩岸发生前普遍存在近岸岸坡冲刷、深槽下切、岸坡变陡的过程,特别是近岸深槽的冲刷下切,是发生窝崩的重要前兆。崩岸段近岸局部陡坡一般在 $1:2\sim1:3$,部分崩岸段局部陡坡小于 $1:2$,崩岸持续发生。

(9)将常规边坡临界滑动场数值模拟方法作进一步改进,提出水流冲刷过程中的边坡临界滑动场、非饱和-非稳定渗流条件下的边坡临界滑动场方法、提出降雨条件下具有张裂缝的边坡临界滑动场。在此基础上,形成了基于边坡临界滑动场法的崩岸数值模拟软件。不但可考虑水流冲刷引起的河床冲深及河岸侧蚀,也可考虑河道水位变化及岸坡内非稳定渗流过程,更利于分析江河岸坡及库岸边坡的稳定性及预测崩岸的发生。

(10)安徽长江河道崩岸预警基于崩岸机理研究,通过分析长江河势演变趋势、崩岸区近岸河床变化情况、已护岸工程情况、岸坡抗冲能力及堤防外滩宽窄等核心要素,较为准确地把握了崩岸发生规律,实现了对崩岸发生地点的预判,保障了群众生命财产安全,引起了当地政府的高度重视,提高了崩岸治理的投入,取得了良好的社会效益和经济效益。

(11)根据安徽长江河道洲滩特征,建立防洪风险评估体系,主要包括淹没风险率、洪水淹没面积、淹没历时、分洪量等关键指标,采用 AHP 法确定各指标权重排序,并以统计实验法建立了防洪随机风险模型。

(12)调查了安徽长江洲滩土地和人口分布特征,洲滩耕地面积在 5000 亩的,共占洲滩总耕地面积的 70.7%,人口在耕地面积 5000 亩以上洲滩居住人口,占全部洲滩居住人口的 87.3%。根据土地资源特征和人口分布,提出了分类利用的管理模式和统筹兼顾的管理办法。

10.2 研究展望

安徽长江河道水文情势、河势演变等始终处于动态变化的过程,应进行跟踪研究,以便更好地为沿江防洪安全和经济发展服务。

本书研究受资料限制,对三峡工程运行后安徽长江河道冲淤仅分析至 2011 年,应在完成最新的长程河道水下地形测量后,进一步分析研究,掌握安徽长江河道总体冲淤变化态势。

应根据当前长江大保护的要求,进一步分析长江洲滩开发利用的边界,辩证认识保护和利用的关系,在做好长江大保护的基础上,有限地开发利用长江洲滩。

本研究取得的水流泥沙数学模拟方法及软件、崩岸数值模拟方法及软件、崩岸监视监测与预警技术可在相关生产实践中应用,为河道整治、岸坡防护、崩岸预警等工作科学的参考依据,同时也通过在实践中应用,不断修改完善相关方法和技术。

参 考 文 献

[1] D E Walling. Human impact on land-ocean sediment transfer by the world's rivers. Geomorphology. 2006,79(3 - 4):192 - 216.

[2] Batallaa,R J. C M Gomezb. G M Kondolf. Reservoir-induced hydrological changes in the Ebro River basin (NE Spain)[J]. Journal of Hydronautics [J]. 2004,290(1 - 2):117 - 136.

[3] Chu Z X, Zhai S K, Lu X X, et al. A quantitative assessment of human impacts on decrease in sediment flux from major Chinese rivers entering the western Pacific Ocean [J]. Geophysical Research Letters,2009,36(19):446 - 449.

[4] Dai S B, Yang S L, Li M. The sharp decrease in suspend-ed sediment supply from China's rivers to the sea:anthro-pogenic and natural causes[J]. Hydrological Sciences Journal-Journal-des Sciences Hydrologiques,2009,54(1):135 - 146.

[5] 戴仕宝,杨世伦,郜昂,等. 近50年来中国主要河流入海泥沙变化[J]. 泥沙研究. 2007 (02).

[6] 王兆印,黄文典,何易平. 长江的需沙量研究[J]. 泥沙研究. 2008(01).

[7] Torrey V Hill,Dunbar J B,Peterson R W. Progressive failure in sand deposits of the Mississippi River,field investigations,laboratory studies and analysis of the hypothesized failure mechanism [R]. Corps of Engineers, USA:Department of the Army Waterway Experiment Station,1988.

[8] Osman A M,Thorne C R. Riverbank stability analysis: Ⅰ theory [J]. Journal of Hydraulic Engineering,1988. 114(2):134 - 150.

[9] Osman A M,Thorne C R. Riverbank stability analysis: Ⅱ applications [J]. Journal of Hydraulic Engineering,1988. 114(2):151 - 172.

[10] Darby S E,Thorne C R. Development and testing of riverbankstability [J]. Journal of Hydraulic Engineering,1996,122(8):1052 - 1053.

[11] Darby S E, Thorne C R, Simon A. Numerical simulation of widening and bed deformation of straight sand-bed rivers: Ⅰ model development [J]. Journal of Hydraulic Engineering,1996,122(4):184 - 193.

[12] Darby S E, Thorne C R, Simon A. Numerical simulation of widening and bed deformation of straight sand-bed rivers: Ⅱ model development [J]. Journal of Hydraulic Engineering,1996,122(4):194 - 202.

[13] Millar R G, Quickm C. Effect of bank stability on geometry of gravel rivers [J]. Journal of Hydraulic Engineering,1993,119(12):1343 - 1363.

[14] Hemphill R W,Bramley M E. Protection of river and canal banks [M]. London：Butterworth,1989.

[15] Pilarczyk K W. Dikes and revetments [M]. Rotterdam：Balkema,1998.

[16] Schiereck G J. Introduction to bed,bank,and shore protection [M]. Delft：Delft University Press,2001.

[17] Hagerty D J. Piping/ sapping erosion：Ⅰ basic consideration [J]. Journal of Hydraulic Engineering,1991,117(8)：991 – 1008.

[18] Hagerty D J. Piping/ sapping erosion：Ⅱ identification-diagnosis [J]. Journal of Hydraulic Engineering,1991,117(8)：1009 – 1025.

[19] 中国科学院地理研究所. 长江九江至河口段河床边界条件及其与崩岸的关系[M]. 北京：科学出版社,1978.

[20] 尹国康. 长江下游岸坡变形[C]//水利部长江水利委员会. 长江中下游护岸工程论文集：第二集. 武汉：长江水利水电科学研究院,1985：93 – 104.

[21] 陈引川,彭海鹰. 长江下游大窝崩的发生及防护[C]//水利部长江水利委员会. 长江中下游护岸工程论文集：第三集. 武汉：长江水利水电科学研究院,1985：112 – 116.

[22] 丁育普,张敬玉. 江岸土体液化与崩岸关系的探讨[C]//水利部长江水利委员会. 长江中下游护岸工程论文集：第三集. 武汉：长江水利水电科学研究院,1985：104 – 109.

[23] 许润生. 堤基渗漏与长江崩岸关系的探讨[C]//水利部长江水利委员会. 长江中下游护岸工程论文集：第三集. 武汉：长江水利水电科学研究院,1985：110 – 111.

[24] 孙梅秀,吴道文,李昌华. 长江八卦洲洲关控制工程及江岸窝崩的试验研究[R]. 南京：南京水利科学研究院,1989.

[25] 冷魁. 长江下游窝崩形成机理及防护措施初步研究[J]. 水科学进展,1993,4(4)：281 – 287.

[26] 冷魁. 长江下游窝崩岸段的水流泥沙运动及边界条件[C]//第一届全国泥沙基本理论学术讨论会论文集. 北京：中国水利水电科学研究院,1992：492 – 500.

[27] 吴玉华,苏爱军,崔政权,等. 江西省彭泽马湖堤崩岸原因分析[J]. 人民长江,1997,(4)：28 – 30.

[28] 金腊华,王南海,傅琼华. 长江马湖堤崩岸形态及影响因素的初步分析[J]. 泥沙研究,1998(2)：38 – 43.

[29] 张岱峰. 从人民滩窝崩事件看长江窝崩的演变特性[R]. 镇江：镇江市水利学会,1996：23 – 28.

[30] 黄本胜,李思平,邱静,等. 冲击河流岸坡的稳定性计算模型初步研究[C]//李天义. 河流模拟理论与实践. 武汉：武汉水利电力大学出版社,1998：50 – 55.

[31] 黄本胜,白玉川,万艳春. 河岸崩塌机理的理论模式及其计算[J]. 水利学报,2002,9：49 – 54.

[32] 夏军强,袁欣,王光谦. 冲击河道冲刷过程横向展宽的初步模拟[J]. 泥沙研究,2000(6)：16 – 24.

[33] 张幸农,杨红. 长江下游崩岸及其治理[C]//中华人民共和国水利部,荷兰交通、公共

工程与水管理部. 中荷水管里研讨会论文集. 北京:中国水利水电出版社,1999:494 - 499.

[34] 张幸农,应强,陈长英,等. 江河崩岸现象形成原因和机理研究[R]. 南京:南京水利科学研究院,2003.

[35] Zhang Xing-nong, Ying Qiang, Chen Chang-ying, et al. Experimental study on mechanism of bank collapse in the Yangtze River[C]//SHAO Xue-jun. Proceedings of the Ninth International Symposium on River Sedimentation: volume Ⅲ. Beijing: Tsinghua University Press,2004:1654 - 1658.

[36] 蔡文君,殷峻暹,王浩. 三峡水库运行对长江中下游水文情势的影响[J]. 人民长江,2006(36):16 - 24.

[37] 余文畴. 长江河道演变与治理[M]. 北京:中国水利水电出版社,2005.

[38] 蔡其华. 论人水和谐[J]. 人民长江,2006,37(8):1 - 3.